高等院校化学课实验系列教材

国家级精品课程教材

物理化学实验

（第二版）

武汉大学化学与分子科学学院实验中心　编

WUHAN UNIVERSITY PRESS
武汉大学出版社

图书在版编目(CIP)数据

物理化学实验/武汉大学化学与分子科学学院实验中心编．—2 版．—武汉：武汉大学出版社,2012.1(2023.8 重印)
国家级精品课程教材
高等院校化学课实验系列教材
ISBN 978-7-307-07714-0

Ⅰ.物…　Ⅱ.武…　Ⅲ.物理化学—化学实验—高等学校—教材
Ⅳ.O64-33

中国版本图书馆 CIP 数据核字(2010)第 066678 号

责任编辑:谢文涛　　责任校对:刘　欣　　版式设计:马　佳

出版发行：**武汉大学出版社**　(430072　武昌　珞珈山)
(电子邮箱：cbs22@ whu.edu.cn　网址：www.wdp. com.cn)
印刷:武汉科源印刷设计有限公司
开本:720×1000　1/16　印张:18　字数:319 千字　插页:1
版次:2004 年 8 月第 1 版　2012 年 1 月第 2 版
2023 年 8 月第 2 版第 6 次印刷
ISBN 978-7-307-07714-0/O・422　定价:36. 00 元

总　　序

化学是一门在长期的实验与实践中诞生、发展和逐步完善的学科。目前,化学在与多学科的交叉、融合和应用中得到快速发展。化学实验课程在高等学校理科化学类专业本科生教育中是本科生重要的、不可替代的基础课。我国传统的化学实验课程教学一贯强调与理论课程紧密结合,重视"三基"能力(基本知识、基本理论、基本技能)培养,在过去半个世纪里对我国培养的化学专业人才发挥了重要作用;但这种传统的实验教学内容和教学方式,对通过实验教育培养学生的创新意识、创新精神和创新能力略显不足。

武汉大学自1991年开设化学试验班以来,就开始试行对实验课程进行改革,包括减少验证性实验,增加设计实验和开放实验等内容,藉以提高学生提出问题、分析问题和解决问题的能力。1998年,武汉大学化学学院召开了全院的教学思想大讨论。在会上,一方面强调了应进一步加强培养学生的"三基"能力,同时也充分肯定了"设计实验"和"开放实验"的意义与重要性,提出应该重点研究如何通过实验教学培养学生的创新意识、创新精神和创新能力,还积极鼓励开设"综合研究性实验"课程,以作为"实验教学"与"科学研究"之间的桥梁。这一建议得到了学院教师的广泛认同与支持。同年,武汉大学在整合各二级化学学科实验教学资源基础上成立了化学实验教学中心,在学院各研究单位的大力支持下,加快了对化学实验课程体系和教学方法、手段的改革。通过多年的努力,包含各门实验课程的《大学化学实验》于2003年被评为"国家理科基地创建优秀名牌课程创建项目",同年还被评为湖北省精品课程,2007年被评为国家级精品课程。2006年武汉大学化学实验教学中心被评为国家级实验教学示范中心。

武汉大学化学实验教学中心在总结武汉大学历年编写的化学实验教材基础上,汇编成为"大学化学实验"系列教材,于2003—2005年先后在武汉大学出版社出版。该实验系列教材出版后已被多所大学使用,并多次重印。

近些年来,武汉大学化学实验教学中心按照"固本—创新"的思想指引,在构建三个结合创新教学平台("实验教学—理论教学—科学研究"平台、"计划教学—开放实验—业余科研"平台和"实验中心—科研院所—企业公司"平台)的基础上,充分利用学校和社会资源,紧密联系理论,深入进行实验教学改革。利用教学、科研与社会的互动,调动了中心以外教师的力量,密切关注交叉学科和社会热点,将学院科研成果和社会企业的课题经过改革后纳入实验教学,开出了一批内容先进、形式新颖、具有探索性的新型实验,优化了基础实验内容,丰富了设计实验和综合研究型实验的内涵。此外,在教学方法、教学手段等方面也进行了有益的尝试,并取得较优异的教改成绩。

在总结这段时期实验教学改革成绩和上一版实验教材使用经验的基础上,武汉大学化学实验教学中心组织相关教师修订编写了这套"大学化学实验"精品课程教材,包括《无机化学实验》、《分析化学实验》、《仪器分析实验》、《有机化学实验》、《物理化学实验》、《化工基础实验》和《综合化学实验》七分册。

这套教材较鲜明地体现了武汉大学化学实验教学中心的创新教育理念:"以教师为主导,以学生为中心,以激发学生学习积极性为出发点,以培养学生创新能力为目的,狠抓基本技能训练,按照科学研究、思维和方法的规律为主线索组织实验教学,鼓励学生自我选择学术发展方向、自我设计和建立知识结构、自我提升科研技能。"前六分册以基础为主,重点强调学生"三基"技能的培训,培养学生利用已学习的知识解决部分问题的能力,按照"基础实验—设计实验—综合实验"三个层次安排实验内容,突出了"重基础、严规范、勤思考、培兴趣"的教学思想。《综合化学实验》的实验内容主要选自学院内外的实际科研成果,以前沿的课题为载体,对学生进行"化学研究全过程"的训练,重点强调创新意识、创新精神和创新能力的培训。

这套教材是武汉大学化学实验教学中心教学改革和国家级精品课程建设的联合成果,希望这套系列教材能较好地适应化学类各有关专业学生及若干其他类型和层次读者的要求,为大学化学实验课程的质量提高做出一定贡献。

中国科学院院士 查全性

2011年11月15日

武昌珞珈山

第二版前言

本书是在武汉大学出版社出版的《物理化学实验》(2004 年)的基础上,经修改补充后完成的。按照“以教师为主导,以学生为中心,以培养学生创新思维,提高学生创新能力为目标”的新的基础实验教学要求,我们在实验教学模式上做了大胆的尝试,将原来的学生预习实验—教师实验讲解与演示—学生实验操作—学生完成实验报告等实验教学环节中的“教师实验讲解与演示”完全取消,教师尽量不干预学生实验,使每个学生在独自探索过程中总结经验,获得收益。为此对原有教材中的实验操作做了较大改动,更深化、更细致,以便学生在认真预习后能够独立完成实验。过去为培训年轻的实验指导教师和研究生,将有关实验的关键环节、实验操作的讨论等教学经验总结内容编写《物理化学实验指导》讲义。现将该讲义部分内容融入此教材,编为实验操作注解,供学生预习和操作时参考。

本教材分绪论、基础物理化学实验、综合及设计性物理化学实验、附录四个部分:

(1)绪论部分介绍物理化学实验的教学目的、要求、误差及有效数字、实验数据的表达方法。

(2)基础物理化学实验包括化学热力学、电化学、化学动力学、胶体及表面化学、结构化学等共 22 个实验。

(3)综合性物理化学实验主要来源于有关的科研课题,通过若干简化使学生易于完成,其目的是使学生对物理化学有关科研工作有所了解。设计性实验只写出实验思路和要求,让学生通过查阅资料,进行实验操作方法、使用仪器药品选择等设计,通过学生自主学习完成实验。

(4)附录部分介绍部分物理化学测量技术及物理化学实验中常用数据表等。

本书的修订再版主要由邓立志完成,刘欲文、夏春兰等老师也参与部分工作,在此谨致谢忱。

由于编写者的水平有限,书中存在的缺点和错误在所难免,希望广大读者给予批评指正。

编　者

2011 年 11 月

第一版前言

本书是在武汉大学出版社出版的《物理化学实验》(2000年)的基础上,经修改补充后完成的。根据1998年原国家教委颁布的《面向21世纪化学本科教学大纲》以及创建国家基础课实验“示范中心”的要求。将原有的物理化学实验重新划分为基础物理化学实验和综合及设计性物理化学实验两大部分,并且增加了一些综合及设计性物理化学实验。

本教材分绪论、基础物理化学实验、综合及设计性物理化学实验、附录四个部分:

(1) 绪论部分介绍物理化学实验的教学目的、要求、误差及有效数字和实验数据的表达方法。

(2) 基础物理化学实验包括化学热力学、电化学、化学动力学、胶体及表面化学和结构化学等共22个实验。

(3) 综合及设计性物理化学实验是让学生能够发挥主观能动性,把所学的理论知识加以综合运用,从而解决实际问题。

(4) 附录部分介绍部分物理化学测量技术及物理化学实验中常用的数据表等。

本书的编写是多年来从事物理化学实验教学工作的老师们共同努力的结果。宋昭华等老师长期从事物理化学实验教学工作积累了丰富的教学经验,为物理化学实验的发展打下了良好的基础。物理化学研究所的汪存信、罗明道、颜肖慈、安从俊、陈树康、陈琼、周晓海、刘义等老师参与了本书的编写或提供指导和帮助,由邓立志、吴玲、楼台芳进行统稿,夏春兰、胡超珍、王清叶、曾福生等老师也参与部分工作,在此谨致谢忱。

由于编写者的水平有限,书中的缺点和错误在所难免,希望广大读者给予批评指正。

编　者

2003年6月

目　　录

第一部分　绪　　论

第二部分　基础物理化学实验

第三部分　综合性及设计性物理化学实验

第四部分　附　录

第一部分　绪　　论

一、物理化学实验的目的和要求

1. 物理化学实验的目的

《物理化学实验》是化学教学体系中一门独立的课程，这门课程与《物理化学》课程的关系最为密切，但与后者又有明显的区别：《物理化学》注重物理化学理论知识的掌握；而《物理化学实验》则要求学生能够熟练运用物理化学原理解决实际化学问题。

物理化学实验的目的是使学生初步了解物理化学的研究方法，掌握物理化学的基本实验技术和技能，学习化学实验研究的基本方法，为以后的化学理论研究和与化学相关的实践工作打下良好的基础。

2. 物理化学实验的要求

《物理化学实验》课程和其他实验课程一样，着重培养学生的动手能力。物理化学是整个化学学科的基本理论基础，而物理化学实验则将物理化学基本理论具体化、实践化，是对整个化学理论体系的实践检验。物理化学实验方法不仅对化学学科十分重要，而且在实际生活中也有着广泛的应用，如：对温度、压力等物理性质的测量，在日常生活中，体温的测量以及高血压患者血压的监测都是必不可少的，使用方便、价格便宜、数字化的温度计和压力计是人们所需求的，而现有的温度计和压力计并不能满足人们的需求。因此，对于物理化学实验我们不应仅局限于化学的范围，而应该在弄懂原理的基础上举一反三，把我们所学的实验方法应用于实际，这样才能真正有所收获。

我们着重强调实验方法的重要性，一方面，方法的好坏对实验结果的正确与否有直接的影响；另一方面，对于每个物理化学性质往往都可用几种不同的方法加以测定,如测定液体的饱和蒸气压有静态法、动态法、气体饱和法等多种方法。要学会对不同方法加以分析比较,找出各自的优缺点,从而在实际应用中更得心应手。不要对书本上的东西过于迷信,应该抱着怀疑的态度,多开动脑筋,在实验过程中发现问题,解决问题。为了做好实验,要求具体做好以下几点:

a. 实验前的预习

学生在实验前应认真仔细地阅读实验内容,预先了解实验的目的和原理,所用仪器的构造和使用方法以及实验操作过程。然后参考物理化学教材及有关资料,对实验方法有一个全面的了解,看看是否还有需要修改完善的地方。在预习的基础上写出实验预习报告。预习报告要求写出实验目的,实验所用仪器、试剂,实验步骤以及实验时所要记录数据的表格。预习报告应写在一个专门的记录本上,以便保存完整的实验数据记录,不得使用零散纸张记录。

b. 实验操作

在实验操作过程中,应严格按照实验操作规程进行,并且应随时注意实验现象,尤其是一些反常的现象也不应放过。不应简单地认为是自己操作失误就放弃了。记录实验数据必须完整、准确,不得随意更改实验数据,或只记录"好"的数据,舍弃"不好"的数据。实验数据应记录在预习报告本已画好的数据表格中,字迹要清楚。

c. 实验报告

写实验报告是化学实验课程的基本训练,它使学生在实验数据处理、作图、误差分析、逻辑思维等方面都得到训练和提高,为今后写科学论文打下良好基础。

物理化学实验报告一般应包括:实验目的,实验原理,仪器及试剂,实验操作步骤,数据处理,结果和讨论等项。

实验目的应简单明了地说明实验方法及研究对象。

实验原理应在弄懂理论知识的基础上,用自己的语言表述出来,而不要简单抄书。

仪器装置用简图表示,并注明各部分名称。

结果处理中应写出计算公式,并注明公式所用的已知常数的数值,注意各数值所用的单位。作图必须使用坐标纸,图要端正地粘贴在报告纸上。在有条件的情况下,最好使用计算机来处理实验数据。

讨论的内容可包括对实验现象的分析和解释,关于实验原理、操作、仪器设计和实验误差等问题的讨论,以及实验成功与否的经验教训的总结。

书写实验报告时,要求开动脑筋、认真研究、耐心计算、仔细写作。通过写实验报告，达到加深理解实验内容，提高写作能力和培养严谨的科学态度的目的。

二、误差分析

1. 研究误差的目的

物理化学以测量物理量为基本内容，并对所测得的数据加以合理地处理，得出某些重要的规律，从而研究体系的物理化学性质与化学反应间的关系。

然而，在物理量的实际测量中，无论是直接测量的量，还是间接测量的量(由直接测量的量通过公式计算而得出的量)，由于受测量仪器、方法以及外界条件等因素的限制，使得测量值与真值(或实验平均值)之间存在着一个差值，这称为测量误差。

研究误差的目的，不是要消除它，因为这是不可能的；也不是使它小到不能再小，这不一定有必要，因为这要花费大量的人力和物力。研究误差的目的是：在一定的条件下得到更接近于真值的最佳测量结果；确定结果的不确定程度；根据预先所需结果，选择合理的实验仪器、实验条件和方法，以降低成本和缩短实验时间。因此我们除了认真仔细地做实验外，还要有正确表达实验结果的能力。这两者是同等重要的。仅报告结果，而不同时指出结果的不确定程度的实验是无价值的，所以我们要有正确的误差概念。

2. 误差的种类

根据误差的性质和来源，可将测量误差分为系统误差、偶然误差和过失误差。

a. 系统误差

在相同条件下，对某一物理量进行多次测量时，测量误差的绝对值和符号保持恒定(即恒偏大或恒偏小)，这种测量误差称为系统误差。产生系统误差的原因有：

(1)实验方法的理论根据有缺点，或实验条件控制不严格，或测量方法本身受到限制。如根据理想气体状态方程测量某种物质蒸气的分子质量时，由于实际气体对理想气体的偏差，若不用外推法，则测量结果总较实际的分子质量大。

(2)仪器不准或不灵敏，仪器装置精度有限，试剂纯度不符合要求等。例如滴定管刻度不准。

(3)个人习惯误差，如读滴定管读数常常偏高(或偏低)，计时常常太早(或太迟),等等。

系统误差决定了测量结果的准确度。通过校正仪器刻度、改进实验方法、提高药品纯度、修正计算公式等方法可减少或消除系统误差。但有时很难确定系统误差的存在,往往要用几种不同的实验方法或改变实验条件,或者不同的实验者进行测量,以确定系统误差的存在,并设法减少或消除之。

b. 偶然误差

在相同实验条件下,多次测量某一物理量时,每次测量的结果都会不同,它们围绕着某一数值无规则地变动,误差绝对值时大时小,符号时正时负。这种测量误差称为偶然误差。产生偶然误差的原因可能有:

(1)实验者对仪器最小分度值以下的估读,每次很难相同。

(2)测量仪器的某些活动部件所指示的测量结果,每次很难相同,尤其是质量较差的电学仪器最为明显。

(3)影响测量结果的某些实验条件如温度,不可能在每次实验中控制得绝对不变。

偶然误差在测量时不可能消除,也无法估计,但是它服从统计规律,即它的大小和符号一般服从正态分布。若以横坐标表示偶然误差 ,纵坐标表示实验次数(即偶然误差出现的次数),可得到图 1-1。其中 σ 为标准误差。

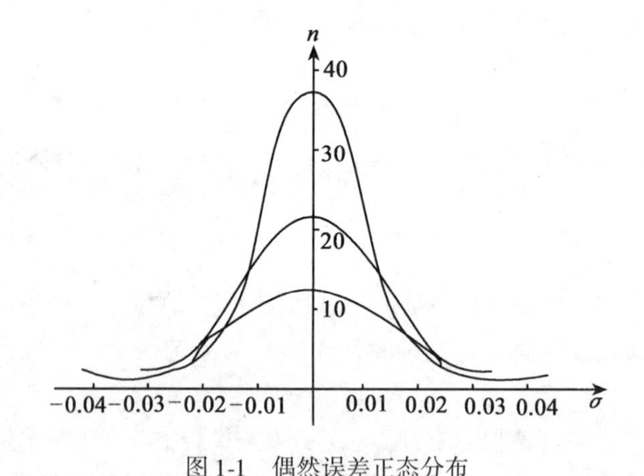

图 1-1　偶然误差正态分布

由图中曲线可见:① σ 愈小,分布曲线愈尖锐,也就是说偶然误差小的,出现的概率大。② 分布曲线关于纵坐标呈轴对称,也就是说误差分布具有对称性,说明误差出现的绝对值相等,且正负误差出现的概率相等。当测量次数 n 无

限多时,偶然误差的算术平均值趋于零:

$$\lim_{n\to\infty}\bar{\delta} = \lim_{n\to\infty}\frac{1}{n}\sum_{i=1}^{n}\delta_i = 0 \tag{1-1}$$

因此,为减少偶然误差,常常对被测物理量进行多次重复测量,以提高测量的精确度。

c. 过失误差

它是由于实验者在实验过程中不应有的失误而引起的。如数据读错、记录错、计算出错,或实验条件失控而发生突然变化,等等。只要实验者细心操作,这类误差是完全可以避免的。

3. 准确度和精密度

准确度指的是测量值与真值符合的程度。测量值越接近真值,则准确度越高。精密度指的是多次测量某物理量时,其数值的重现性。重现性好,精密度高。值得注意的是,精密度高的,准确度不一定好;相反,若准确度好,精密度一定高。例如甲、乙、丙三人,使用相同的试剂,在进行酸碱中和滴定时,用不同的酸式滴定管,分别测得三组数据,如图 1-2 所示。显然,丙的精密度高,但准确度差;乙的数据离散,精密度和准确度都不好;甲的精密度高,且接近真值,所以准确度也好。

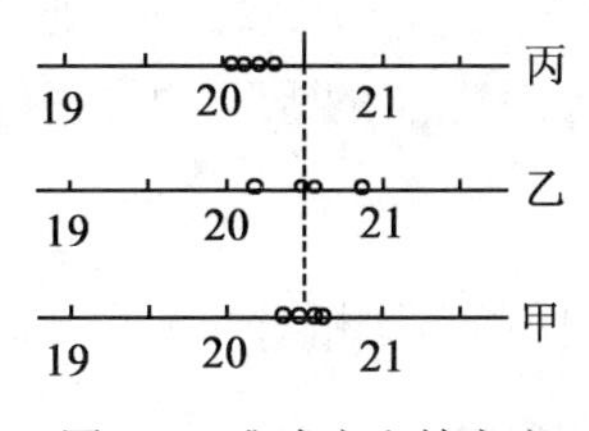

图 1-2　准确度和精密度

应说明的是,真值一般是未知的,或不可知的。通常以用正确的测量方法和经校正过的仪器,进行多次测量所得算术平均值或文献手册提供的公认值作为真值。

4. 误差的表示方法

a. 绝对误差和相对误差

$$\text{绝对误差}\ \delta_i = \text{测量值}\ x_i - \text{真值}\ x_{\text{真}} \tag{1-2}$$

此外还有绝对偏差:

$$绝对偏差\ d_i = 测量值\ x_i - 平均值\ \bar{x} \tag{1-3}$$

平均值(或算术平均值)$\bar{x}$:

$$\bar{x} = \frac{\sum_{i=1}^{n} x_i}{n} \tag{1-4}$$

式中,x_i 为第 i 次测量值;n 为测量次数。如前所述 $x_真$ 是未知的,习惯上以 $\bar{x}$ 作为 $x_真$,因而误差和偏差也常常混用而不加以区别。

$$相对误差 = \frac{\delta_i}{\bar{x}} \times 100\% \tag{1-5}$$

绝对误差的单位与被测量的单位相同,而相对误差是无因次的,因此不同的物理量的相对误差可以互相比较。此外,相对误差还与被测量的大小有关。所以在比较各次测量的精密度或评定测量结果质量时,采用相对误差更合理些。

b. 平均误差和标准误差

$$平均误差 \quad \bar{\delta} = \frac{\sum_{i=1}^{n} |x_i - \bar{x}|}{n} = \frac{1}{n}\sum_{i=1}^{n} |\delta_i| \tag{1-6}$$

标准误差又称为均方根误差,以 σ 表示,定义为

$$\sigma = \sqrt{\frac{1}{n-1}\sum_{i=1}^{n} (x_i - \bar{x})^2} = \sqrt{\frac{1}{n-1}\sum_{i=1}^{n} \delta_i^2} \tag{1-7}$$

式中,$n-1$ 称为自由度,指独立测定的次数减去在处理这些测量值所用外加关系条件的数目,当测量次数 n 有限时,$\bar{x}$ 的等式[即式(1-4)]为外加条件,所以自由度为 $n-1$。

用标准误差表示精密度比用平均相对误差 $\left[\frac{\bar{\delta}}{\bar{x}} \times 100\%\right]$ 好。用平均误差评定测量精度的优点是计算简单,缺点是可能把质量不高的测量给掩盖了。而用标准误差时,测量误差平方后,较大的误差更显著地反映出来,更能说明数据的分散程度。因此在精密地计算测量误差时,大多采用标准误差。部分函数的平均误差和标准误差计算公式见表 1-1 和表 1-2。

表 1-1　**部分函数的平均误差计算公式**

函数关系	绝对误差	相对误差
$u = x + y$	$\pm(\lvert dx\rvert + \lvert dy\rvert)$	$\pm\left(\frac{\lvert dx\rvert + \lvert dy\rvert}{x + y}\right)$

续表

函数关系	绝对误差	相对误差
$u=x-y$	$\pm(\lvert dx\rvert+\lvert dy\rvert)$	$\pm\left(\frac{\lvert dx\rvert+\lvert dy\rvert}{x-y}\right)$
$u=xy$	$\pm(x\lvert dy\rvert+y\lvert dx\rvert)$	$\pm\left(\frac{\lvert dx\rvert}{x}+\frac{\lvert dy\rvert}{y}\right)$
$u=x/y$	$\pm\left(\frac{y\lvert dx\rvert+x\lvert dy\rvert}{y^2}\right)$	$\pm\left(\frac{\lvert dx\rvert}{x}+\frac{\lvert dy\rvert}{y}\right)$
$u=x^n$	$\pm(nx^{n-1}\lvert dx\rvert)$	$\pm\left(n\frac{\lvert dx\rvert}{x}\right)$
$u=\ln x$	$\pm\left(\frac{\lvert dx\rvert}{x}\right)$	$\pm\left(\frac{\lvert dx\rvert}{x\ln x}\right)$

表 1-2　**部分函数的标准误差计算公式**

函数关系	绝对误差	相对误差
$u=x\pm y$	$\pm\sqrt{\sigma_x^2+\sigma_y^2}$	$\pm\frac{1}{\lvert x\pm y\rvert}\sqrt{\sigma_x^2+\sigma_y^2}$
$u=xy$	$\pm\sqrt{y^2\sigma_x^2+x^2\sigma_y^2}$	$\pm\sqrt{\frac{\sigma_x^2}{x^2}+\frac{\sigma_y^2}{y^2}}$
$u=x/y$	$\pm\frac{1}{y}\sqrt{\sigma_x^2+\frac{x^2}{y^2}\sigma_y^2}$	$\pm\sqrt{\frac{\sigma_x^2}{x^2}+\frac{\sigma_y^2}{y^2}}$
$u=x^n$	$\pm nx^{n-1}\sigma_x$	$\pm\frac{n\sigma_x}{x}$
$u=\ln x$	$\pm\frac{\sigma_x}{x}$	$\pm\frac{\sigma_x}{x\ln x}$

5. 可疑测量值的取舍

下面介绍一种简易的判断方法。根据概率论，大于 3σ 的误差出现的概率只有 0.3%，通常把这一数值称为极限误差。在无数多次测量中，若有个别测量误差超过 3σ，则可以舍弃。但若只有少数几次测量，概率论已不适用，对此采用的方法是先略去可疑的测量值，计算平均值和平均误差 ε，然后计算出可疑值与平均值的偏差 d，如果 $d\geqslant4\varepsilon$，则此可疑值可以舍去，因为这种观测值存在的概率大约只有 0.1%。

要注意的另一个问题是，舍弃的数值个数不能超出总数据数的 1/5，且当一个数据与另一个或几个数据相同时,也不能舍去。

上述这种对可疑测量值的舍取方法只能用于对原始数据的处理,其他情况则不适用。

6. 间接测量结果的误差——误差传递

大多数物理化学数据,往往是把一些直接测量值代入一定的函数关系式中,经过数学运算才能得到,这就是前面所说的间接测量。显然,每个直接测量值的准确度都会影响最后结果的准确度。

a. 平均误差和相对平均误差的传递

设直接测量的物理量为 x 和 y,其平均误差分别为 $\mathrm{d}x$ 和 $\mathrm{d}y$,最后结果为 u,其函数关系为:$u=f(x,y)$

其微分式为
$$\mathrm{d}u=\left(\frac{\partial u}{\partial x}\right)_y\mathrm{d}x+\left(\frac{\partial u}{\partial y}\right)_x\mathrm{d}y$$

当 Δx 与 Δy 很小时,可以代替 $\mathrm{d}x$ 与 $\mathrm{d}y$,并考虑误差积累,故取绝对值:

$$\Delta u=\left(\frac{\partial u}{\partial x}\right)_y|\Delta x|+\left(\frac{\partial u}{\partial y}\right)_x|\Delta y| \tag{1-8}$$

称为函数 u 的绝对算术平均误差。其相对算术平均误差为

$$\frac{\Delta u}{u}=\frac{1}{u}\left(\frac{\partial u}{\partial x}\right)_y|\Delta x|+\frac{1}{u}\left(\frac{\partial u}{\partial y}\right)_x|\Delta y| \tag{1-9}$$

部分函数的平均误差计算公式列于表 1-1 中。

b. 间接测量结果的标准误差计算

设函数关系同上:$u=f(x,y)$,则标准误差为

$$\sigma_n=\sqrt{\left(\frac{\partial u}{\partial x}\right)_y^2\sigma_x^2+\left(\frac{\partial u}{\partial y}\right)_x^2\sigma_y^2} \tag{1-10}$$

部分函数的标准误差计算公式列于表 1-2 中。

7. 测量结果的正确记录与有效数字

表示测量结果的数值,其位数应与测量精密度一致。例如称得某物重量为 1.323 5±0.000 4g,说明其中“1.323”是完全正确的,末位数“5”不确定。于是前面所有正确的数字和这位有疑问的数字一起称为有效数字。记录和计算时,仅需记下有效数字,多余的数字则不必记。如果一个数据未记不确定度(即精密度)范围,严格地说,这个数据含义是不清楚的,一般可认为最后一位数字的不确定范围为±3。

由于间接测量结果需进行运算,涉及运算过程中有效数字的确定问题,下面

简要介绍有关规则。

a. 有效数字的表示法

(1)误差一般只有一位有效数字,最多不得超过两位。

(2)任何一个物理量的数据,其有效数字的最后一位应和误差的最后一位一致。

例如:1.24±0.01 是正确的。若记成 1.241±0.01 或 1.2±0.01,意义就不清楚了。

(3)为了明确表示有效数字的位数,一般采用指数表示法,例如:1.234×10^{3},1.234×10^{-1},1.234×10^{-4},1.234×10^{5} 都是四位有效数字。

若写成 0.000 123 4,则注意表示小数位的 0 不是有效数字。

若写成 123400,后面两个 0 就说不清它是有效数字还是只表明数字位数。指数记数法则没有这些问题。

b. 有效数字运算规则

(1)用 4 舍 5 入规则舍弃不必要的数字。当数值的首位大于或等于 8 时,可以多算一位有效数字,如 8.31 可在运算中看成是四位有效数字。

(2)在加减运算时,各数值小数点后所取的位数与其中最少位数应对齐,例如:

$$\begin{array}{r} 0.12 \\ 12.232 \\ +)\quad 1.458\,2 \\ \hline 13.81 \end{array} \qquad\qquad \begin{array}{r} 0.12 \\ 12.23 \\ +)\quad 1.46 \\ \hline 13.81 \end{array}$$

(3)在乘除运算中,保留各数的有效数字不大于其中有效数字位数最低者。

例如:$1.576\times0.018\,3/82$,其中 82 有效数字位数最低,但由于首位是 8,故可看做是三位有效数字,所以其余各数都保留三位有效数字,则上式变为:$1.58\times0.018\,3/82$。

(4)计算式中的常数如 π,e 或$\sqrt{2}$等,以及一些查手册得到的常数,可按需要取有效数字。

(5)对数运算中所取的对数位数(对数首数除外)应与真数的有效数字位数相同。

(6)在整理最后结果时,须将测量结果的误差化整,表示误差的有效数字最多两位。而当误差的第一位数为 8 或 9 时,只需保留一位,测量值的末位数应与误差的末位数对齐。例如:

测量结果为 $x_1=1\ 001.77\pm0.033$

$x_2=237.464\pm0.127$

$x_3=124\ 557\pm878$

化整为 $x_1=1\ 001.77\pm0.03$

$x_2=237.46\pm0.13$

$x_3=(1.246\pm0.009)\times10^6$

表示测量结果的误差时,应指明是平均误差、标准误差或是估计的最大误差。

8. 误差分析应用举例

例如:以苯为溶剂,用凝固点下降法测萘的摩尔质量,计算公式为

$$M_B=\frac{K_f W_B}{W_A(T_f^0-T_f)}$$

式中,A 和 B 分别代表溶剂和溶质;W_A 和 W_B,T_f^0和 T_f分别为苯和萘的质量以及苯和溶液的凝固点,且均为实验的直接测量值。试根据这些测量值求摩尔质量的相对误差:$\frac{\Delta M}{M}$,并估计所求摩尔质量的最大误差。已知苯的 K_f为 5.12K·mol^{-1}·kg。

表 1-3 为实验测得的 T_f^0,T_f 和平均误差。

表 1-3 实验测得的 T_f^0,T_f 和平均误差

实验次数	1	2	3	平均	平均误差
T_f^0/℃	5.801	5.790	5.802	5.798	±0.005①
T_f/℃	5.500	5.504	5.495	5.500	±0.003②

① 平均误差

$$\Delta T_f^0=\frac{|5.801-5.798|+|5.790-5.798|+|5.802-5.798|}{3}=\pm0.005(℃)$$

② 平均误差

$$\Delta T_f=\frac{|5.500-5.500|+|5.504-5.500|+|5.495-5.500|}{3}=\pm0.003(℃)$$

表 1-4 为实验测得的 W_A, W_B 和($T_f^0-T_f$)值及相对误差。

表 1-4 **实验测得的 W_A, W_B 和($T_f^0-T_f$)值及相对误差**

测量值	使用仪器及测量精度	相对误差
$W_A=20.00g$	工业天平, ±0.05g	$\frac{\Delta W_A}{W_A}=\frac{0.05}{20}=\pm2.5\times10^{-3}$
$W_B=0.1472\ g$	分析天平, ±0.0002g	$\frac{\Delta W_B}{W_B}=\frac{0.0002}{0.15}=\pm1.3\times10^{-3}$
$T_f^0-T_f=0.29℃$	贝克曼温度计, ±0.002℃	$\frac{\Delta T_f^0+\Delta T_f}{T_f^0-T_f}=\frac{0.008^*}{0.3}=\pm0.027$

* 见表 1-3 : $\Delta T_f^0+\Delta T_f=\pm(0.005+0.003)=\pm0.008(℃)$

根据误差传递公式有

$$\frac{\Delta M}{M}=\pm\left(\frac{\Delta W_A}{W_A}+\frac{\Delta W_B}{W_B}+\frac{\Delta T_f^0+\Delta T_f}{T_f^0-T_f}\right)$$

$$=\pm\left(\frac{0.05}{20}+\frac{0.0002}{0.15}+\frac{0.008}{0.3}\right)$$

$$=\pm0.031$$

$$M=\frac{5.12\times1000\times0.1472}{20.00\times0.297}=127$$

$$\Delta M=127\times0.031=3.9$$

$$M=(127\ \pm4)\ g\cdot mol^{-1}$$

从以上测量结果可见,最大误差来源是温度差的测量,而温度差的误差又取决于测量精度和操作技术条件的限制。只有当测量操作控制精度和仪器精度相符时,才能以仪器的测量精度估计测量的最大误差。上例中贝克曼温度计的读数精度可达±0.002℃,而温度差测量的最大误差达 0.008℃,所以不能直接用贝克曼温度计的测量精度来估计测量的最大误差。因此在实验之前要估算各测量值的误差,这有助于正确选择实验方法和选用精密度相当的仪器,达到预期的效果。

三、物理化学实验数据的表达方法

物理化学实验数据的表达方法主要有三种:列表法、作图法和数学方程式法。下面分别介绍这三种方法。

1. 列表法

在物理化学实验中,数据测量一般至少包括两个变量,在实验数据中选出自变量和因变量。列表法就是将这一组实验数据的自变量和因变量的各个数值依一定的形式和顺序一一对应列出来。

列表时应注意以下几点:

(1) 每个表开头都应写出表的序号及表的名称。

(2) 表格的每一行首,都应该详细写上名称及单位,名称用符号表示,因表中列出的通常是一些纯数(数值),因此行首的名称及单位应写成:名称符号/单位符号,如 p(压力)/Pa。

(3) 表中的数值应用最简单的形式表示,公共的乘方因子应放在栏头注明。

(4) 在每一行中的数字要排列整齐,小数点应对齐,应注意有效数字的位数。

2. 作图法

a. 作图法在物理化学实验中的应用

用作图法表达物理化学实验数据,能清楚地显示出所研究变量的变化规律,如极大值、极小值、转折点、周期性、数量的变化速率等重要性质。根据所作的图形,我们还可以作切线、求面积,将数据进一步处理。作图法的应用极为广泛,其中最重要的有:

(1)求外推值。

有些不能由实验直接测定的数据,常常可以用作图外推的方法求得。主要是利用测量数据间的线性关系,外推至测量范围之外,求得某一函数的极限值,这种方法称为外推法。例如在用黏度法测定高聚物的相对分子质量的实验中,首先必须用外推法求得溶液的浓度趋于零时的黏度(即特性黏度)值,才能算出相对分子质量。

(2)求极值或转折点。

函数的极大值、极小值或转折点,在图形上表现得很直观。例如可根据环己烷-乙醇双液系相图确定最低恒沸点(极小值)。

(3)求经验方程。

若因变量与自变量之间有线性关系,那么就应符合下列方程:

$$y=ax+b$$

它们的几何图形应为一直线,a 是直线的斜率,b 是直线在轴上的截距。应用实验数据作图,作一条尽可能连接诸实验点的直线,从直线的斜率和截距便可求得 a 和 b 的具体数据,从而得出经验方程。

对于因变量与自变量之间是曲线关系而不是直线关系的情况,可对原有方程或公式作若干变换,将其转变成直线关系。如朗格缪尔吸附等温式:

$$\Gamma=\Gamma_{\infty}\frac{Kc}{1+Kc}$$

吸附量 Γ 与浓度 c 之间为曲线关系,难以求出饱和吸附量 Γ_{∞}。可将上式改写成:

$$\frac{c}{\Gamma}=\frac{1}{K\Gamma_{\infty}}+\frac{1}{\Gamma_{\infty}}c$$

以$\frac{c}{\Gamma}$对 c 作图,得一直线,其斜率的倒数为 Γ_{∞}。

(4)作切线求函数的微商。

作图法不仅能表示出测量数据间的定量函数关系,而且可以从图上求出各点函数的微商。具体做法是在所得曲线上选定若干个点,然后用镜像法作出各切线,计算出切线的斜率,即得该点函数的微商值。

(5)求导数函数的积分值(图解积分法)。

设图形中的因变量是自变量的导数函数,则在不知道该导数函数解析表示式的情况下,也能利用图形求出定积分值,称为图解积分,通常求曲线下所包含的面积常用此法。

b. 作图方法

作图首先要选择坐标纸。坐标纸分为直角坐标纸,半对数或对数坐标纸,三角坐标纸和极坐标纸等几种,其中直角坐标纸最常用。

选好坐标纸后,还要正确选择坐标标度,要求:①要能表示全部有效数字;②坐标轴上每小格的数值应可方便读出,且每小格所代表的变量应为 1,2,5 的整数倍,不应为 3,7,9 的整数倍。如无特殊需要,可不必将坐标原点作为变量零点,而从略低于最小测量值的整数开始,可使作图更紧凑,读数更精确;③若曲线是直线或近似直线,坐标标度的选择应使直线与 x 轴成 45°夹角。

然后,将测得的数据,以点描绘于图上。在同一个图上,如有几组测量数据,可分别用△、×、⊙、○、●等不同符号加以区别,并在图上对这些符号注明。

作出各测量点后,用直尺或曲线板,画直线或曲线。要求线条能连接尽可能多的实验点,但不必通过所有的点,未连接的点应均匀分布于曲线两侧,且与曲线的距离应接近相等。曲线要求光滑均匀,细而清晰。连线的好坏会直接影响到实验结果的准确性,如有条件可用计算机作图。

在曲线上作切线,通常用两种方法:

(1)镜像法。

若需在曲线上某一点 A 作切线,可取一平面镜垂直放于图纸上,也可用玻璃棒代替镜子,使玻璃棒和曲线的交线通过 A 点,此时,曲线在玻璃棒中的像与实际曲线不相吻合,见图 1-3(a),以 A 点为轴旋转玻璃棒,使玻璃棒中的曲线与实际曲线重合时(见图 1-3(b)),沿玻璃棒作直线 MN,这就是曲线在该点的法线,再通过 A 点作 MN 的垂线 CD,即可得切线,见图 1-3(c)。

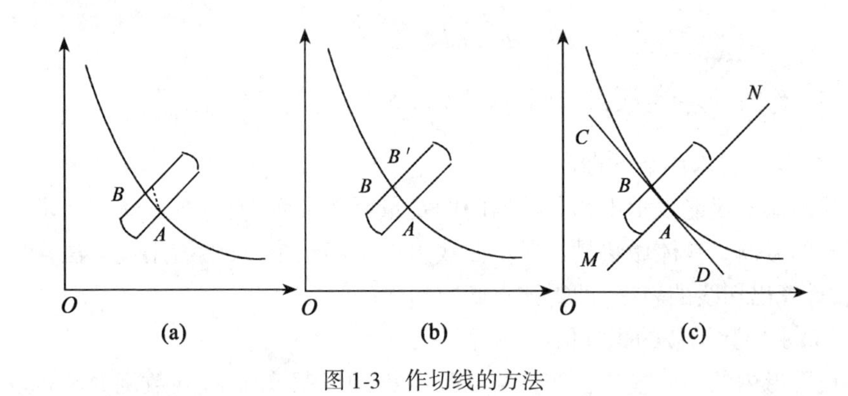

图 1-3 作切线的方法

(2)平行线法。

在所选择的曲线段上,作两条平行线 AB,CD,连接两线段的中点 M,N 并延长与曲线交于 O 点,通过 O 点作 CD 的平行线 EF,即为通过 O 点的切线,见图 1-4。

3. 数学方程式法

一组实验数据可以用数学方程式表示出来,这样一方面可以反映出数据结果间的内在规律性,便于进行理论解释或说明;另一方面这样的表示简单明了,还可进行微分、积分等其他变换。

对于一组实验数据,一般没有一个简单方法可以直接得到一个理想的经验公式,通常是先按一组实验数据画图,根据经验和解析几何原理,猜测经验公式

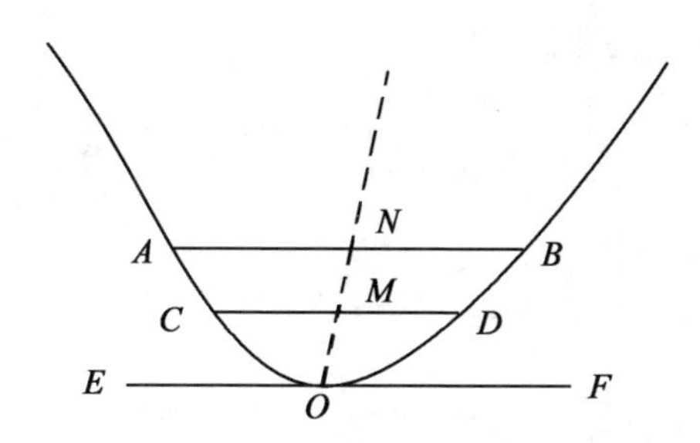

图 1-4 平行线法作切线示意图

的应有形式。将数据拟合成直线方程比较简单,但往往数据点间并不成线性关系,则必须根据曲线的类型,确定几个可能的经验公式,然后将曲线方程转变成直线方程,再重新作图,看实验数据是否与此直线方程相符,最终确定理想的经验公式。

下面介绍几种直线方程拟合的方法:直线方程的基本形式是 $y=ax+b$,直线方程拟合就是根据若干自变量 x 与因变量 y 的实验数据确定 a 和 b。

(1) 作图法。在直角坐标纸上,用实验数据作图得一直线,将直线与轴相交,即为直线截距 b,直线与轴的夹角为 θ,则 $a=\tan\theta$。另外也可在直线两端选两个点,坐标分别为(x_1,y_1),(x_2,y_2),它们应满足直线方程,可得

$$\begin{cases} y_1=ax_1+b \\ y_2=ax_2+b \end{cases}$$

解此联立方程,可得 a 和 b。

(2) 平均法。平均法根据的原理是在一组测量数据中,正负偏差出现的机会相等,所有偏差的代数和将为零。计算时将所测的 m 对实验值代入方程 $y=ax+b$,得 m 个方程。将此方程分为数目相等的两组,将每组方程各自相加,分别得到一方程如下:

$$\sum_{i=1}^{m/2} y_i = a\sum_{i=1}^{m/2} x_i + b$$

$$\sum_{i=(m/2)+1}^{m} y_i = a\sum_{i=(m/2)+1}^{m} x_i + b$$

解此联立方程,可得 a 和 b。

(3) 最小二乘法。假定测量所得数据并不满足方程 $y=ax+b$ 或 $ax-y+b=0$,而存在所谓残差 δ。令:$\delta_i=ax_i-y_i+b$。最好的曲线应能使各数据点的残差平方和(Δ)最小。即 $\Delta=\sum_{i=1}^{n}\delta_i^2=\sum_{i=1}^{n}(ax_i-y_i+b)^2$ 最小。对于函数 Δ 极值,我们知

道一阶导数$\frac{\partial\Delta}{\partial a}$和$\frac{\partial\Delta}{\partial b}$必定为零,可得以下方程组:

$$\begin{cases}\dfrac{\partial\Delta}{\partial a}=2\sum_{i=1}^{n}x_i(ax_i-y_i+b)=0\\[2ex]\dfrac{\partial\Delta}{\partial b}=2\sum_{i=1}^{n}(ax_i-y_i+b)=0\end{cases}$$

变换后可得

$$\begin{cases}a\sum_{i=1}^{n}x_i^2+b\sum_{i=1}^{n}x_i=\sum_{i=1}^{n}x_iy_i\\[2ex]a\sum_{i=1}^{n}x_i+nb=\sum_{i=1}^{n}y_i\end{cases}$$

解此联立方程得 a 和 b:

$$\begin{cases}a=\dfrac{n\sum_{i=1}^{n}x_iy_i-\sum_{i=1}^{n}x_i\sum_{i=1}^{n}y_i}{n\sum_{i=1}^{n}x_i^2-\left(\sum_{i=1}^{n}x_i\right)^2}\\[4ex]b=\dfrac{\sum_{i=1}^{n}y_i}{n}-a\dfrac{\sum_{i=1}^{n}x_i}{n}\end{cases}$$

四 计算机处理物理化学实验数据的方法

1. 物理化学实验数据处理的方法

物理化学实验中常用的数据处理方法主要有三种:

(1)图形分析及公式计算。如“燃烧热的测定”、“反应热量计的应用”、“凝固点降低法测定摩尔质量”、“差热分析”、“离子迁移数的测定——希托夫法”、“极化曲线的测定”、“电导法测定弱电解质的电离常数”、“电泳”和“磁化率的测定”等实验用此方法。

(2) 用实验数据作图或对实验数据计算后作图,然后线性拟合,由拟合直线的斜率或截距求得需要的参数。如“液体饱和蒸气压的测定”、“氢超电势的测定”、“一级反应——蔗糖的转化”、“丙酮碘化反应速率常数的测定”、“乙酸乙酯皂化反应速率常数的测定”、“黏度法测大分子化合物的分子量”、“固体比表面的测定”、“偶极矩的测定”等实验用此方法。

(3) 非线性曲线拟合,作切线,求截距或斜率。如“溶液表面吸附的测定”、“沉降分析”等实验用此方法。

第(1)种数据处理方法用计算器即可完成,第(2)和第(3)种数据处理方法可用 Origin 软件在计算机上完成。第(2)种数据处理方法即线性拟合,用 Origin 软件很容易完成。第(3)种数据处理方法即非线性曲线拟合,如果已知曲线的函数关系,可直接用函数拟合,由拟合的参数得到需要的物理量;如果不知道曲线的函数关系,可根据曲线的形状和趋势选择合适的函数和参数,以达到最佳拟合效果,多项式拟合适用于多种曲线,通过对拟合的多项式求导得到曲线的切线斜率,由此进一步处理数据。

2. Origin 软件处理物化实验数据的操作

Origin 软件数据处理基本功能有:对数据进行函数计算或输入表达式计算,数据排序,选择需要的数据范围,数据统计、分类、计数、关联、t-检验等。Origin 软件图形处理基本功能有:数据点屏蔽,平滑,FFT 滤波,差分与积分,基线校正,水平与垂直转换,多个曲线平均,插值与外推,线性拟合,多项式拟合,指数衰减拟合,指数增长拟合,S 形拟合,Gaussian 拟合,Lorentzian 拟合,多峰拟合,非线性曲线拟合等。

物化实验数据处理主要用到 Origin 软件的如下功能:对数据进行函数计算或输入表达式计算、数据点屏蔽、线性拟合、插值与外推、多项式拟合、非线性曲线拟合和差分等。

对数据进行函数计算或输入表达式计算的操作如下:在工作表中输入实验数据,右击需要计算的数据行顶部,从快捷菜单中选择 Set Column Values,在文本框中输入需要的函数、公式和参数,点击 OK,即刷新该行的值。

Origin 可以屏蔽单个数据或一定范围的数据,用以去除不需要的数据。屏蔽图形中的数据点操作如下:打开 View 菜单中 Toolbars,选择 Mask,然后点击 Close。点击工具条上 Mask Point Toggle 图标,双击图形中需要屏蔽的数据点,数据点变为红色,即被屏蔽。点击工具条上 Hide/Show Mask Points 图标,隐藏屏蔽数据点。

线性拟合的操作:绘出散点图,选择 Analysis 菜单中的 Fit Linear 或 Tools 菜单中的 Linear Fit,即可对该图形进行线性拟合。结果记录中显示:拟合直线的公式、斜率和截距的值及其误差,相关系数和标准偏差等数据。

插值与外推的操作:线性拟合后,在图形状态下选择 Analysis 菜单中的 Interpolate/Extrapolate,在对话框中输入最大 X 值和最小 X 值及直线的点数,即可对直线插值和外推。

Origin 提供了多种非线性曲线拟合方式:①在 Analysis 菜单中提供了如下拟合函数:多项式拟合、指数衰减拟合、指数增长拟合、S 形拟合、Gaussian 拟合、Lorentzian 拟合和多峰拟合;在 Tools 菜单中提供了多项式拟合和 S 形拟合。②Analysis 菜单中的 Non-linear Curve Fit 选项提供了许多拟合函数的公式和图形。③Analysis 菜单中的 Non-linear Curve Fit 选项可让用户自定义函数。

多项式拟合适用于多种曲线,且方便易行,操作如下:对数据作散点图,选择 Analysis 菜单中的 Fit Polynomial 或 Tools 菜单中的 Polynomial Fit,打开多项式拟合对话框,设定多项式的级数、拟合曲线的点数、拟合曲线中 X 的范围,点击 OK 或 Fit 即可完成多项式拟合。结果记录中显示:拟合的多项式公式、参数的值及其误差,R^2(相关系数的平方)、SD(标准偏差)、N(曲线数据的点数)、P 值($R^2=0$ 的概率)等。

差分即对曲线求导,在需要作切线时用到。可对曲线拟合后,对拟合的函数手工求导,或用 Origin 对曲线差分,操作如下:选择需要差分的曲线,点击 Analysis 菜单中 Calculus/Differentiate,即可对该曲线差分。

另外,Origin 可打开 Excel 工作簿,调用其中的数据进行作图、处理和分析。Origin 中的数据表、图形以及结果记录可复制到 Word 文档中,并进行编辑处理。

关于 Origin 软件的其他更详细的用法,参照 Origin 用户手册及有关参考资料。

第二部分　基础物理化学实验

Ⅰ　化学热力学

实验1　燃烧热的测定

一、目的要求

(1)用氧弹热量计测定萘的燃烧热。

(2)了解氧弹热量计的原理、构造及使用方法。

二、原　　理

燃烧热是指一摩尔物质完全氧化时的热效应。所谓完全氧化是指C变为CO_2(气),H变为H_2O(液),S变为SO_2(气),N变为N_2(气),金属如银等都成为游离状态。燃烧热的测定是热化学的基本手段,对于一些不能直接测定的化学反应的热效应,通过盖斯定律可以利用燃烧热数据间接算出。本实验中用于测定物质燃烧热的是氧弹热量计,它属于恒容、恒温夹套式量热计,在热化学、生物化学以及石油化工等行业中应用广泛。

由热力学第一定律可知,若燃烧在恒容条件下进行,则体系不对外做功,恒容燃烧热等于体系的改变,

$$\Delta U = Q_V \tag{2-1}$$

在绝热条件下,将一定量的样品放在充有一定氧气的氧弹中,使其完全燃烧,放出的热量使得体系(反应产物、氧弹及其周围的介质和热量计有关附件等)的温度升高(ΔT),再根据体系的热容($C_{V,总}$),即可计算燃烧反应的热效应,

$$Q_V = - C_{V,总}\Delta T \tag{2-2}$$

式中,负号是指体系放出热量,放热时体系的内能降低,而 $C_{V,总}$ 和 ΔT 均为正值,故加负号表示。

一般燃烧热是指恒压燃烧热 Q_p,Q_p 值可由 Q_V 算得

$$Q_p = \Delta H = \Delta U + P\Delta V = Q_V + P\Delta V \tag{2-3}$$

若以摩尔为单位,对理想气体:

$$Q_p = Q_V + \Delta nRT$$

这样,由反应前后气态物质摩尔数的变化 Δn,就可算出恒压燃烧热 Q_p。

反应热效应的数值与温度有关,燃烧热也不例外,其关系为

$$\frac{\partial(\Delta H)}{\partial T} = \Delta C_p$$

式中,ΔC_p 是反应前后的恒压热容差,它是温度的函数。一般来说,热效应随温度的变化不是很大,在较小的温度范围内,可认为是常数。

由于实验燃烧热测量的条件与标准条件的不同,为求出标准燃烧热,需将求得的实验燃烧热数据进行包括压力、温度等许多影响因素的校正。在精度要求不高的前提下,可以忽略这些因素的影响。

氧弹量热计的外观及构造如图 2-1 和图 2-2 所示。在热力学研究中系统一般分为体系和环境两个部分:内桶以内的部分,包括氧弹、搅拌棒、测温探头和内桶水等为体系;体系与外界以空气层隔绝,外桶、外桶水和控制面板等为环境。在热力学理想状态下,本实验应该在完全绝热状态下测定燃烧热,即体系与环境之间没有热交换。而实际测量装置中虽以空气层隔绝体系与环境,但仍存在热漏现象。因此不能仅以体系温度变化值来计算燃烧热,常采用雷诺图解法来校正体系温度变化值,补偿热漏和搅拌等带来的温度偏差。氧弹内部构造见图 2-3,氧弹是由耐高压耐腐蚀的不锈钢厚壁圆桶构成,氧弹盖与弹体圆桶以螺丝紧密结合在一起,具有良好密封性。氧气的进出气孔在氧弹的上部,其构造原理类似车胎的气门芯。加压后氧气可以充入氧弹内,用专用放气螺帽按压进出气孔,即可放出所充氧气。氧弹上部还有两个点火插头插入孔,并连接至氧弹内的电极和引燃镍丝,通过放电引燃样品。

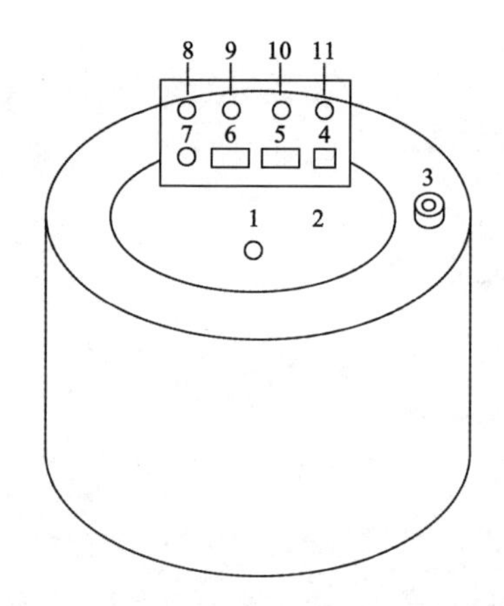

图 2-1　氧弹量热计外观

1—内桶测温插口　2—内桶盖　3—外桶测温插口　4—点火按键　5—电源开关　6—搅拌开关　7—点火电极正极　8—点火电极负极　9—搅拌指示灯　10—电源指示灯　11—电源指示灯

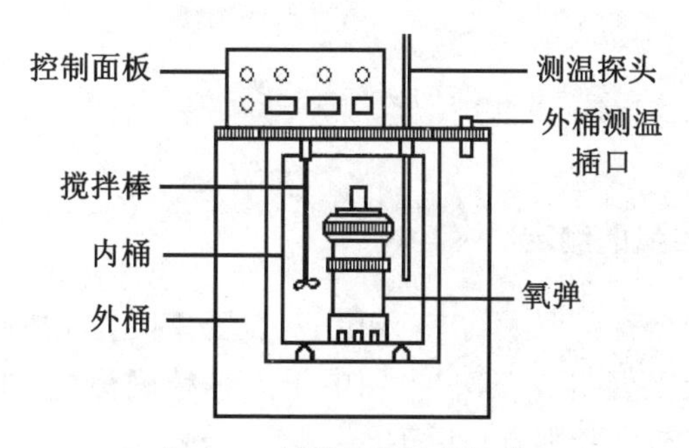

图 2-2　氧弹量热计的构造

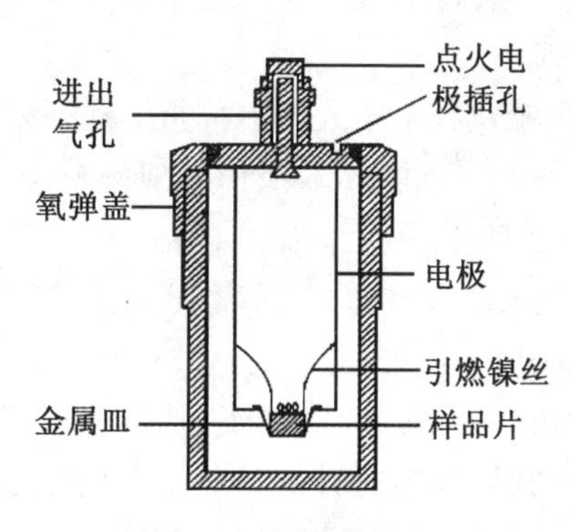

图 2-3　氧弹的构造

三、仪器和试剂

氧弹热量计1台;
氧气钢瓶1个;
电子天平1台;
压片机1台;
容量瓶(1L)1个;
锥形瓶1个;
碱式滴定管(50mL)1支。
苯甲酸(二级量热标准试剂,恒容燃烧热为$-26\ 495.6\ J \cdot g^{-1}$);
引燃镍丝(恒容燃烧热为$-3\ 243\ J \cdot g^{-1}$);
萘(分析纯);
NaOH溶液($0.1\ mol \cdot L^{-1}$);
酚酞指示剂。

四、实验步骤

1. 热量计水当量的测定

(1) 压片。用台秤称取大约1g苯甲酸,在压片机上压成圆片。将苯甲酸圆片在干净的玻璃板上轻击二三次,再用电子天平精确称量。(样品压片应不松不紧,太松容易破碎;太紧则点火后不能燃烧完全)

(2) 装样。拧开氧弹盖,将弹盖放在专用的弹头架上,装好专用的金属皿,将样品圆片平放入金属皿中。

取一段约15cm引燃镍丝在电子天平上称重。在一根直径约3mm的玻璃棒或木棒上,将镍丝中段在棒上绕约5~6圈使其成螺旋形,将螺旋部分紧贴在样片的表面上,两端如图2-3所示,然后固定在电极上,注意镍丝不要接触金属皿。用移液管吸取10mL蒸馏水加入氧弹内,旋紧氧弹盖。(氧弹内加入蒸馏水的目的是吸收燃烧产生的NO_2成为硝酸)

(3) 充氧。将氧弹放在专用的充氧器下,使其上端进气口对准充氧器的充气口。打开氧气钢瓶上的阀门(逆时针旋转),氧气总压表指示此时钢瓶内氧气的总压。慢慢打开氧气分压表上的阀门(顺时针旋转),使氧气分压表指示为0.5MPa,握住充氧器充气手柄向下压,使其充气口与氧弹进气口紧密接触,保持这一状态约半分钟,充氧完成。放开充气手柄,取下氧弹,用放气螺帽按压氧弹上方出气口,放出氧弹中气体。将氧弹重新放在充氧器下,调节氧气分压表上的阀门,使氧气分压表指示为2.0MPa,再次进行充氧操作。(先进行预充氧是为了排除氧弹中的空气,其中存在的氮气燃烧后生成NO_2影响燃烧热的测定)

(4)测量。在热量计水夹套中装满自来水,将数字温度计探头插入外桶水中,读出外桶水温。打开内桶盖,将氧弹放入内桶中央。取一大桶自来水,在其中加入一些冰块,使其水温比外桶水温低大约1℃。然后用容量瓶准确量取3000mL该自来水,倒入内桶中,水面应刚好淹没氧弹,且无漏气现象(如氧弹中有气泡逸出,说明氧弹漏气,必须排除漏气方可继续实验)在电极插头插入氧弹两电极插口上,盖好内桶盖,将数字温度计探头由外桶取出插入内桶中。打开量热计电源开关,开动搅拌器(注意搅拌器不要与氧弹相碰)。

打开计算机,打开其中"燃烧热测定"实验软件窗口,观察数字温度计读数,待温度变化基本稳定后,将数字温度计"采零"并"锁定"。点击"开始记录",电脑开始每隔几秒钟读取一次数字温度计读数,并画出相应的温度随时间变化曲线,此时温度随时间变化略有上升。连续读取10～15个点后,按量热计控制面板上的"点火按键"或点击燃烧热电脑软件界面中"点火按键",继续记录温度读数,此时如点火成功,温度会迅速上升至某一最高点,然后温度开始平缓下降,再读取最后阶段的10～15个点,便可停止实验。

实验停止后,关闭量热计电源,将温度计探头由内桶取出插入外桶中,打开内桶盖,取出氧弹,放出氧弹内的余气,避免水滴及溶解于其中的酸被带出,缓慢地放气约需4～6min。旋开氧弹盖,检查样品燃烧是否完全(若金属皿中没有明显的燃烧残渣说明燃烧完全;若发现黑色残渣,则应重做实验)。若已燃烧完全,可用少量蒸馏水(每次10mL)洗涤氧弹内壁两次,洗涤液倒入150mL锥形瓶中,煮沸片刻,以0.1mol·L^{-1}NaOH溶液滴定。称量燃烧后剩下的镍丝重量,计算镍丝实际燃烧重量,最后擦干氧弹和盛水桶。

2. 测量萘的燃烧热

称取约0.6g萘,同上法进行测量。

五、实验注意事项

(1)待测样品一定要干燥。

(2)注意压片的紧实程度,太紧不易燃烧。

(3)一定要将点燃铁丝紧贴在样品圆片上。

六、数 据 处 理

(1)用雷诺图解法求出苯甲酸和萘燃烧前后的温度差 $\Delta T_{苯甲酸}$ 和 $\Delta T_{萘}$。

雷诺图解法作法如下:

作温度-时间曲线,即图 2-4 所示。图中 A 点相当于开始燃烧之点,B 为观察到最高的温度读数点。取 A,B 两点之间垂直于横坐标的距离的中点 O 作平行于横坐标的直线交曲线于 M 点,通过 M 点作垂线 ab,然后将 CA 线和 DB 线外延长交 ab 于 E 和 F 两点。则 F 点与 E 点的温差,即为欲求的温度升高值 ΔT。

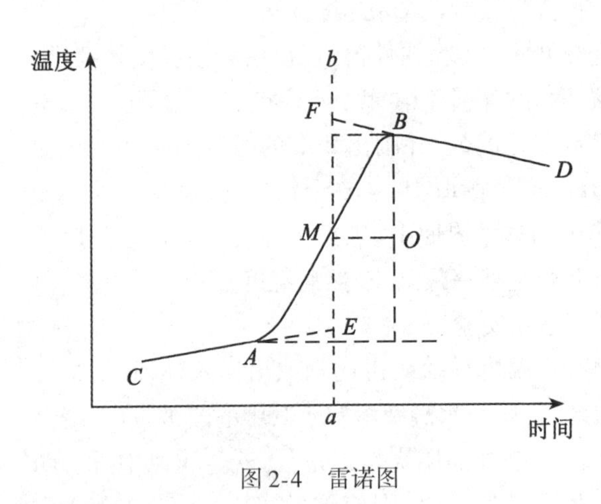

图 2-4 雷诺图

(2)计算热量计的热容 C_V,已知苯甲酸的燃烧热为 $-26\,460\text{J}\cdot\text{g}^{-1}$。

体系除苯甲酸燃烧放出热量引起体系温度升高以外,其他因素——引燃镍丝的燃烧、在氧弹内 N_2 和 O_2 化合生成硝酸并溶入水中等都会引起体系温度的变化。因此在计算水当量及放热量时,这些因素都必须进行校正。其校正值如下:

点火丝的校正:$\sum qm_{\text{b}}$

硝酸形成的校正:1.0mL　0.1mol · mL^{-1}NaOH 滴定液相当于-5.983J

因此仪器的热容为

$$C_V = -\left[\frac{m_{苯甲酸}Q_e + \sum qm_{\text{b}} + 5.983V}{\Delta T}\right] \tag{2-4}$$

式中,Q_e——苯甲酸的恒容燃烧热,$\text{J}\cdot\text{g}^{-1}$;

$m_{苯甲酸}$——苯甲酸的质量,g;

$\sum qm_{\text{b}}$——燃烧丝的校正值,其中 m_{b} 为丝的质量,q 为每克丝恒容燃烧热;

V——滴定洗涤液所用 0.1mol · L^{-1}NaOH 的体积;

ΔT——经作图对温度差校正后的真正温度差。

(3)求出萘的燃烧热 Q_V 和 Q_p。

七、思　考　题

1. 影响本实验结果的主要因素有哪些?

2. 为什么开始实验时内桶中的水温要比外桶水温低 1℃?

3. 在使用氧气钢瓶及氧气减压阀时,应注意哪些规则?

4. 文献手册的数据是标准燃烧热,本实验条件偏离标准态。请估算由此引入的系统误差有多少?

八、参考文献

[1]H D 克罗克福特,等著. 物理化学实验[M]. 赫润蓉,等译. 北京:人民教育出版社,1980:100-103

[2]David P. Shoemaker, et al. Experiments in Physical Chemistry[M]. McGraw-Hill Book Company, 1994:112

[3]A. Weissberger. Physical Methods of Organic Chemistry[M]. Vol. 1. 1959:536

[4]J M. 怀特,物理化学实验[M]. 北京:人民教育出版社,1981, 186

[5]F D Rossini, et al. Selected Values of Chemical Thermodynamic Properties[M]. National Bureau of Standards. 1952

实验2　反应热量计的应用

一、目的和要求

(1)掌握反应热量计的基本原理和操作方法。

(2)学会使用恒流源仪,掌握电能标定的方法。

(3)掌握测定反应热的数据处理方法和原理。

二、原　　理

具有恒定环境温度的反应热量计的量热本体结构见图2-5。热量计本体用硬质玻璃烧制而成。量热腔a的有效容积约100mL,b是玻璃真空夹套,搅拌桨c也用玻璃烧制,d为磨砂玻璃套管,起轴承套和密封的作用,电加热器e用锰铜丝绕制而成, f为测温元件,用热敏电阻制成。测温元件给出的信号用数字电压表或记录仪进行测量与记录。

反应热量计的加样装置如图2-6所示。加样皿a的有效容积约1mL,加样皿与外套b间为磨砂密封,加样皿和外套上均烧制一小的玻璃环c,两者之间用硅橡胶带相连。当加样时,推动加样杆e,使加样皿a落入反应池中,样品便进入反应池的溶液中并开始反应。

量热腔的温度变化用测温电桥进行测量。热量计的感温元件是热敏电阻。当进行化学反应时,反应体系的温度将因反应热的释放而变化,热敏电阻的阻值也随之发生变化,测温电桥将此阻值的变化转化为电压信号,并由电压表进行测量。此热量计的测温精度大约为1×10^{-4}K。

为了减小因环境温度的波动对量热腔本体温度所产生的影响,整个热量计量热本体应浸没于恒温槽的恒温介质中,恒温槽的温度由精密控温仪控制,恒温

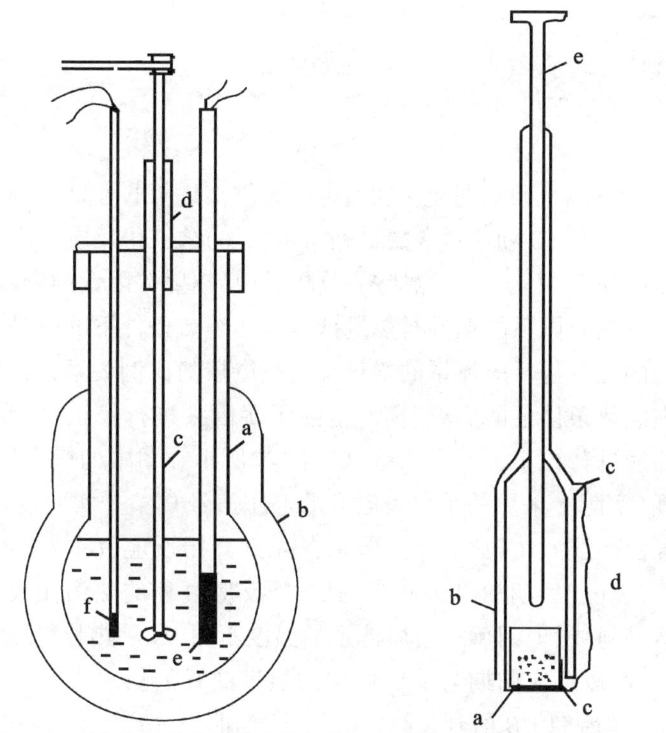

图 2-5　反应热量计的量热本体结构　　图 2-6　热量计的加样装置

槽的控温精度为$\pm 1\times 10^{-3}$K。

当被测样品进行反应或溶解时，量热腔的温度变化与反应热之间存在下列关系：

$$Q = C\Delta T \tag{2-5}$$

式中，C 是量热腔的表观热容，当温度变化不大时，C 可以视为常数。测温电桥给出的温差信号并不是 ΔT 而是电动势 ΔE，当温度变化很小时，电动势 ΔE 与温差 ΔT 成正比：

$$\Delta T = k'\Delta E$$

故反应体系的热效应可由下式求出：

$$Q = C\Delta T = Ck'\Delta E = k\Delta E \tag{2-6}$$

式中，k 为仪器常数，其值由电能标定求出。

电能标定（电标）装置由恒流源和电加热器组成，电标时电加热器给出的电能由下式求出：

$$Q_{电能} = I^2Rt$$

$$= k\Delta E_{电能} \tag{2-7}$$

热量计的仪器常数 k 可由下式求得：

$$k = I^2Rt/\Delta E_{电能} \tag{2-8}$$

式中,R 是电加热器电阻;I 是电标时通电电流值;t 是通电时间。

若已知反应的 ΔE 和仪器常数 k,便可由(2-6)式获得反应的热效应值。

在量热过程中,由于存在搅拌热、热传导、热辐射等因素的影响,感温元件所感受到的量热计体系的温升与热量计本体在绝热条件下的温升不同。而反应总热效应的值只与反应体系的绝热温升呈严格的比例关系,所以,为了求得反应体系在绝热条件下的温升,需对上述干扰因素进行校正。一般采用雷诺图对量热曲线进行校正,其校正原理如图 2-7 所示。图中的横坐标是时间,纵坐标是温度(实际上采用的是代表温升的电压信号),整个实验过程的温度-时间变化情况由曲线 $GACBH$ 描述。体系在 A 点开始反应,GA 为反应前期的热谱曲线,BH 是反应后期的热谱曲线,ACB 是反应过程的热谱曲线。GA 和 BH 一般为平滑的斜线,但因反应前后体系的温度不同,故量热腔与环境的热交换速率亦不同,所以反应前期与反应后期的热谱曲线的斜率不同。分别作反应前期 GA 和反应后期 HB 的延长线,在反应主期曲线 AB 上寻找一点 C,过 C 点作垂线与上述的延长线分别相交于点 D 和 E,并使：

$$S_{ACD} = S_{ECB}$$

则线段 ED 的长度代表反应体系的绝热温升。

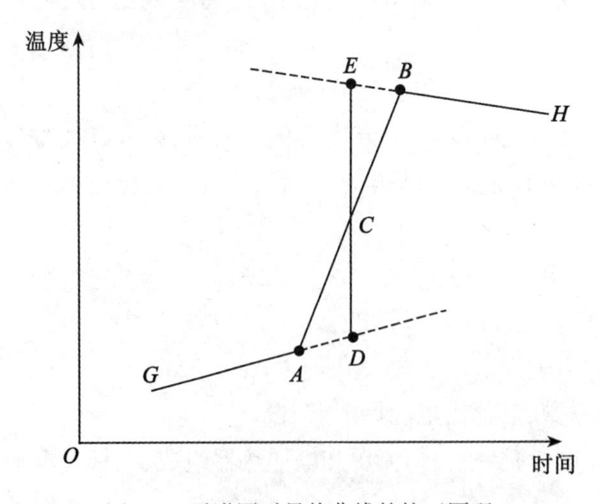

图 2-7　雷诺图对量热曲线的校正原理

三、仪器和试剂

FR-1 型玻璃反应热量计；

玻璃水槽；

JWT-702 型温度控制仪；

精密恒流源；

4½位数字电压表或记录仪；

分析纯 KCl；

二次蒸馏水。

四、实验步骤

(1)调节控温电桥的可变电阻及精密控温仪的控温信号，使恒温槽的水温稳定在 298.15K。

(2)向热量计的量热池中准确加入 100mL 二次蒸馏水。

(3)用分析天平或精密电子天平准确称取 0.35g 的 KCl 样品，放入加样皿中，并将加样皿装在热量计本体上，将热量计本体放入恒温槽中恒温至 298.15K。

(4)当恒温槽的温度稳定之后，开始记录量热腔的温度信号(E)和对应的时间，待被测信号的变率稳定之后，继续记录至少 10 组数据，然后推动加样杆将 KCl 加入反应池中使其溶解，同时记录体系温度的变化，待反应后期的温度变率稳定之后，再记录至少 10 组数据。反应前期和反应后期的记录时间间隔为 30s，反应主期的记录时间间隔为 10s。

(5)用电能标定装置对热量计的仪器常数 k 进行标定。用恒流源向电加热器提供稳定的电能，控制电流的大小和加热时间的长短，使加入的电能能量与反应过程的热效应大致相等，电能标定的温度信号和时间的记录方法与测定反应热效应的方法相似。

(6)测量结束后，关闭所有仪器的电源，取出热量计本体，并用蒸馏水冲洗干净。

五、数据处理

(1)作温度信号(即记录的电压信号 E)与时间 t 的函数图,并对图形作雷诺校正,求出 KCl 溶解反应和电能标定的绝热温升。

(2)根据下式计算 KCl 在 298.15K 下的摩尔溶解热:

$$Q_{溶解}/Q_{电能} = ED_{溶解}/ED_{电能}$$

$$Q_{溶解} = Q_{电能} \times (ED_{溶解}/ED_{电能})$$

$$= I^2Rt \times (ED_{溶解}/ED_{电能}) \tag{2-9}$$

$$\Delta H_m(298.15K) = Q_{溶解}M_r/w_{KCl} \tag{2-10}$$

式中,M_r 是 KCl 的相对摩尔分子量;w_{KCl}是样品 KCl 的质量;ΔH_m 是 KCl 的摩尔溶解热,其单位是 $J \cdot mol^{-1}$。

六、注意事项

(1)本实验的关键步骤是加样,在加样时,推杆的速度不宜太快,要确保加样皿中能充满液体,使样品可以完全溶解。

(2)应注意控制量热腔中的温度与恒温槽的水温尽量一致,以减少因两者温度的不同所带来的混合热,提高测量的精度。

七、思考题

1. 为什么要进行电能标定?
2. 在求算反应体系的真实(绝热)温升时,为什么要对温度信号进行校正?

八、参考文献

[1]汪存信,宋昭华,屈松生. 具有恒定温度环境的反应热量计的研制[J]. 物理化学学报,1991,7(5):587

[2]Skinner H A. Experimental Thermochemistry[M]. London: Interscience Publisher,1962:189

[3]复旦大学.物理化学实验(上册)[M].北京:人民教育出版社,1979:29

(汪存信　宋昭华)

实验3　凝固点降低法测定分子量

一、目 的 要 求

(1)用凝固点降低法测定萘的摩尔质量。

(2)通过实验了解掌握凝固点降低法测定摩尔质量的原理,加深对稀溶液依数性质的理解。

二、原　　理

稀溶液具有依数性,凝固点降低是依数性的一种表现。稀溶液的凝固点降低与溶液成分关系的公式为

$$\Delta T_f = \frac{R(T_f^*)^2}{\Delta_f H_m(A)} \times M_A \times m_B = K_f \times m_B \qquad (2\text{-}11)$$

式中,ΔT_f 为凝固点降低值;T_f^* 为纯溶剂A的凝固点;$\Delta_f H_m(A)$为纯溶剂A的摩尔凝固热;M_A 是溶剂A的摩尔质量;m_B 是溶质的摩尔浓度;K_f 称质量摩尔凝固点降低常数,其数值只与溶剂的性质有关,当以水作为溶剂时,其 K_f 的值是 $1.84 K \cdot mol^{-1} \cdot kg$。

如果已知溶剂的质量摩尔凝固点降低常数 K_f 的值,并测得此溶液的降低值 ΔT_f 以及溶剂和溶质的 W_A 和 W_B,则溶质B的摩尔质量由下式求得

$$M_B = K_f \frac{W_B}{\Delta T_f W_A} \qquad (2\text{-}12)$$

纯溶剂的凝固点是其固-液共存的平衡温度。将纯溶剂逐步冷却时,在未凝固之前温度将随时间均匀下降,至凝固点温度 A 时开始凝固。由于凝固过程放出凝固热而补偿了热损失,理论上体系将保持固-液两相共存的平衡温度不变,即由 A 点至 B 点一直保持水平至 C 点,C 点时液体全部凝固,温度再继续均匀

下降(见图 2-8(a))。但在实际过程中经常发生过冷现象,溶剂温度到达 A 点时并无固体凝结,温度继续下降至最低点 D 时,才有固体开始析出,随着凝固热逐渐增加,溶剂温度逐渐上升至凝固点 B 时,温度保持不变至 C 点,待所有溶剂完全凝固,温度再次下降。溶液的凝固点是溶液与溶剂的固相共存时的平衡温度,

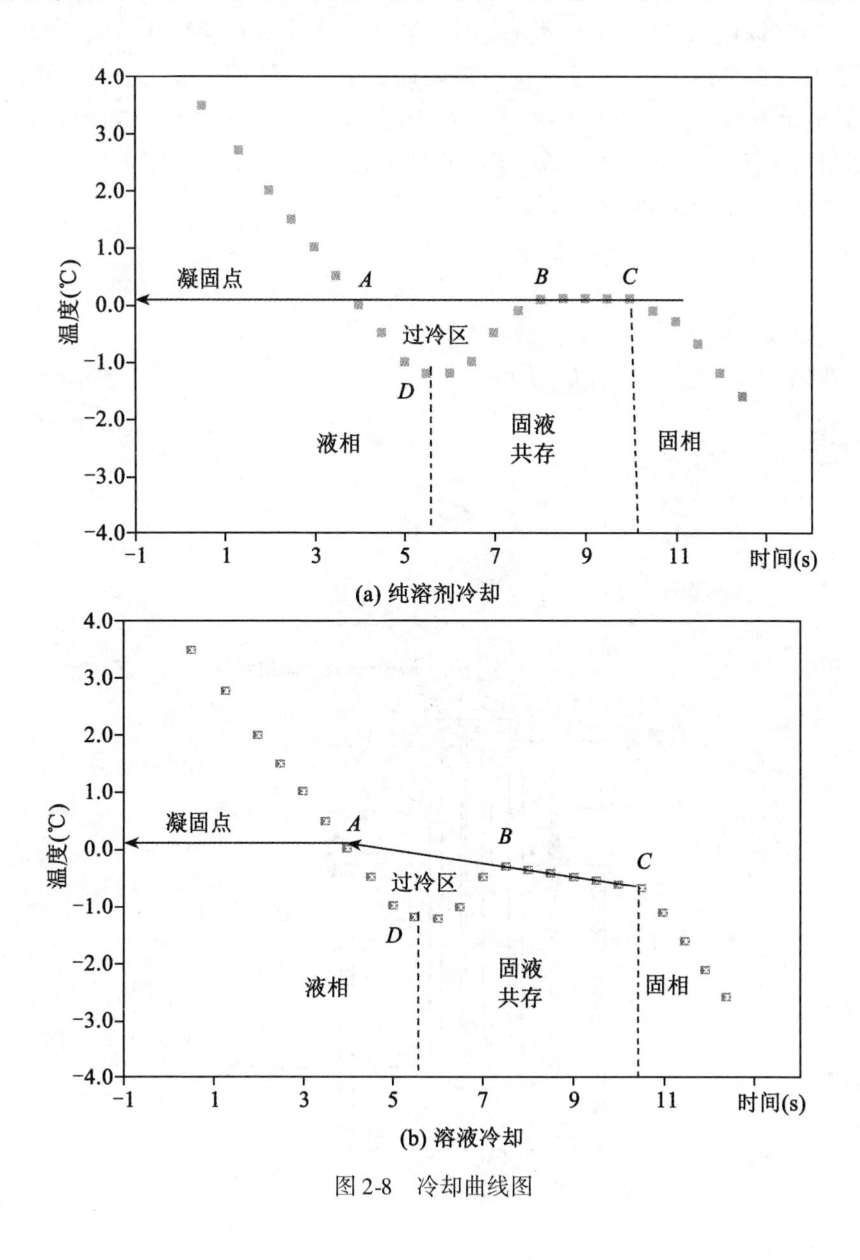

图 2-8　冷却曲线图

其冷却曲线与纯溶剂不同。若冷却过程中不发生过冷现象,则溶液温度下降至凝固点 *A* 时,开始析出固体。随着溶剂逐渐凝固析出,剩下溶液的浓度逐渐增大,因而溶液的凝固点也逐渐下降,即由 *A* 点下降至 *B* 点最后到 *C* 点(见图 2-8(b))。实际冷却过程中也会产生过冷现象,溶液的实际冷却过程是由 *A* 点至 *D* 点至 *B* 点最后至 *C* 点。求取溶液凝固点的方法是:将 *BC* 段直线反向延长至交于 *AD* 段下降曲线上某点,读取该点温度即为溶液凝固点。由此测量方法的原理可知,欲准确测定溶液凝固点,关键在于控制过冷过程中 *AD* 段和 *DB* 段长度。如果过冷太甚,凝固的溶剂过多,溶液的浓度变化过大;或溶剂凝固过快,都会使凝固点的测定结果产生偏差。

三、仪器和试剂

凝固点测定装置一套(见图 2-9);
纯萘丸;
环己烷(分析纯);
25mL 移液管一支;
碎冰。

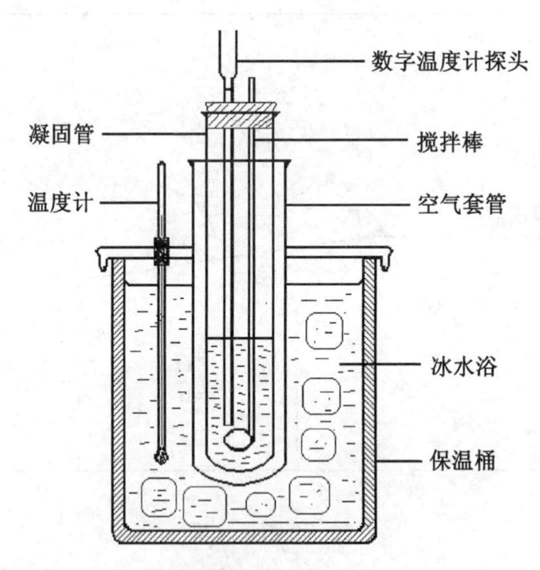

图 2-9　凝固点降低装置图

四、实验步骤

(1)按图 2-9 将凝固点测定仪安装好。

(2)调节冰浴的温度为 3.5℃左右。

(3)打开精密数字温度计开关。打开计算机,打开其中“凝固点”软件窗口。点击“开始绘图”,计算机即开始读取温度计读数,并且给每次读数编号。同时在左半部分温度-时间图中自动画出温度随时间变化图。

(4)测定纯溶剂的凝固点,用移液管取 25mL 环己烷加入凝固管直接浸入冰浴中搅拌,但需控制冷却温度,不要使环己烷在管壁结成块状晶体,较简便的方法是将凝固管从冰浴中交替地取出和浸入。开始结晶时,先将凝固管外冰水擦干,然后插入空气套管中搅拌,在温度回升至最高且保持平衡时(此时温度读数最少 15 ~20 个点基本保持不变),点击“停止绘图”停止实验。点击“凝固点计算”,在弹出窗口中选择“溶剂”还是“溶液”。然后在“校正曲线起始点编号”中输入温度保持平衡阶段第一个点的编号,在“校正曲线有效点数”输入温度平衡段的点数。最后电脑画出红色校正直线应与温度平衡阶段实验曲线基本吻合,否则需重新校正,校正曲线与温度轴交点即为“凝固点”。用手温热凝固管,使环己烷晶体全部熔化,重新置凝固管于冰浴中,如上法操作重复进行三次。如果在测量过程中过冷现象比较严重,可加入少量环己烷的晶种,促使其晶体析出,温度回升。

(5)用分析天平准确称取萘丸一片(约 0.2g),投入凝固管内,使其溶解,同上法测溶液的凝固点,重复测定三次。

五、实验注意事项

注意控制过冷过程和搅拌速度。

六、数据处理

(1)用 $\rho_t/(\text{g}\cdot\text{cm}^{-3}) = 0.7971 - 0.8879\times10^{-3}\, t/℃$ 计算室温 t 时环己烷的密度,然后算出所取的环己烷的质量 W_A。

(2)由测定的纯溶剂、溶液凝固点 T_f^*,T_f,计算萘的摩尔质量。

七、思　考　题

1. 在冷却过程中,凝固点管内液体有哪些热交换存在？它们对凝固点的测定有何影响？

2. 为什么要用空气夹套？

3. 溶质在溶液中有离解、缔合的现象,对分子量的测定值有何影响？

八、参 考 文 献

[1] H W Salzberg, et al. Physical Chemistry[M]. New York: Macmillan Publishing Co., Inc., 1978: 106-108, 364-365

[2] 傅献彩,沈文霞,姚天扬. 物理化学(上册)[M]. 4 版. 北京:高等教育出版社,1990

[3] H D 克罗克福特,等著. 物理化学实验[M]. 赫润蓉,等译. 北京:人民教育出版社,1980

[4] W J Popiel. Laboratory Manual of Physical Chemistry[M]. London: English Universities Press LTD., 1964: 71-73

实验4　液体饱和蒸气压的测定

一、目 的 要 求

(1)用静态法测定不同温度下乙醇的饱和蒸气压,进一步掌握克劳修斯-克拉贝龙方程式。

(2)了解真空体系的设计、安装和操作的基本方法。

二、原　　理

在一定温度下,在一真空的密闭容器中,液体很快与其蒸气建立动态平衡,即蒸气分子向液面凝结和液体分子从表面上逃逸的速度相等,此时液面上的蒸气压力就是液体在此温度时的饱和蒸气压。饱和蒸气压与温度的关系可用克劳修斯-克拉贝龙方程式来表示:

$$\frac{\mathrm{d}\ln p}{\mathrm{d}T}=\frac{\Delta_{\mathrm{vap}}H_{\mathrm{m}}}{RT^2} \tag{2-13}$$

式中,$\Delta_{\mathrm{vap}}H_{\mathrm{m}}$ 是该液体的摩尔蒸发热,在温度变化范围不大时,它可以作为常数。积分上式得:

$$\ln p=-\frac{\Delta_{\mathrm{vap}}H_{\mathrm{m}}}{R}\times\frac{1}{T}+C \tag{2-14}$$

式中,C 为积分常数。如果以 $\ln p$ 为纵坐标,$1/T$ 为横坐标作图可得一直线,此直线的斜率即为 $\Delta_{\mathrm{vap}}H_{\mathrm{m}}/R$ 一项,由此斜率可求出乙醇的摩尔蒸发热。测定饱和蒸气压的方法主要有三种:

(1)静态法。在某一温度下,直接测量饱和蒸气压。测量方法是调节外压与液体蒸气压相等,此法一般用于蒸气压比较大的液体。

(2)动态法。在不同外界压力下,测定液体的沸点。

(3)饱和气流法。将已饱和的待测液体的蒸气通入某种物质中,使蒸气被完全吸收,测量吸收物质重量的增加,求出蒸气的分压。

本实验用静态法测定乙醇的饱和蒸气压与温度的关系,实验装置见图2-10。通常一套真空体系装置由三部分构成:①机械泵、缓冲瓶和储气罐部分,用以产生真空及调节体系内压力;②真空的测量,包括数字压力计部分;③恒温槽、平衡管、冷凝管和冷阱部分,被测液体处于真空瓶内,自身的蒸气压达到饱和。

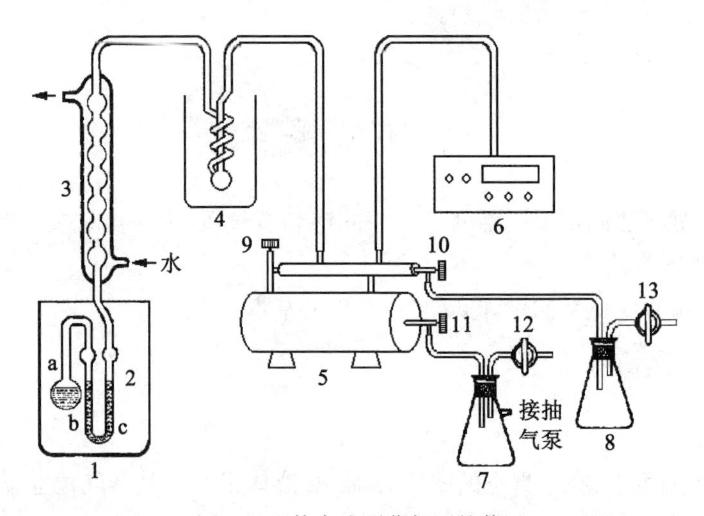

图2-10 静态法测蒸气压的装置

1—恒温槽 2—平衡管 3—冷凝管 4—冷阱 5—储气罐
6—数字压力计 7—缓冲瓶1 8—缓冲瓶2 9—平衡阀1
10—平衡阀2 11—平衡阀3 12—活塞1 13—活塞2

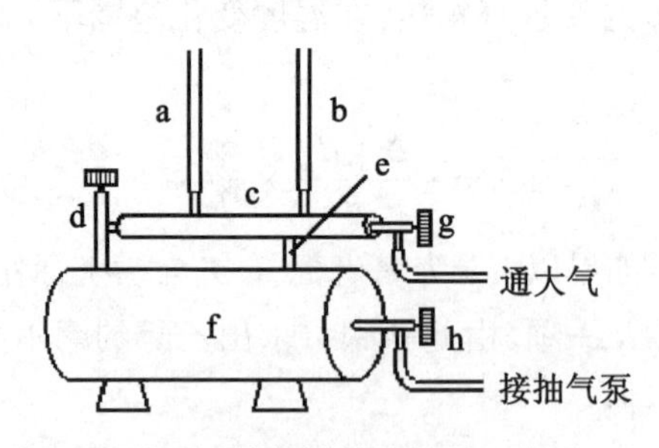

图2-11 储气罐管路连接示意图

注意:储气罐是整个实验装置的核心部件,其中管路连接较为复杂。如图2-11所示,储气罐上方a,b两个接口分别连接待测液体平衡管部分和数字压力计。a,b两个接口通过圆管c相互连接,因此,数字压力计可随时显示平衡管内部待测液体的压力。圆管c左端的平衡阀d连接到下方的大圆桶f,再经f右端的平衡阀h连接到抽气泵。圆管c的右端经平衡阀g连通到大气。圆管c与大圆桶f之间的连接杆e是实心的,仅起支撑作用,并不使上下相通。由此可见,圆管c将连接待测液体的管路一分为三:①测压管路,连接数字压力计;②减压管路,通过连接大圆桶f和抽气泵使体系内的压力降低;③升压管路,通过连通大气使体系压力升高。其中大圆桶f的作用是贮存一部分低压气体,方便降低体系的压力,而不必每当需要减压时都用抽气泵来抽气。管路中若干平衡阀是为了能够方便准确地调节体系内的压力。

三、仪器和试剂

蒸气压测定装置一套;

无水乙醇(分析纯)。

四、实验步骤

1. 装样

取下平衡管,向其中加入乙醇,使乙醇充满平衡管a部分体积的一半和b,c部分高度的三分之二。

2. 压力计调零及系统检漏

装好平衡管,接通冷凝水。打开储气罐上平衡阀1,2,3及缓冲瓶1和2上通大气的活塞1和2。使整个测量系统与大气相通,按数字压力计“采零”键,使压力计显示为零。

关闭缓冲瓶1和2上通大气的活塞1和2。打开抽气泵开关,使压力计读数显示某一数值。先关闭储气罐上通抽气泵的平衡阀3,打开缓冲瓶1上通大气的活塞1,使缓冲瓶1与大气相通,然后关掉抽气泵。此时观察压力计读数,如能稳定在某一数值不变,说明体系不漏气。如体系漏气则检查系统连接处,至无漏气即可进行测定。

3. 测量

调节恒温槽温度为20℃。关闭缓冲瓶1上通大气的活塞1,打开储气罐上通抽气泵的平衡阀3。打开抽气泵开关重新开始抽气。抽至压力计读数约为(-90~-95kPa),平衡管内液体由剧烈跳动变得平缓,大约一分钟,平衡管c中才产生一个气泡时,可准备停止抽气。

关闭储气罐上平衡阀1,2,3。打开缓冲瓶1上通大气的活塞1,使缓冲瓶1与大气相通,然后关掉抽气泵。停止抽气后,平衡管中液体变得静止,且c管液面高于b管,说明此时平衡管外压力小于平衡管内。为使平衡管内b,c两管液面相平,必须首先增加平衡管外压力。

缓慢开启缓冲瓶2上通大气的活塞2,使少量空气进入缓冲瓶2,关闭活塞2。缓慢开启储气罐上平衡阀2,使平衡管内b,c两管液面相平。关闭平衡阀2,记录此时压力计读数,即为此温度下乙醇的饱和蒸气压。重新开启平衡阀2,使c管液面低于b管,关闭平衡阀2。缓慢开启储气罐上平衡阀1,再次使平衡管内b,c两管液面相平,关闭平衡阀1。记录压力计读数。此时读数与前一次读数相差应不大于0.27kPa,否则需再次重复测量。

分别调节恒温槽温度为25,30,35,40℃,测量不同温度下乙醇的饱和蒸气压,每个温度下读数两次。测量方法同上,此时,只需交替调节储气罐上平衡阀1和2,即可使平衡管内b,c两管液面相平。

4. 测量结束

打开储气罐上平衡阀1,2,3及缓冲瓶1和2上通大气的活塞1和2。使整个测量系统与大气相通。关闭冷凝水及恒温槽。

五、实验注意事项

(1)旋转真空活塞一定要双手操作,以免使活塞处漏气。

(2)断开机械泵的电源前,一定要先使缓冲瓶1通大气,否则机械泵内的油会倒吸入安全瓶中。

六、数 据 处 理

(1)将实验数据列表

实验室里压力计的读数以 mB 为单位,即毫巴。1 巴 = 10^5 帕,1 标准大气压 = 101325 帕斯卡(Pa)= 101.325 巴 = 760mmHg(0℃)。实验数据表格如下:

大气压________ mB ________ mm 汞柱

温　度		数字压力计的读数/kPa			饱和蒸气压	
T_k	$1/T_k$	1	2	平均	p(Pa)	$\ln p$

(2)由上表列出的数据绘制蒸气压 p 对温度 T 之曲线。

(3)绘出 $\ln p$ 对 $1/T$ 之图,计算乙醇的摩尔蒸发热。

七、思 考 题

1. 停止抽气前为什么要使机械泵与大气相通?
2. 本实验产生系统误差的原因何在?如何消除?

八、参 考 文 献

[1]北京大学化学系物理化学教研室,物理化学实验[M].修订本.北京:北京大学出版社,1985:58-59

[2]H D 克罗克福特,等著.物理化学实验[M].赫润蓉等译.北京:人民教育出版社,1980:58-61

九、附录　设计实验——动态法测定液体的饱和蒸气压

动态法测定乙醇的饱和蒸气压与温度的关系,实验装置见图 2-12。通常一套真空体系装置由三部分构成:①机械泵、安全瓶部分,用以产生真空;②真空的测量,包括 U 形压力计部分;③蒸馏瓶部分,被测液体处于真空瓶内,自身的蒸

气压达饱和。

对同一液体分别用动态法和静态法测定饱和蒸气压,比较两种方法哪一种测量精度更高?原因何在?这两种方法的优缺点分别是什么?

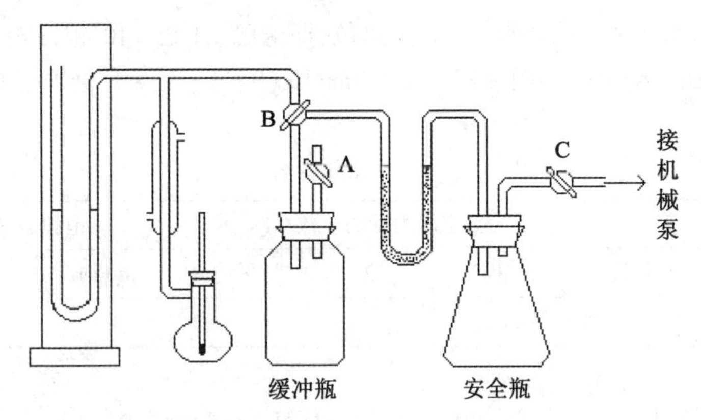

图 2-12 动态法测蒸气压的装置

实验参考步骤:

(1)于蒸馏瓶内装入约 150mL 的无水乙醇,加入几粒沸石。

(2)检查体系是否漏气,旋开放空活塞 A,使缓冲瓶与大气相通,分别旋转三通活塞 B 与 C,使体系、安全瓶与机械泵相通,接通机械泵的电源,待机械泵正常运转后,关闭活塞使体系内抽空,此时压力计两臂水银面产生 30 ~ 40cm 高度差即可。旋转三通活塞 B,保持体系与缓冲瓶相通,断开缓冲瓶与机械泵的通路,观察 U 形管压力计,如果在 5min 内两水银面高度差没有变化,则表明体系不漏气,此时旋转安全瓶上的活塞 C 与大气相通,断开机械泵的电源。

(3)加热液体使之沸腾,待沸腾温度已定,记录沸腾温度及辅助温度计的读数和压力计两臂水银的高度。

(4)缓缓旋开放空活塞 A,使外界空气进入体系,增加体系内的压力约 6cm,关闭活塞 A 与外界隔离。用上述方法测定乙醇在另一个压力下的沸点。以后每增加 6cm 的压力测定一次,直至达到一个大气压为止。

(5)记录大气压及室温。

(6)记下温度露茎校正公式中的起点,即蒸馏瓶外水银温度计的读数。对温度读数进行露茎校正。

实验5　双液系的气液平衡相图的绘制

一、目的和要求

(1)用沸点仪测定在一个大气压下乙醇及环己烷双液系在气液平衡时气相与液相的组成及平衡温度,绘制温度-组成图,并找出恒沸混合物的组成及恒沸点的温度。

(2)学会使用阿贝折光仪。

二、原　　理

两种在常温时为液态的物质混合后组成的二组分体系称为双液系,两种液体若能按任意比例互相溶解,则称为完全互溶的双液系。若只能在一定比例范围内互相溶解,则称为部分互溶双液系。双液系的气液平衡相图 T-x 图可分为三类,见图 2-13。

这些图的纵轴是温度 T(沸点),横轴是代表液体 B 的摩尔分数 x_B。在 T-x 图中有两条曲线:上面的曲线是气相线,表示在不同的沸点与溶液相平衡的气相组成,下面的曲线表示液相线,代表平衡时液相的组成。

例如图 2-13(a)中对应于温度 t_1 的气相点为 v_1,液相点为 l_1,这时的气相组成 v_1 点的横轴读数是 x_B^g,液相组成点 l_1 点的横轴读数为 x_B^l。

如果在恒压下将溶液蒸馏,当气液两相达到平衡时,记下此时的沸点,并分别测定气相(馏出物)与液相(蒸馏液)的组成,就能绘出此时的 T-x 图。图 2-13(b)上有个最低点,图 2-13(c)上有个最高点,这些点称为恒沸点,其相应的溶液称为恒沸混合物,在此点蒸馏所得气相与液相组成相同。

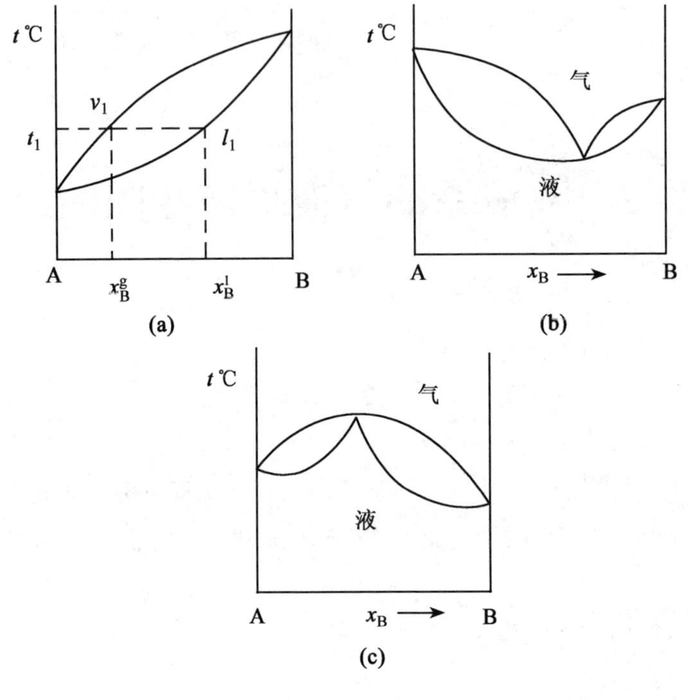

图 2-13 二元液系 T-x 图

三、仪器和试剂

沸点仪 1 套;
阿贝折光仪 1 台;
调压变压器 1 台;
超级恒温水槽 1 台;
无水乙醇;
环己烷。

四、实验步骤

(1)开启超级恒温水槽,将温度控制在 25℃。
(2)按表 2-1 用有刻度的 5mL 的移液管准确配制工作曲线的标准溶液。

表 2-1　　配制工作曲线标准溶液所用的试剂

乙醇浓度(V/V,%)	20	40	60	80
无水乙醇(mL)	1	2	3	4
环己烷(mL)	4	3	2	1

(3)用阿贝折光仪测标准溶液以及纯乙醇、纯环己烷的折射率。

(4)测定体系的沸点及气液两相的折射率。

将一配制好的样品注入沸点仪中(见图 2-14),液体量应盖过加热丝,处在温度计水银球的中部,旋开冷凝水,接通电源,电压不能超过规定电压,否则会烧断加热丝。当液体沸腾、温度稳定后,记下沸腾温度及环境温度,并停止加热。分别用滴管吸取气相及液相的液体,用阿贝折光仪测其折射率,每份样品读数两次,取平均值。测定完之后,将沸点仪中的溶液倒回原试剂瓶中,换另一种样品按上述操作进行测定。

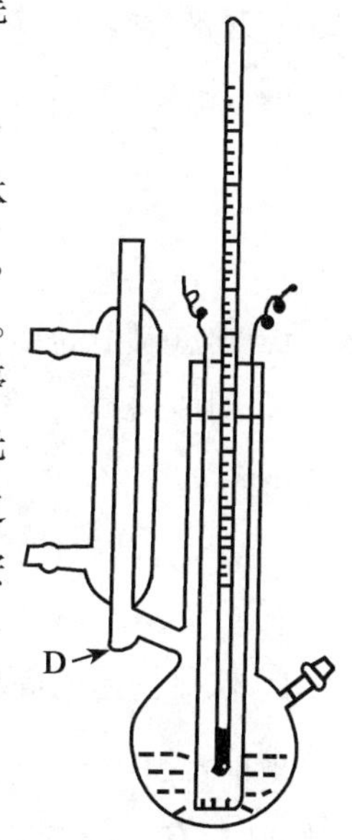

图 2-14　沸点仪

五、注意事项

(1)沸点仪中没有装入溶液之前绝对不能通电加热,如果没有溶液,通电加热后沸点仪会炸裂。

(2)一定要在停止通电加热之后,方可取样进行分析。

(3)使用阿贝折光仪时,棱镜上不能触及硬物(滴管),擦镜面应用擦镜纸。

六、数据处理

(1)将标准溶液的体积百分数按式(2-15)换算成重量百分数,然后以重量百分数对折射作图。

$$W\% = \frac{V_1 D_1}{V_1 D_1 + V_2 D_2} \times 100\% \tag{2-15}$$

式中,V_1,D_1 分别代表乙醇的体积及比重,乙醇的比重在 20℃ 为 0.789 3;V_2,D_2 分别代表环已烷的体积及比重,环已烷的比重在 20℃时为 0.779 1。

(2)沸点校正,由于温度计的水银柱未全部浸入待测温度的区域内而需进行露茎校正。按(2-16)式校正:

$$\Delta t_{\text{露茎}} = K \cdot n \cdot (t_{\text{测}} - t_{\text{环}}) \tag{2-16}$$

校正后的温度:

$$t_{\text{真}} = t_{\text{测}} + \Delta t_{\text{露茎}} \tag{2-17}$$

(3)将由工作曲线查得气液二相平衡相的组成及校正后的沸点列表并绘制乙醇-环己烷的气液平衡相图(纯乙醇的沸点是78.3℃,纯环己烷的沸点是81℃)。

(4)由图上指出该二元体系的恒沸点的温度及恒沸混合物的组成。

七、思 考 题

1. 沸点仪中的小球D的体积过大对测量有何影响?
2. 如何判定气-液相已达到平衡?

八、阿贝折光仪的使用及说明

1. 仪器构造的简单原理

根据折射定律,入射角 i 和折射角 r 之间有下列关系:当光线从介质1进入介质2时,有

$$\frac{\sin i}{\sin r} = \frac{n_2}{n_1} = \frac{v_1}{v_2} = n_{1,2} \tag{2-18}$$

式中,n_1,n_2,v_1,v_2 分别为1,2两介质的折射率和光在其中的传播速度,$n_{1,2}$是介质2对于介质1的相对折射率。折射率为物质的特性常数,一定波长的光在一定温度压力下,折射率是一个定值。

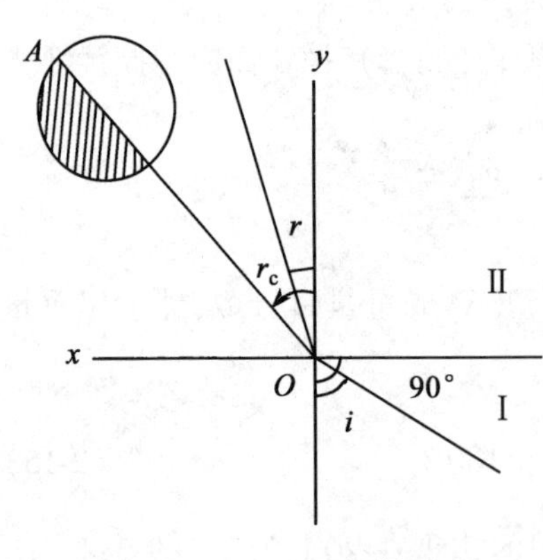

图2-15 光的折射图

由(2-18)式可知,当$n_2>n_1$时,折射角 r 恒小于入射角 i。当入射角 i 增加到90°时,折射角相应地增加到最大值 r_c,r_c 称为临界角。此时介质2中从 Oy 到 OA 之间有光线通过,而 OA 到 Ox 之间则为暗区,如图2-15。当入射角为90°时,(2-18)式可

写成：

$$n_2 = n_1 \cdot \sin r_c \tag{2-19}$$

即在固定一种介质时，临界折射角 r_c 的大小和折射率有简单的函数关系。

阿贝折光仪就是根据这个原理设计的。图 2-16 是仪器构造的示意图。它的主要部分为两块直角棱镜 $P_{Ⅰ}$ 和 $P_{Ⅱ}$，棱镜 $P_{Ⅰ}$ 的粗糙表面 $A'D'$ 与 $P_{Ⅱ}$ 的光学平面镜 AD 之间有 0.1～0.15mm 的空隙，用于装待测液体并使之在 $P_{Ⅰ}$，$P_{Ⅱ}$ 间铺成一薄层。光线从反射镜射入棱镜 $P_{Ⅰ}$ 后，由于 $A'D'$ 面是粗糙的毛玻璃而发生漫射，从各种角度透过缝隙的被测液体进入棱镜 $P_{Ⅱ}$ 中。从各个方向进入棱镜 $P_{Ⅱ}$ 的光线均产生折射，而其折射角都落在临界角 r_c 之内（因为棱镜的折射率大于液体的折射率，因此入射角从 0°到 90°的全部光线都能通过棱镜而发生折射）。具有临界角 r_c 的光线穿出棱镜 $P_{Ⅱ}$ 后射于目镜上，此时若将目镜的十字线调节到适当位置，则会见到目镜上半明半暗（见图 2-16）。

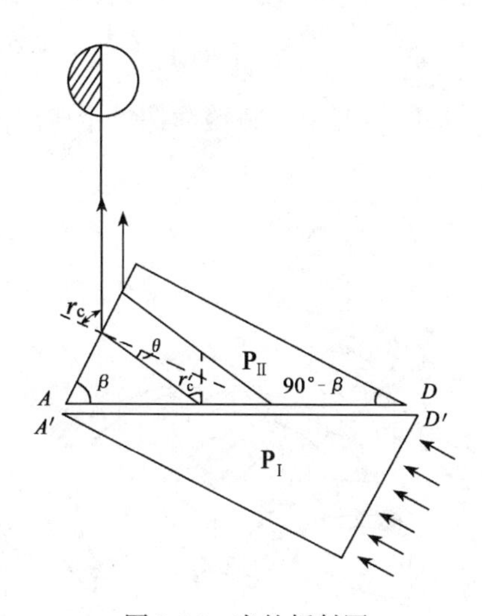

图 2-16　光的折射图

从几何光学原理可以证明，缝隙中液体的折射率 $n_{液}$ 与 r_c 之间的关系为

$$n_{液} = \sin B\sqrt{n_{棱镜}^2 - \sin^2 r_c} - \cos\beta \sin r_c \tag{2-20}$$

B 对一定的棱镜而言为一常数，$n_{棱镜}$ 在定温下也是个定值，所以液体的折射率 $n_{液}$ 是角 r_c 的函数，由 r_c 可计算液体折射率。阿贝折光仪上已经把读数 r_c 换算成 $n_{液}$ 的值，可直接读出 $n_{液}$ 的值。

在指定条件下，液体的折射率因所用单色光的波长不同而不同。若用普通白光作为光源，则由于发生色散而在明暗分界线处呈现彩色光带，使明暗交界不清楚。为了能用白光作光源,故在仪器中还装有两个各由三块棱镜组成的"阿密西"棱镜作为补偿棱镜(上面的一块"阿密西"棱镜可以转动),调节其相对位置,在适当取向时,可以使从下面的折射棱镜出来的色散光线重新成为白光,消除色带,使明暗界线清楚。此时,用白光测得的折射率即相当于用钠光D线(波长5 890Å)所测得的折射率 n_D。

折射率是物质的特性常数之一,它的数值与温度、压力和光源的波长等有关。符号 n_D^{20} 是指在20℃时用钠光D线作光源时物质的折射率。温度对折射率有影响,多数液态有机物质当温度每增加1℃时,折射率降低 $3.5\times10^{-4}\sim5.5\times10^{-4}$,而固体的折射率和温度的关系没有规律,一般不超过 1.0×10^{-5}。通常大气压的变化对折射率的数值影响不明显,所以只有在有精密要求的工作中才考虑压力的影响。

2. 阿贝折光仪的使用

阿贝折光仪如图2-17所示,其操作步骤为:

(1) 将棱镜5和6打开,用擦镜纸将镜面擦拭干净后,在镜面上滴少量待测

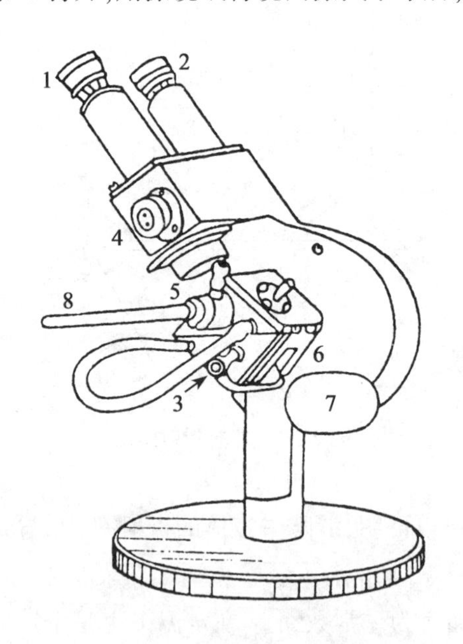

图2-17 阿贝折光仪

1—目镜 2—放大镜 3—恒温水接头 4—消色补偿器 5,6—棱镜 7—反射镜 8—温度计

液体,并使其铺满整个镜面,关上棱镜。

(2) 调节反射镜7使入射光线达到最强,然后转动棱镜使目镜出现半明半暗,分界线位于十字线的交叉点,这时通过放大镜2即可从标尺上读出液体的折射率。

(3) 如出现彩色光带,调节消色补偿器,使彩色光带消失,阴暗界面清晰。

(4) 测完之后,打开棱镜并用丙酮洗净镜面,也可用吸耳球吹干镜面,实验结束后,除必须使镜面清洁外,尚需夹上两层擦镜纸才能扭紧两棱镜的闭合螺丝,以防镜面受损。

3. 阿贝折光仪的标尺零点的校正

阿贝折光仪在使用前,必须先经标尺零点的校正,可用已知折射率的标准液体(如纯水的 $n_D^{20}=1.3325$),亦可用每台折光仪中附有已知折射率的"玻块"来校正。可用α-溴萘将"玻块"光的一面黏附在折射棱镜5上,不要合上棱镜6,打开棱镜背后小窗使光线由此射入,用上述方法进行测定,如果测得值和此"玻块"的折射率有区别,旋动镜筒上的校正螺丝进行调整。

九、参考文献

[1]顾良证,武传昌,等. 物理化学实验[M]. 南京:江苏科学技术出版社,1986:34-35

[2]傅献彩,沈文霞,姚天扬. 物理化学(上册)[M]. 4版. 北京:高等教育出版社,1990

(宋昭华　刘欲文)

实验6 差热分析

一、目的和要求

(1)掌握差热分析的基本原理及方法。

(2)了解差热分析仪的构造,掌握操作技术。

(3)用差热分析仪测定 $CuSO_4 \cdot 5H_2O$ 热分解过程的差热图,根据所得到的差热谱图分析样品在加热过程中发生热分解的情况。

二、原　　理

许多物质在被加热或冷却的过程中,会发生物理或化学变化,如相变、脱水、分解和化合等过程。与此同时,必然伴随有吸热或放热现象。当我们把这种能够发生物理或化学变化并伴随有热效应的物质与一个对热稳定的、在整个变温过程中无热效应产生的基准物(或参比物)在相同的条件下加热(或冷却)时,在样品和基准物之间就会产生温度差,通过测定这种温度差来了解物质变化规律,从而确定物质的一些重要物理化学性质,称为差热分析(differential thermal analysis,DTA)。

差热分析是在程序控制温度下,测量物质和参比物的温度差与温度关系的一种技术。当试样发生任何物理或化学变化时,所释放或吸收的热量使试样温度高于或低于参比物的温度,相应地在差热曲线上可得到放热或吸热峰(如图2-18所示)。

在差热分析仪中,将两支同类型以相反方向串联起来的热电偶的热端分别插入样品和参比物中,其冷端按线路连接信号放大器。参比物是一些在测试的温度范围内无热效应发生的惰性物,如 Al_2O_3,MgO 等。在恒速升温过程中,当

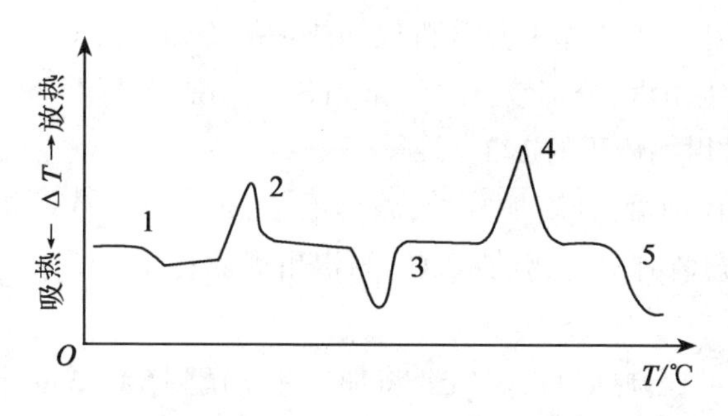

图 2-18　高聚物的典型 DTA 曲线
1—玻璃化转变温度　2—结晶峰　3—熔融峰
4—氧化放热峰　5—分解

样品与参比物的温度相同时,两支热电偶所产生的热电势互相抵消,电势信号为零,即 $\Delta T=0$,在差热曲线上是一平直的基线。当样品发生化学或物理变化时,样品和参比物之间就存在温度差,此时 $\Delta T\neq 0$(见图 2-18)。样品温度低于参比物温度时是吸热效应,样品温度高于参比物温度时是放热效应,曲线都会偏离基线。热效应发生完毕,体系又回复到 $\Delta T=0$。这样在整个升温过程中得到一条温度差 ΔT 随温度 T 变化的曲线,称为差热曲线或差热谱图,如图 2-18 所示。峰的起始温度是特征反应温度。峰的面积相当于反应热,它与样品用量成正比。峰的形状包含了丰富的反应动力学信息。

三、仪器和试剂

北京光学仪器厂生产的 PCR-1 型差热分析仪 1 台;

四川仪表四厂生产的 Type 3066 Pen Recorder 台式记录仪 1 台;

大、小镊子各 1 个;

铝坩埚 2 个。

参比物为分析纯的 α-Al_2O_3,一般在 900℃的高温灼烧过;被测样品为分析纯的 $CuSO_4\cdot 5H_2O$,实验前用研钵碾成粉末(粒度为 100～300 目)。

四、实验步骤

(1)熟悉差热分析仪和记录仪上各个旋钮的作用。

(2)接通通往 PCR-1 型差热分析仪加热炉的冷却水。

(3)取两个铝坩埚,分别装 Al_2O_3 和 $CuSO_4 \cdot 5H_2O$,样品量约两小匙。一般样品体积不超过坩埚体积的 2/3。

(4)两手托住炉盘,升高加热炉,将装有 $CuSO_4 \cdot 5H_2O$ 的铝坩埚轻轻放在样品支架的左边,装有参比物的 Al_2O_3 的铝坩埚放在支架的右边。然后将加热炉轻轻降下。

(5)将差热量程调到 100 μV 挡,将加热速率调到 5℃/min,打开差热分析仪电源开关。

(6)将记录仪上温度测量量程(红笔)放于 0.25 mV/cm,差热测量量程(绿笔)置于 0.5 mV/cm,记录仪走纸速度为 6 cm/h。设置好后,打开记录仪电源开关。

(7)分别调整差热记录笔及测温记录笔的零点位置。将记录仪放大器开关置于 ZERO 处;将测温记录笔的零点定在最右边的 0,5 或 10 处;将差热记录笔的零点定在中间的 0 或 5 处。

(8)调整程序功能键。首先将程序功能键置“—”,偏差表头指针应指零,按下程序功能键“/”,偏差表头指针应为负偏差,按下差热分析仪的加热开关。如果偏差表头指针不为负偏差,则一定不能按下加热开关,而要请示指导教师。

(9)开始记录。将记录仪上的记录纸传送开关置 START,记录仪将以设定的速度传送记录纸。

(10)当温度升至 350℃时,抬起记录笔,将记录纸传送开关置于 STOP,关闭记录仪电源。按下程序功能键中左边的“—”,关闭差热分析仪加热开关,再关掉差热分析仪的电源开关。取下记录笔并盖上笔帽。

(11)待炉温下降后,升起加热炉(注意手不要接触炉体,以免烫伤手)。用小镊子取出样品放在规定处,切断水源和电源。

五、注 意 事 项

(1)被测样品应在实验前碾成粉末,一般粒度在 100 ~ 300 目。装样时,应在实验台上轻轻敲几下,以保证样品之间有良好的接触。

(2)如果差热偏差表头指针不为负偏差,则一定不能按下加热开关。

(3)加热速度选择量程,一定不要按红色的快速升温键,否则易损坏加热炉。

(4)升起加热炉时,手不要接触炉体,否则高温炉体会烫伤手。

六、数据处理

1. 读数

从差热曲线上找出各峰的开始温度和峰温度。读取温度方法如下(以读取峰 M 的温度为例):

(1) 测笔距。用记录仪调零旋钮分别将温度笔和差热笔各画一段直线,用三角板或钢板尺量取两段线间的距离。

(2) 过峰尖 M 作一水平直线,交温度 T 曲线于 N' 点。

(3) 将直线 MN' 向逆走纸方向平移一个纸距(即笔距),交 T 曲线于 N 点,读取 N 点的毫伏数,查铂铑-铂热电偶分度表,得到 T_M 值。图 2-19 为 DTA-T 曲线。

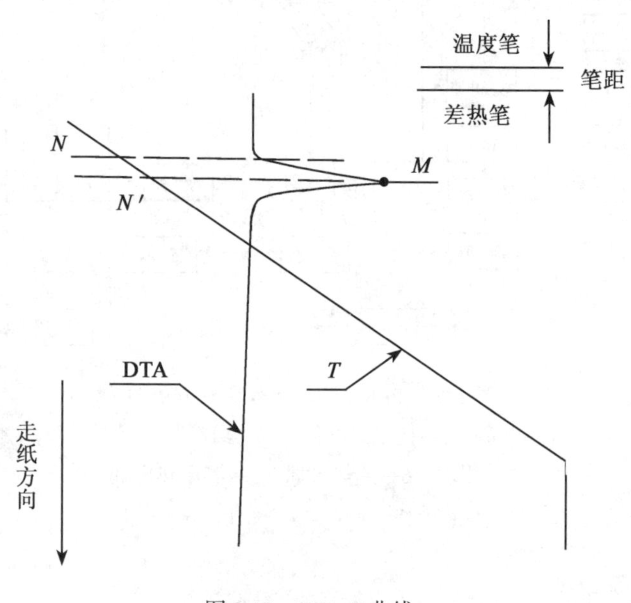

图 2-19　DTA-T 曲线

2. 分析

根据 $CuSO_4 \cdot 5H_2O$ 的化学性质,讨论各峰所代表的可能反应,写出反应方程式,找出其脱水的温度。

七、思 考 题

1. 影响差热分析结果的主要因素有哪些?
2. 升温过程与降温过程所做的差热分析结果相同吗?为什么?
3. 测量点在样品或在其他参考点上,所绘得的升温线相同吗?为什么?

八、PCR-1 型差热分析仪的使用及说明

图 2-20 为 PCR-1 型差热分析仪的原理方块图,按其功能可分为温控系统、差热系统、试样测量系统和记录系统四个部分。

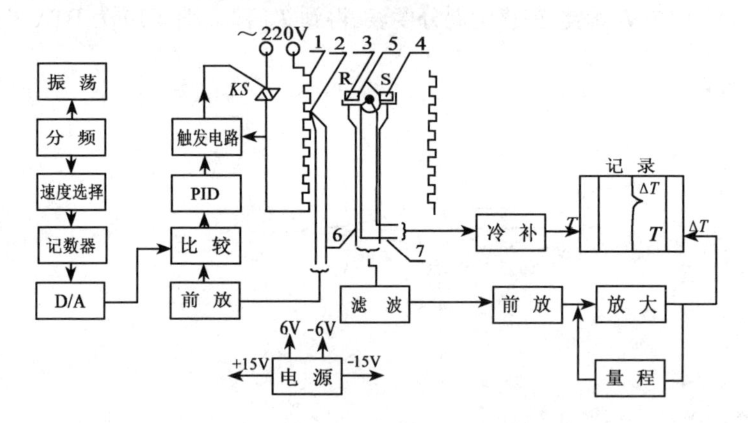

图 2-20 PCR-1 型差热仪原理方块图

1—电炉 2—控温热电偶 3—参比物 4—试样

5—坩埚 6—差热电偶 7—测温热电偶

1. 温控系统

温控系统完成对样品温度的控制。该系统包括加热炉和温控线路两部分。

PCR-1 型差热分析仪采用中温炉,炉丝为 0.8 康太尔丝。它无感地双绕在炉膛外壁的螺纹槽内,其外用数十层云母纸、氧化铝毡子和泡沫氧化铝保温筒横向保温。为减少炉膛上开口热损失,用炉膛内外盖双层保温。

加热炉升降时,双手托住托盘的左右两边,平稳升降。升加热炉时,托盘脱

开副导柱顶端,可逆时针旋转 90°装样。

图 2-20 的左半部分为温控线路的原理方块图。其中“振荡”、“分频”、“速度选择”三个方块的作用是提供与所选各调温速度相对应的不同频率的脉冲。“记数器”、“D/A”两个方块的作用是完成数/模转换,提供温度控制的定值。“比较”方块的作用是将给定值与炉温实测信号比较,提供偏差信号。“前放”方块将偏差信号放大 100 000 倍。“PID”方块的作用是改善控制精度和品质。“触发电路”方块的作用是提供控制双向可控硅导通角的触发脉冲。此后三个方块的作用可概括为:将偏差信号进行放大,PID 调节后,再通过触发电路控制双向可控硅的导通角,亦即控制输送到炉子的电功率,使炉温向着减小偏差的方向改变,换言之,使炉温跟随给定信号。

2. 差热系统

差热系统主要包括样品座组件和差热放大器。样品座组件由差热电偶、测温热电偶和支承杆等组成(见图 2-21),其中差热电偶是由两副相同的热电偶反极性串联而成。PRT-1 型差热分析仪采用铂铑-铂-铂铑平板式差热电偶,可提高差热分析的灵敏度和重现性。

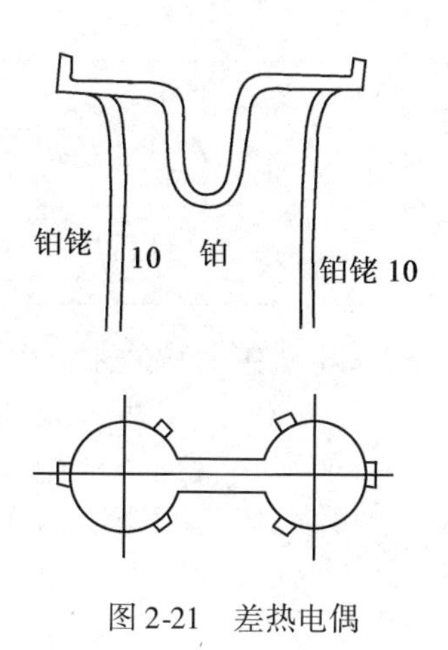

图 2-21　差热电偶

差热电偶的两个偶板上分别放置盛有试样(S)和参比物(R)的坩埚,用电炉进行加热,当试样在某温度下发生了吸、放热反应时,差热电偶的两个偶板形成温差,差热电偶检测出温差,并输出与温差相对应的电势值,送入差热放大器放大。

差热放大器由两级构成。第一级采用超低漂移、超低噪音的运算放大器构成100倍的反向放大器;第二级采用高精度运算放大器构成同向放大器,反馈回路由量程电阻和电容并联构成,提供很强的低通滤波功能,使输出曲线更光滑。

3. 测温热电偶冷端补偿

测温热电偶采用铂铑-铂热电偶(S),其工作端处于样品的同一水平高度上略靠近参比物一端,其冷接点附近接有冷接点补偿器的温度敏感铜电阻 R_{Cu},以保证 R_{Cu} 的温度与热电偶冷端温度一致。补偿器的作用在于补偿了热电偶冷端为 t℃时比冷端为0℃时所减少的毫伏数。

4. 记录系统

记录系统采用四川仪表四厂生产的 Type 3066 Pen Recorder 台式记录仪。根据不同实验的特点,可选择不同的放大器量程和走纸速度,从而得到你所需要的、大小合适的 DTA-T 曲线。当然也可选择其他不同型号的记录仪。因记录系统通常为配套产品,这里不再详细介绍。

PCR-1 差热分析仪面板控制调节器的示意图及说明见图 2-22。

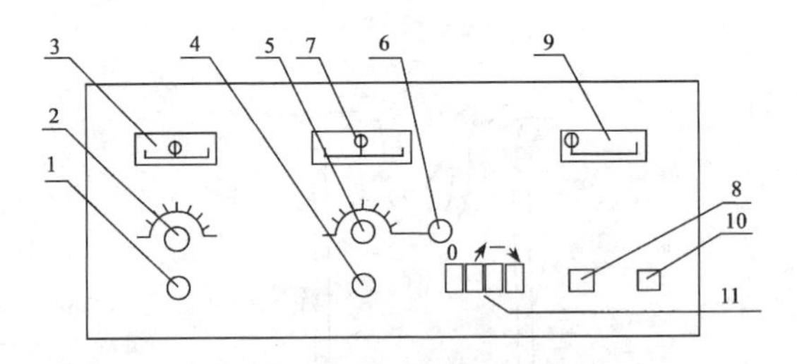

图 2-22 差热分析仪面板示意图

1—差热调零电位器 2—差热量程开关 3—差热指示表头 4—偏差调零电位器 5—调温速度选择 6—快速微动开关 7—偏差指示表头 8—加热开关(带指示灯) 9—输出电压指示表头 10—电源开关(带指示灯) 11—程序功能开关:“0”为复位,“↗”为升温运行,“—”为恒温运行,“↘”为降温运行

九、参考文献

[1]李余增. 热分析[M]. 北京:清华大学出版社,1987

[2]北京光学仪器厂. PCR-1/2 型差热分析仪使用说明书[M]. 1993

实验7　气相反应平衡常数的测定

一、目的和要求

（1）用直接测定法测量不同温度下二氧化碳与灼热碳反应的平衡常数。

（2）了解高温的测量和控制及气体的取样分析。

二、原　　理

二氧化碳与灼热碳的反应：

$$C(s)+CO_2(g)\xrightarrow{\text{高温}}2CO(g)$$

$$\Delta_r H_m = 157.78\ kJ \cdot mol^{-1}$$

假定气相为理想气体，对于复相化学平衡，其平衡常数用各组分气体分压表示：

$$K_p = \frac{(p_{CO}/p^0)^2}{p_{CO_2}/p^0} \tag{2-21}$$

$$K_p = \frac{(p \cdot x_{CO}/p^0)^2}{p \cdot x_{CO_2}/p^0} \tag{2-22}$$

在实验条件下反应总压近似保持在101 325Pa，故

$$K_p^0 = \frac{x_{CO}^2}{x_{CO_2}} = \frac{n_{CO}^2}{n_{CO_2}(n_{CO}+n_{CO_2})} = \frac{n_{CO}^2}{(n_{总}-n_{CO_2}) \cdot n_{总}}$$

由理想气体状态方程得

$$K_p^0 = \frac{(V_{CO}/RT)^2}{(V_{总}/RT - V_{CO}/RT)(V_{总}/RT)}$$

$$= V_{CO}^2/[V_{总}(V_{总}-V_{CO})] \tag{2-23}$$

式中，V_{CO}为标准态压力下一氧化碳的体积；$V_{总}$为标准态压力下已达平衡状态的一氧化碳和二氧化碳的混合气体的总体积。本实验中对反应达到平衡后的混合

气体“冻结”后进行取样分析,可测出 $V_{总}$ 和 V_{CO}。

二氧化碳与碳在高温下的等压反应热效应为+157.78 kJ·mol^{-1},是吸热反应。温度升高,反应向生成 CO 的方向进行,平衡常数增大。而且该反应有体积变化,压力增加,反应向气体体积缩小的方向即生成 CO_2 的方向进行。当压力恒定时,影响化学平衡移动的因素只有温度。故可在不同的温度下对反应平衡常数进行测量,从而考察温度对平衡常数的影响。

该反应除考虑热力学平衡外,还要考虑动力学因素。该反应是非均相反应,CO_2 还原成 CO 的速度在低于 600℃时很慢,温度高于 1 100℃时速度才显著加快。因此,在较低温度下,反应要达到平衡需要很长时间。

三、仪器和试剂

反应装置 1 套(UJ-36 型便携式电位差计 1 台;XCT-101 动圈式温度指示调节仪 1 台;镍铬-镍铬铠装热电偶 2 对);

CO_2 钢瓶 1 个;

碳粒;

40% NaOH 溶液;

液体石蜡;

饱和食盐水。

四、实验步骤

按图 2-23 连接好实验装置,检查体系密封性。由二氧化碳钢瓶出来的气体经干燥后进入反应管,在一定的温度下进行反应。

将反应后的平衡混合气体,用量气管取样,通过盛有氢氧化钠溶液的吸收瓶对二氧化碳气体进行吸收,记下吸收前、后量气管内的体积,就可对平衡混合气体组分进行分析。具体操作如下:

1. 用二氧化碳气体流赶走体系中的空气

将三通活塞 1,2,3 均与大气相通,以每分钟约 0.5L 的 CO_2 气流冲洗体系 2~3min,与此同时,提高下口瓶Ⅱ,使下口瓶Ⅰ充满液体石蜡,然后将下口瓶Ⅱ挂起。冲洗完后,关闭钢瓶,旋转活塞 3,使其不与大气和量气管相通。

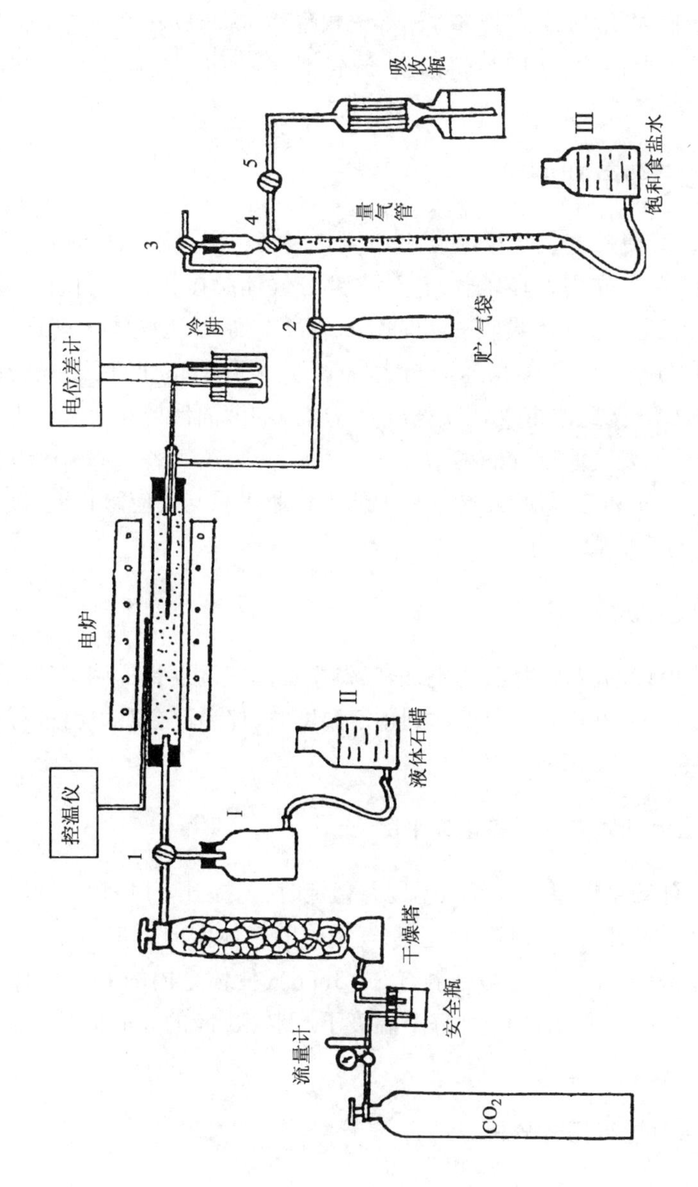

图2-23　气相反应平衡常数测定装置

2. 充入反应原料气体

旋转活塞1,使其与反应管不通,将下口瓶Ⅱ取下放在桌上,开启钢瓶让CO_2气体充满下口瓶Ⅰ,然后关闭钢瓶,旋转活塞1,使下口瓶Ⅰ处于三不通状态。

3. 排除贮气袋中的气体

旋转活塞2,使贮气袋与反应管不通而与大气相通(旋转活塞3)。如果贮气袋中有较多气体,先用手轻压气袋,让大部分气体缓慢排出。打开活塞4,使量气管与大气相通(与气体吸收瓶不通),提高下口瓶Ⅲ让液体充满量气管,旋转活塞3,使贮气袋与量气管相通而与大气不通,下降下口瓶Ⅲ,贮气袋内的余气可用此法抽尽。按此法重复几次直至量气管内的液面保持在活塞4上面一定高度处,说明贮气袋气体接近抽尽。

旋转活塞4使其三不通;旋转活塞1使下口瓶Ⅰ只与反应管相通;旋转活塞2使贮气袋只与反应管相通。

4. 通电加热进行反应

接好电位差计的测量线路,通电加热,调整动圈式温度指示调节仪的控温指针到所需温度(约600℃),当温度达到预定温度时,控温仪会对炉温进行自动控制。

5. 倒气法使气体充分反应达到平衡

用电位差计测量炉温达到预定温度并稳定时,先提升下口瓶Ⅱ,让液体石蜡填充下口瓶Ⅱ,然后降低下口瓶Ⅱ,让贮气袋中的气体倒向下口瓶Ⅰ中,用倒气法来回倒气5次(每倒一次气最好静置2~3min),使体系内的CO_2气体能与灼热炭充分反应并达到平衡(注意:每个温度下,倒气5次的总时间应相同,约为30min)。

6. 取混合气进行组分分析

取气前需将活塞2与4之间及量气管的气体排除。为此,打开活塞3和1,使之与大气相通。提高下口瓶Ⅲ,让饱和食盐水充满整个量气管及活塞3下方的空间,关闭活塞4使之三不通,再转动活塞3使之与大气不通。打开活塞4,再转动活塞2让量气管液面下降10~15mL(相当于活塞2与3之间的空间体积)，关闭活塞2。

提升下口瓶Ⅲ并转动活塞3，使量气管与大气相通，此时管内液面上升，让其充满量气管整个内空间后，关闭活塞3使之与大气不通，再打开活塞2，用量气管从贮气袋或反应体系取气约45mL，关闭活塞4和2使之三不通。

提升下口瓶Ⅲ，使瓶内的液面与量气管内的液面在同一水平，读取101 325Pa下混合气体的总体积。

7. 进行气体吸收测量CO体积

打开活塞5，准确记下吸收瓶中NaOH液面的高度。转动活塞4使量气管与气体吸收瓶相通，不断提升、下降下口瓶Ⅲ，使混合气体中的CO_2反复被NaOH溶液吸收，直至下口瓶Ⅲ位于桌面，量气管内液面保持在某一刻度不变(前后两次测量误差为0.2mL左右)时为止。

提升下口瓶Ⅲ，使气体吸收瓶内液面回复到原来的高度，然后关闭活塞5和活塞4使之三不通，再使下口瓶Ⅲ内液面与量气管内的液面在同一水平，读取量气管内101 325Pa下CO的体积V_{CO}。记下炉温(UJ-36电位差计稳定读数)。

8. 重复步骤5～7

将控温仪的指针调节到700℃，当炉温稳定时，按上述步骤5～7再进行一次实验。

9. 实验结束

切断电源，检查钢瓶是否关闭，待炉温下降后，再使体系与大气相通。

五、注意事项

(1)开启钢瓶前，先检查好气路，此外，气流不能开得过大，以免管道冲脱及石蜡油从下口瓶Ⅱ溢出。

(2)通电加热前，量气管必须与下口瓶Ⅰ及贮气袋连通，以免气体膨胀将反应管两端塞子冲开。

(3)实验装置为玻璃仪器连接而成，旋转活塞时要用左手固定活塞外部，用右手轻旋，切忌远距离单手操作和用力过猛。

六、数据处理

(1)计算相应温度下 CO_2 和 CO 的体积百分数。

(2)计算相应温度下的平衡常数。

七、思考题

1. 进行下一个温度反应,是否需要再充 CO_2 原料气并将体系的气体赶出去?为什么?

2. 为什么 CO_2 气体进入反应体系前要预先进行干燥?

3. 反应体系为什么要恒定在101 325Pa的压力下?测量平衡混合气总体积和CO体积时,下口瓶Ⅲ液面为什么要与量气管液面相平?

4. 测量CO体积时,如何扣除气体吸收瓶液面上的气体体积?

八、参考文献

[1]彭少芳.物理化学实验[M].北京:人民教育出版社,1963:69
[2]顾良证,武传昌,等.物理化学实验[M].南京:江苏科学技术出版社,1986

(刘欲文　宋昭华)

实验8　原电池电动势的测定

一、目的和要求

(1)掌握对消法测定电池电动势的原理及电位差计的使用方法。

(2)学会一些电极的制备和处理方法。

(3)通过测量电池和电极电势,加深理解可逆电池的电动势及可逆电极电势的概念。

二、原　　理

原电池是化学能转变为电能的装置,它由两个“半电池”所组成,而每一个半电池中包含一个电极和相应的电解质溶液,由半电池可组成不同的原电池。在电池放电反应中,正极发生还原反应,负极发生氧化反应,电池反应是电池中两个电极反应的总和,其电动势为组成该电池的两个半电池的电极电势的代数和。

电池的书写习惯是左边为负极,右边为正极,符号“|”表示两相界面,“‖”表示盐桥,盐桥的作用主要是降低和消除两相之间的接界电势。例如:

铜锌电池　$Zn \mid ZnSO_4(\alpha_1) \parallel CuSO_4(\alpha_2) \mid Cu$

负极反应　$Zn(s) \rightarrow Zn^{2+}(\alpha_{Zn^{2+}})+2e^-$

正极反应　$Cu^{2+}(\alpha_{Cu^{2+}})+2e^- \rightarrow Cu(s)$

电池总反应　$Zn(s)+Cu^{2+}(\alpha_{Cu^{2+}}) \rightarrow Zn^{2+}(\alpha_{Zn^{2+}})+Cu(s)$

电池电动势

$$
\begin{aligned}
E &= \varphi_{右}-\varphi_{左}=\varphi_{+}-\varphi_{-} \\
&= \left(\varphi^{\ominus}_{Cu^{2+},Cu}-\frac{RT}{2F}\ln\frac{1}{\alpha_{Cu^{2+}}}\right)-\left(\varphi^{\ominus}_{Zn^{2+},Zn}-\frac{RT}{2F}\ln\frac{1}{\alpha_{Zn^{2+}}}\right)
\end{aligned}
$$

$$=E^{\ominus}-\frac{RT}{2F}\ln\frac{\alpha_{Zn^{2+}}}{\alpha_{Cu^{2+}}}=E^{\ominus}-\frac{RT}{2F}\ln\frac{\gamma_{\pm}c_{Zn^{2+}}}{\gamma_{\pm}c_{Cu^{2+}}}$$

式中,φ_{+}为正极电极电势;φ_{-}为负极电极电势;$\varphi^{\ominus}_{Cu^{2+},Cu}$为铜电极在标准状态下的电极电势;$\varphi^{\ominus}_{Zn^{2+},Zn}$为锌电极在标准状态下的电极电势;$E^{\ominus}$为铜锌电池在标准状态下的电池电势;$\alpha$为活度;$\gamma_{\pm}$和$c$分别表示平均活度系数和浓度。

测量电池的电动势,要在接近热力学可逆条件下进行,不能用伏特计直接测量,因为在测量过程中有电流通过伏特计,处于非平衡状态,由此测出的是两电极间的电势差,达不到测量电动势的目的。如果在待测电池上连接一个与待测电池方向相反,而其电动势与待测电池电动势相等的外加电池。此时,电路中无电流通过,电池处在平衡状态,方可达到测量原电池电动势的目的。这种测量电动势的方法称为对消法。对消法测量的关键在于外加电池的电动势可随待测电池的不同而改变且能够准确读取其电动势值。对消法测量原理见图 2-24。

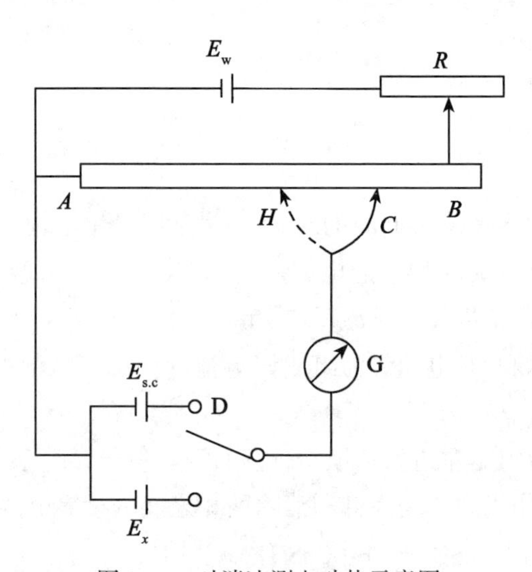

图 2-24　对消法测电动势示意图

对消法测量电路由两部分构成:工作电池E_w与可调电阻R以及均匀的电阻丝AB构成工作电流回路;待测电池E_x、标准电池$E_{s.c}$、检流计 G 和滑线电阻AC构成测量回路。图中 D 是双掷开关,当 D 向下时与待测电池E_x相通,待测电池的负极与工作电池的负极并联,正极则经过检流计 G 接到滑动接头C上,这样就等于在电池的外电路上加上一个方向相反的电位差,它的大小由滑动点的位置来决定。移动滑动点的位置就会找到某一点(例如 C 点),此时检流计中没有电流通过,待测电池的电动势恰好和 AC 线段所代表的电位差在数值上相等而方向相反。为了求得 AC 线段的电位差,可以将 D 向上扳至与标准电池相接,标准电池的电动势是已知的,而且保持恒定,设为 1.018V,将滑动接头移动至 AB 上某一点 H,假如 AB 段的长度为 1 018mm,则代表每一毫米电阻丝 AB 代表电动势为一毫伏。通过调节可调电阻 R,使检流计中没有电流通过,表示电阻丝 AB 的长度与其代表的电动势相对应,如 AB 的长度为 2 000mm,通过调节 R 使 AB 两端的电位差为 2.000V,这个过程称为工作电池的标定。那么待测电池电位差与 AC 段电阻线的长度成正比,由其长度即可求出待测电池的电动势。

三、仪器和试剂

UJ-25 型高电势电位差计 1 台;

标准电池 1 个;

甲电池 2 个;

直流检流计 1 台;

饱和甘汞电极 1 支;

锌电极 1 支;

铜电极 2 支;

电极管 3 支;

10mL 烧杯 3 只;

50mL 烧杯 1 只;

吸耳球 1 个。

$ZnSO_4$溶液(0.100 0mol · L^{-1});

$CuSO_4$溶液(0.100 0mol · L^{-1});

$CuSO_4$溶液(0.001 0mol · L^{-1});

饱和 KCl 溶液(作为盐桥)。

电池组合:

Zn | $ZnSO_4$(0.100 0mol · L^{-1}) ‖ $CuSO_4$(0.100 0mol · L^{-1}) | Cu

Zn | $ZnSO_4$(0.100 0mol · L^{-1}) ‖ KCl(饱和) | Hg_2Cl_2 | Hg

Hg | Hg_2Cl_2 | KCl(饱和) ‖ $CuSO_4$(0.100 0mol · L^{-1}) | Cu

$Cu | CuSO_4(0.0010mol \cdot L^{-1}) \| CuSO_4(0.1000mol \cdot L^{-1}) | Cu$

制备铜电极的电镀装置及电池组合如图 2-25 所示。

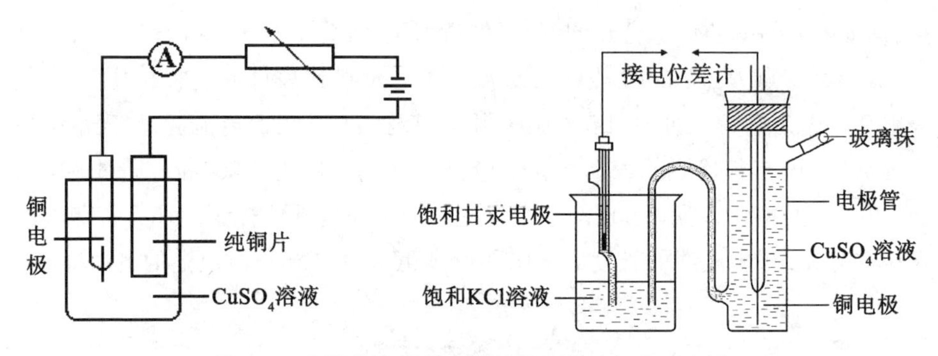

图 2-25　制备铜电极的电镀装置及电池组合示意图

四、实 验 步 骤

1. 半电池制备

a. 锌电极制备

将锌电极从电极管中取出,放入装有稀盐酸的瓶中浸洗几秒钟,除掉锌电极上的氧化层。取出后用自来水洗涤,再用蒸馏水淋洗,然后浸入饱和硝酸亚汞溶液中 3 ~ 5s,取出后用滤纸擦拭锌电极,使锌电极表面上有一层均匀的汞齐,再用蒸馏水洗净(汞有剧毒,用过的滤纸不能乱丢,应放入指定的地方)。将处理好的锌电极直接插入电极管中,并将橡皮塞塞紧,以免漏气。然后用 10mL 小烧杯取 $ZnSO_4$溶液($0.1000mol \cdot L^{-1}$)一杯,将电极管的虹吸管插入小烧杯中,用吸耳球对着电极管上的橡皮管抽气,直到溶液浸没电极头,停止抽气。注意虹吸管不得有气泡和漏液现象。

b. 铜电极的制备

将两根铜电极取出后放入混合酸(HNO_3, H_2SO_4, CrO_3)溶液中浸一下,除去氧化物,用水冲洗干净。淋洗后的铜电极放入 $CuSO_4$溶液电镀槽内电镀 2min,电流控制在 20mA 左右。

电镀后取出用水冲洗干净,再用蒸馏水淋洗,插入电极管,塞紧橡皮塞。取

10mL 小烧杯两个分别盛上 $CuSO_4$ 溶液(0.100 0mol · L^{-1})和 $CuSO_4$ 溶液(0.001 0mol · L^{-1})各一杯,将电极管虹吸管分别插入两个小杯溶液中,用吸耳球将电解液分别吸进电极管,同样应使虹吸管无气泡和漏液现象。

2. 电池组合

取 50mL 烧杯盛上饱和 KCl 溶液作为盐桥,分别将上面制备好的锌、铜半电池和甘汞电极插入盐桥中,可以组成不同的电池组。电池组合如下:

Zn | $ZnSO_4$(0.100 0mol · L^{-1}) ‖ $CuSO_4$(0.100 0mol · L^{-1}) | Cu

Zn | $ZnSO_4$(0.100 0mol · L^{-1}) ‖ KCl(饱和) | Hg_2Cl_2 | Hg

Hg | Hg_2Cl_2 | KCl(饱和) ‖ $CuSO_4$(0.100 0mol · L^{-1}) | Cu

Cu | $CuSO_4$(0.001 0mol · L^{-1}) ‖ $CuSO_4$(0.100 0mol · L^{-1}) | Cu

3. 连接附件

根据图 2-26 将所有附件接在电位差计接线柱上。

当检流计接上电源后就有一个光点出现,然后通过“零点调节”旋钮将光点调在正中零点处。“分流器”选择旋钮置于“×1”挡。检流计输出端用导线接在电位差计上,没有极性要求。

4. 电池校正

根据当天室温计算标准电池的电动势校正值(精确至小数点后第五位),将标准电池校正值标在电位差计“5”旋钮相应数值中

5. 标定电位差计

将选择旋钮“2”扳向“N”处,按下电位差计左下角中的“粗”按键开关,然后迅速放开。同时一边观察检流计光点偏转,一边调节“4”粗、中、细、微四小旋钮,使检流计光点在零附近摆动,然后按细按键,继续调整四小旋钮,使检流计的光点指在零处,此时已标定好电位差计。

6. 测量待测电池电动势

用带夹子的导线接在“未知 1”或“未知 2”接线柱上并联好持测电池(极性不要接错),将选择旋钮“2”指向 X_1 或 X_2 处。按照上面类似方法,一手指按“1”中“粗”按钮后马上放开,通过观察检流计光点偏转,另一手调整“3”中 6 个大旋

钮,从大到小旋转电势测量旋钮,使其检流计的光点在零附近摆动。然后按“细”按键继续调整6个大旋钮,使检流计光点指在零处。此时电动势测定完毕。小孔里的数字乘上面板上的倍数,其6位数字加起来就是我们所测电动势的值。

7. 测量电池组合的电动势

按顺序测定2中四个电池组合的电动势。

五、数据处理

(1)计算室温时饱和甘汞电极的电极电势(取前两项),t 为室温。

$$\phi_{甘}=0.2412-6.61\times10^{-4}(t-25)-1.75\times10^{-6}(t-25)^2-9.16\times10^{-10}(t-25)^3$$

(2)根据Nernst公式计算下列电池电动势的理论值并与测量值进行比较,计算出相对误差。

$$Zn \mid ZnSO_4(0.1000mol\cdot L^{-1}) \parallel CuSO_4(0.1000mol\cdot L^{-1}) \mid Cu$$

(3)根据下列电池的电动势的实验值,分别计算锌的电极电势及铜的电极电势:

$$Zn \mid ZnSO_4(0.1000mol\cdot L^{-1}) \parallel KCl(饱和) \mid Hg_2Cl_2 \mid Hg$$

$$Hg \mid Hg_2Cl_2 \mid KCl(饱和) \parallel CuSO_4(0.1000mol\cdot L^{-1}) \mid Cu$$

有关活度计算:

$$\alpha_{Zn^{2+}}=\gamma_{\pm}c_{Zn^{2+}} \quad \alpha_{Cu^{2+}}=\gamma_{\pm}c_{Cu^{2+}}$$

式中,$\gamma_{\pm}$:离子的平均活度系数;c:表示物质的浓度。

25C时 0.1000mol·L^{-1}的$CuSO_4$的$\gamma_{\pm}=0.16$

0.1000mol·L^{-1}的$ZnSO_4$的$\gamma_{\pm}=0.15$

0.0010mol·L^{-1}的$CuSO_4$的$\gamma_{\pm}=0.44$

六、实验注意事项

(1)标准电池在搬动和使用时,不要使其倾斜和倒置,要放置平稳。接线时正接正、负接负,两极不允许短路。

(2)在使用“粗”“细”两按键开关时,要断断续续操作,不要长时间按下不放,以免电池发生极化影响测量效果。

(3)实验完毕后,首先关掉所有电源开关,将检流计量程旋钮调在“短路”处。撤除所有接线,清洗电极、电极管和烧杯,仪器放置整齐,桌面擦拭干净。

七、思　考　题

1. 补偿法测电动势的基本原理是什么？为什么不能采用伏特表来测定电池电动势？

2. 标准电池和工作电池有什么不同？在使用标准电池时应注意什么？

3. 检流计的光点总向某个方向偏移,你估计是由什么原因引起？

八、UJ-25 型直流电位差计的使用及说明

UJ-25 型直流电位差计面板示意图及直流反射式检流计面板图见图 2-26 和图 2-27。

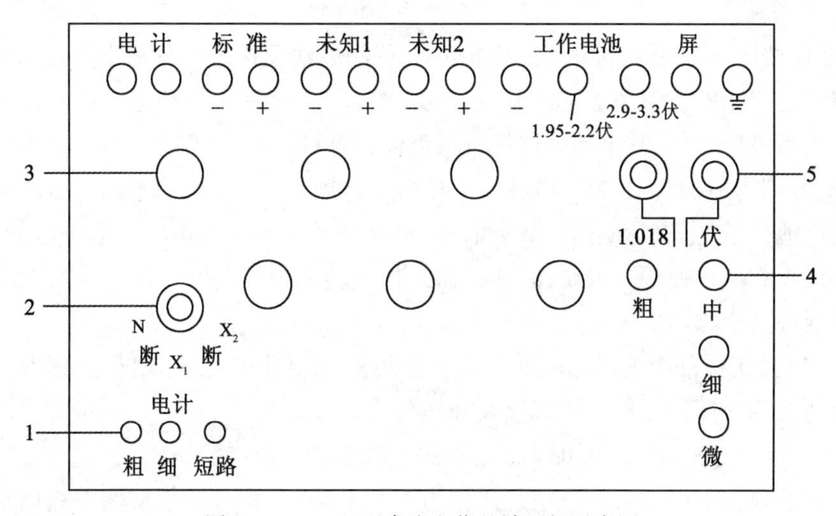

图 2-26　UJ-25 型直流电位差计面板示意图

1—电位差计按钮　2—转换开关　3—电势测量旋钮(共 6 只)

4—工作电流调节旋钮(共 4 只)　5—标准电池温度补偿旋钮

使用方法：

(1)连接线路。首先将转换开关 2 扳到“断”位置,电位差计按钮 1 全部松

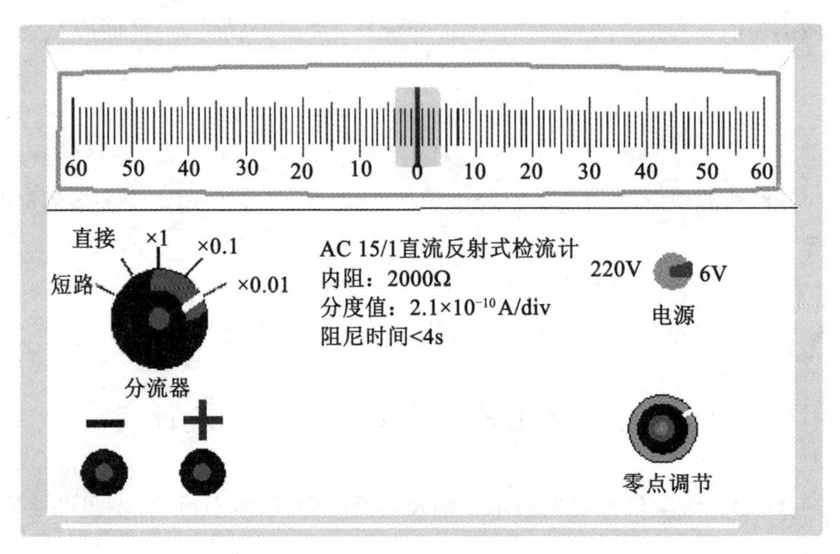

图 2-27 直流反射式检流计面板图

开,然后按图 2-27 将标准电池、工作电池、待测电池及检流计分别用导线连接在“标准”、“工作”、“未知 1”或“未知 2”及“电计”接线柱上。注意除电计接线柱没有正负极区分外,其余接线柱均有正负极,不可接错。工作电池的正极有两个选择,分别为“1.95～2.2V”和“2.9～3.3V”。由于工作电池的电动势必须大于待测电池,工作电池常使用一节干电池(电动势约 1.5V)或串联两节干电池(电动势约 3.0V)再使用。因此,必须根据工作电池总电压的高低决定连接两个正极接线柱其中之一。

(2)校正标准电池。标准电池电动势虽然相对比较稳定,但仍随室温变化而有所改变。因此根据当天室温 t,并按公式:

$$E=E_{20℃}-4.06\times10^{-5}(t-20)-9.5\times10^{-7}(t-20)^2(\mathrm{V})$$

计算标准电池的电动势校正值。比如为 1.018 36V。温度补偿旋钮左右两个分别代表校正值小数点后的第四、第五两位的数值,校正标准电池只需将这两个旋钮分别调到“3”和“6”即可。

(3)标定电位差计,亦即调节工作电流。将电位差计转换开关扳到“N”,分别按下电计按钮 1 的“粗”、“细”按钮,并按照“粗”、“中”、“细”、“微”顺序调节工作电流旋钮 4,将检流计光点调到零。注意在此之前。应调节检流计的机械零点。在调节工作电流的过程中,应将检流计的转换开关从振幅最小的

“×0.01”挡逐一调至“直接”挡。由于工作电池的电动势会发生变化,因此在测量过程中要经常标定电位差计。

(4)测量未知电动势。将转换开关扳向“×1”挡位置,分别按下电计“粗”、“细”按钮,并按由大到小的顺序调节6个电动势测量旋钮,将检流计光点调到零。从6个旋钮下的小孔内读取待测电动势的数值。

检流计光点会随着电流方向的改变向左右两边偏移,因此检流计上两个接线柱在连接电位差计时可不分正负极。检流计上分流器选择旋钮中“×1”、“×0.1”和“×0.01”各挡分别表示将电路输入电流信号“不衰减”、“衰减10倍”和“衰减100倍”。开始标定电位差或测量未知电动势时,可能电路中电流过大,一接通电路,检流计光点会偏转消失。因此应先选择“×0.01”挡逐一调至“直接”挡。

九、参考文献

[1]W J Popiel. Laboratory Manual of Physical Chemistry[M]. London: English Universities Press LTD,1964:161-165

[2]傅献彩,沈文霞,姚天扬. 物理化学(下册)[M].4版,北京:高等教育出版社,1990:584

实验9　氢超电势的测定

一、目的和要求

(1)掌握用三电极法测定不可逆电极的电极电势。

(2)通过氢超电势的测量加深对超电势及极化曲线概念的了解。

二、原　　理

某个氢电极,当它没有通电流前,氢离子与氢分子处于平衡状态,此时的电极电势是平衡电势,用$\varphi_{可逆}$(或$\varphi_{平}$)表示。当有外加电流通过时,阴极上氢离子不断反应生成氢分子,因而电极电势随着电流的增大越来越偏离平衡电势,成为不可逆电极电势,用$\varphi_{不可逆}$表示。为有电流通过电极时,电极电势偏离平衡电势的现象称为电极的极化。通常又把某一电流密度下的电势$\varphi_{不可逆}$与$\varphi_{平}$之间的差值称为超电势。由于超电势的存在,在实际电解时要使正离子在阴极上析出,外加于阴极的电势必须比可逆电极的电势更低一些。电极上发生一系列过程都要克服各种阻力(或势垒),消耗一定的能量。电解时电流密度越大,超电势越大,则外加电压也要增大,所消耗的能量也就越多。影响超电势的因素很多,如电极材料,电极的表面状态,电流密度,温度,电解质的性质、浓度及溶液中的杂质等。测定氢超电势实际上就是测定电极上不同的电流密度所对应的不同电极电势,然后从电流与电极电势的关系就能得到一条关系曲线,称为极化曲线。氢超电势与电流密度的定量关系可用塔菲尔经验公式表示:

$$\eta = a + b\ln j$$

式中,j是电流密度;a,b是常数。常数a是电流密度j等于$1A \cdot cm^{-2}$时的超电势值。b的数值对于大多数的金属来说都相差不大,在常温下接近0.05V。如用以10为底取对数b为0.115V。公式中a的数值越大氢超电势也越大,其不可逆程度也越大。b 的数值可通过 η 与 $\ln j$ 的关系图求得,其斜率就是 b 的数值。

测量极化曲线有两种方法:恒流法与恒电势法。本实验采用的恒流法是在选定的一些电流密度的条件下,测量相应的电极电势,再将一系列这样的数据绘成曲线。研究氢超电势通常采用三电极法,其装置如图 2-28 所示。参比电极与研究电极组成电池,用对消法测其电池的电动势,从而计算出研究电极的电极电势。辅助电极的作用则是用来通过电流,借以改变研究电极的电势。

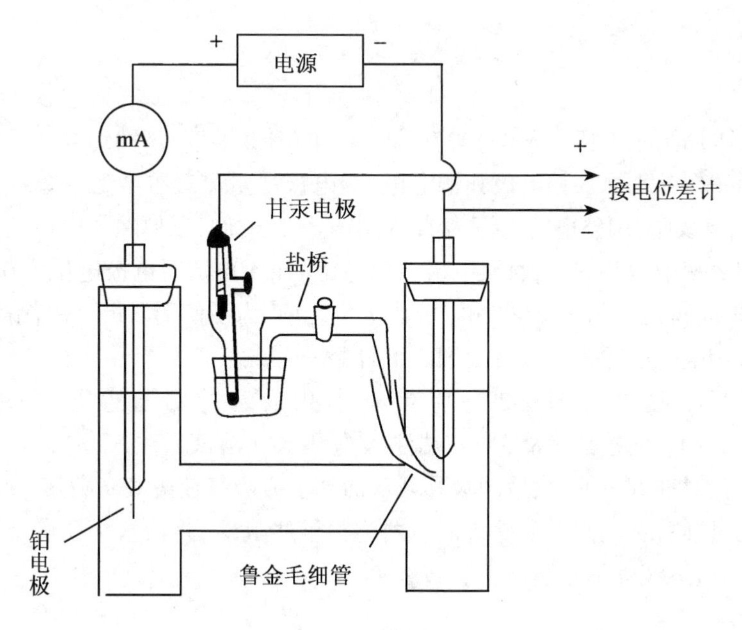

图 2-28　极化曲线测定装置图

三、仪器和试剂

UJ-25 型电位差计 1 台;

AC 检流计 1 台;

标准电池 1 个;

甲电池 2 个;

直流电源(带可调电位器)1 台;

H 管电解池 1 个;

微安表 1 台;

饱和甘汞电极 1 支;
自制盐桥 1 个;
铂电极 1 支;
铜电极 1 支;
50mL 烧杯 1 只;
HCl 溶液(0.100 0mol · L^{-1});
饱和 KCl 溶液。

四、实验步骤

(1)向干净的 H 管注入 0.100 0mol · L^{-1}的 HCl 溶液(液面约高于鲁金毛细管口面 1cm),分别插入铂电极和铜电极,铜电极尽量靠近鲁金毛细管。按图 2-28 接好电解线路,调整电解电流为 1mA,电解一段时间,以便除去电极表面吸附的杂质和溶液中溶解的氧,直至电极电位稳定(1mA 电流时电极电位为 0.8V 左右,铜电极面积视为 1cm^2),在测定极化电位之前,为了使铜电极表面保持干净,可直接将铜电极电镀一下或者用细砂纸打磨一下。

(2)制备盐桥见图 2-29。将带有小孔活塞的两通弯管,一端注入 0.100 0mol · L^{-1}的盐酸溶液,另一端注入饱和 KCl 溶液。注入方法是:先将有孔活塞小孔对准其一端,然后用吸耳球从活塞上方吸气使溶液充满其一端,然后旋转小孔对准另一端同样吸满溶液。两边溶液吸满后,将活塞小孔旋至两道口的正中,两边溶液就不会漏下去。

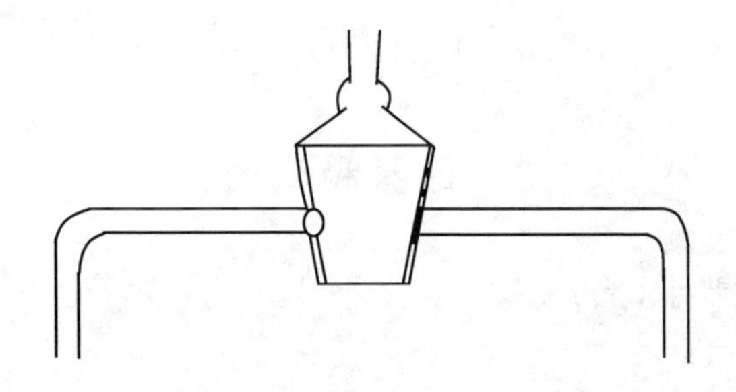

图 2-29　盐桥

(3)将制备好的盐桥按图 2-28 架好,注入盐酸的一端架在鲁金毛细管管口中,另一端插入盛有饱和溶液的 KCl 的小烧杯中。

(4)UJ-25 型电位差计的操作方法同“原电池电动势的测定”实验。

(5)按图 2-28 接好测量线,通过电源面板上的“粗”、“细”可调旋钮调节电解电流的大小,顺序由大到小如下:1.0, 0.7, 0.5, 0.4, 0.3, 0.2, 0.1mA,测出每个电流的电极电势值。

(6)不换电极及溶液,按电流大小顺序重复测量一次。

五、数据处理

(1)测得电势 $E_{测}$,根据公式 $E_{测}=\varphi_{甘}-\varphi_{H_2}$ 计算出电极电势 φ_{H_2},则氢超电势为

$$\eta = \varphi_{平} - \varphi_{H_2} \tag{2-24}$$

(2-24)式中的 $\varphi_{平}$ 为

$$\varphi_{平} = \varphi^{\ominus}_{H^+,H_2} - \frac{RT}{2F}\ln\frac{\alpha_{H_2}}{\alpha^2_{H^+}} \tag{2-25}$$

式中,$\alpha_{H_2}=1$;0.1mol · L^{-1} HCl 溶液的平均活度系数 $\gamma_{\pm}=0.796$;$\alpha_{H^+}=0.1\times0.796$。

(2)将电流值换算成电流密度 $j(A/cm^2)$,并取对数值。最好将所有数据列成表格。

(3)以 η 对 $\ln j$ 作图,连接线性部分,求出直线斜率 b,并根据塔菲尔公式计算出 α 值。

六、思考题

在测量极化曲线时为什么要用三个电极?各起什么作用?

七、参考文献

[1]S Glasstone 著. 电化学概论[M]. 贾立德,等译. 北京:科学出版社,1959:513-516

[2]北京大学化学系物理化学教研室. 物理化学实验[M]. 修订本. 北京:北京大学出版社,1985:184-187

实验 10　离子迁移数的测定——希托夫法

一、目的和要求

(1)掌握希托夫法测定离子迁移数的方法。

(2)了解气体库仑计的原理及应用。

(3)加深对离子迁移数的基本概念的理解。

二、原　　理

在电场的作用下,即通电于电解质溶液,在溶液中则发生离子迁移现象,正离子向阴极移动,负离子向阳极移动。正、负离子共同承担导电任务,致使电解质溶液能导电,由于正、负离子移动的速率不同,因此它们对任务分担的百分数也不同,某一种离子迁移的电量与通过溶液总电量之比称为该离子的迁移数。

由迁移数的定义:

$$t_+ = \frac{Q_+}{Q_+ + Q_-}$$

$$t_- = \frac{Q_-}{Q_+ + Q_-}$$

式中,Q_+,Q_-分别为正、负离子所负担的迁移的电量;t_+及t_-即为相应离子的迁移数。

希托夫法是根据电解前、后阴极区及阳极区的电解质数量的变化来计算离子的迁移数,用图 2-30 来说明。设想在两个惰性电极之间有想象的平面 A 和 B,将溶液分为阳极区、中间区和阴极区三部分。假定在未通电前,各区均含有正、负离子各 5mol,分别用“+”,“-”号的数量来表示正、负离子的物质的量。通入4F的电量之后，在阳极上有4mol负离子发生氧化反应，同时在阴极上有4mol正离子发生还原反应，在溶液中的离子也同时发生迁移。假如正离子的迁移速率是负离子的3倍，在溶液中的任一截面上，将有3mol的正离子通过截面向阳极移动，通电完毕后，中间区溶液的浓度不变，但在阳极区及阴极区的浓度都会发生变化，它们之间的浓度关系可以用公式表示出来。

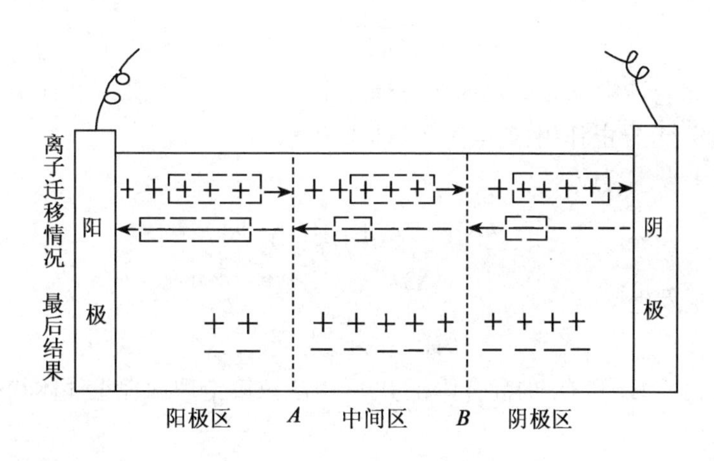

图2-30 离子的电迁移情况

如分析阴极区，有

$$n_{后}^{-} = n_{始}^{-} - n_{迁}^{-} \tag{2-26}$$

$$n_{后}^{+} = n_{始}^{+} + n_{迁}^{+} - n_{电}^{+} \tag{2-27}$$

同理分析阳极区，有

$$n_{后}^{-} = n_{始}^{-} + n_{迁}^{-} - n_{电}^{-} \tag{2-28}$$

$$n_{后}^{+} = n_{始}^{+} - n_{迁}^{+} \tag{2-29}$$

对H_2SO_4溶液，因为SO_4^{2-}不参加电极反应，所以(2-28)式变成(2-30)式，或(2-29)式变成(2-31)式：

$$n_{后}^{-} = n_{始}^{-} + n_{迁}^{-} \tag{2-30}$$

$$n_{后}^{+} = n_{始}^{+} - n_{迁}^{+} + n_{电}^{+} \tag{2-31}$$

在上述各公式中：

$n_{后}^{-}$，$n_{后}^{+}$分别表示通电后各区所含负离子及正离子物质的量；

$n_{始}^{-}$，$n_{始}^{+}$分别表示通电前各区所含负离子及正离子物质的量；

$n_{电}^{-}$，$n_{电}^{+}$分别表示通电时在电极上参加反应的负离子和正离子物质的量；

$n_{迁}^{-}$，$n_{迁}^{+}$分别表示负离子和正离子迁移的物质的量。

通过实验可测出 $n_{后}^{-}$，$n_{后}^{+}$，$n_{始}^{-}$，$n_{始}^{+}$，$n_{电}^{-}$，$n_{电}^{+}$。由上述公式可计算出 $n_{迁}^{-}$及 $n_{迁}^{+}$。

则迁移数为

$$t_{+}=\frac{n_{迁}^{+}F}{n_{电}^{+}F}=\frac{n_{迁}^{+}}{n_{电}^{+}}$$

$$t_{-}=\frac{n_{迁}^{-}F}{n_{电}^{-}F}=\frac{n_{迁}^{-}}{n_{电}^{-}}$$

根据气体库仑计中气体体积的变化计算出 $n_{电}^{-}$及 $n_{电}^{+}$。气体库仑计中注入的是 H_2SO_4 溶液，起导电作用，通电时实际是电解水。

阳极上发生反应：

$$2OH^{-}\longrightarrow H_2O+\frac{1}{2}O_2+2e$$

阴极上发生反应：

$$2H^{+}\longrightarrow H_2\uparrow-2e$$

从得到的 H_2 和 O_2 的混合体积 V，可用法拉第定理和理想气体状态方程式计算总电量。

总电量为

$$n_{电}F=\frac{4}{3}\times\frac{(p-p')V}{RT}F$$

式中，p 表示实验时的大气压，Pa；p'表示室温时水的饱和蒸气压，Pa；V 表示 H_2 和 O_2 的混合体积，m^3；R 是气体常数，J/mol·K；T 是室温，K。

三、仪器和试剂

希托夫(迁移)管 1 套；

气体库仑计 1 支；

直流稳压电源(用电泳仪的电源代用)1 台；

碱式滴定管 1 支，锥形瓶 4 只；

100mL 烧杯 1 只；

10mL 移液管 2 支；

台秤(准确到 0.02g)1 台；

标准 NaOH 溶液；

被测 H_2SO_4 溶液(溶液浓度约为 0.036 0$mol\cdot L^{-1}$)。

四、实验步骤

(1)调整气体电量计中量气管的液面,打开活塞使其液面处在刻度0～2mL之间,立即关闭活塞,检查是否漏气。如液面不断降低,说明漏气,应关紧活塞,使其不漏气。

(2)为了使注入迁移管内的H_2SO_4溶液的浓度与试剂瓶中的H_2SO_4溶液的浓度一致,可将被测H_2SO_4溶液注满迁移管,再将管内H_2SO_4溶液回收到试剂瓶内,这样重复装两次就可达到要求。

(3)向迁移管中注入被测溶液。橡皮导管部分不能有气泡,如有气泡,可轻压橡皮管将气泡赶走。装上铂电极。

(4)根据图2-31接线,经教师检查之后接上电源。使用电泳仪的电源设备时要注意安全,在接通电源之前,应将仪器面板上的输出旋钮旋至最小,电压放置"×2"挡,红色输出旋钮为正,黑色输出旋钮为负。接通电源之后,调节输出旋钮使电流达到20mA,使其通电。当气体电量计产生的气体的体积达到15～20mL时,停止通电,并记下气体库仑计中产生气体的准确体积。

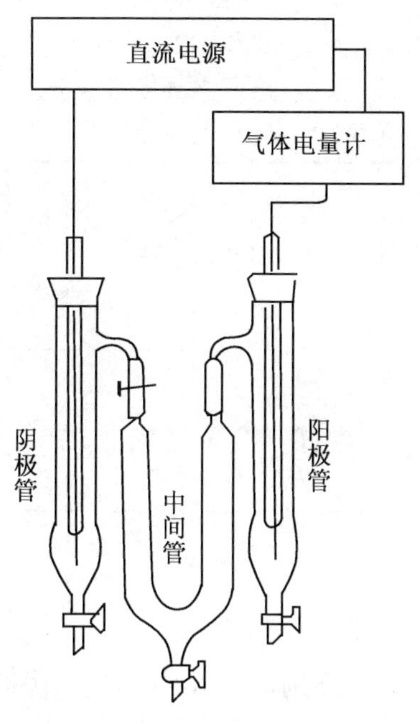

图2-31　希托夫法测定装置

(5)将预备好的干净烧杯称重,停止通电后,取出阴极管的溶液称重,从称重好的阴极区溶液中吸取两份10mL溶液分别称重,并滴定之。

(6)在通电期间,可对通电前的H_2SO_4溶液进行分析,即吸取两份10mL瓶中被测H_2SO_4溶液,分别称重,并用标准NaOH溶液滴定之。

五、注意事项

(1)使用电泳仪的直流电源设备要注意:接上或断开外电源时,仪器的开关应处在关的位置。

(2)中间区溶液的浓度若发生明显变化实验应重做。

(3)实验结束后,可将希托夫管中的H_2SO_4溶液注入装H_2SO_4溶液的试剂瓶中。

六、数据记录和处理

1. 记录表格

室温______℃ 大气压______ 水的饱和蒸气压______

气体库仑计读数:终________始____ 气体体积________

阴极区溶液重:烧杯加溶液重________ 空烧杯重________

	10mL溶液重量	NaOH溶液消耗量	H_2SO_4溶液的物质的量浓度,基本单元是($\frac{1}{2}H_2SO_4$)
通电前	① ②		
通电后	① ②		

2. 计算$t_{(\frac{1}{2}SO_4^{2-})}$

(1)根据滴定溶液浓度,分别计算出通电前、后阴极区溶液中每克水中所含$\frac{1}{2}H_2SO_4$的摩尔数,用符号"$n_{(\frac{1}{2}H_2SO_4)}$/每克水"表示。

（2）根据10mL阴极区溶液中所含水量，计算出阴极区溶液中水的总重量（$W_{水}$），因为在阴极管H_2SO_4溶液中H_2O的量在通电前和通电后是不改变的。

（3）根据公式计算$t_{(\frac{1}{2}SO_4^{2-})}$

$$t_{(\frac{1}{2}SO_4^{2-})} = \frac{(n_{(\frac{1}{2}H_2SO_4)}/\text{每克水})_{\text{通电前}} - (n_{(\frac{1}{2}H_2SO_4)}/\text{每克水})_{\text{通电后}}}{n^{-}_{\text{电}}} \times W_{水}$$

七、思　考　题

1. 为什么要对阴极区的溶液称重？
2. 在通电情况相同时，希托夫管的容积是大好还是小好？

八、参 考 文 献

[1]傅献彩，沈文霞，姚天扬. 物理化学（下册）[M]. 4版. 北京：高等教育出版社，1990：513-514
[2]S Glasstone 著. 电化学概论[M]. 贾立德，等译. 北京：科学出版社，1959：127-137

实验11　电导法测定醋酸电离平衡常数

一、目的和要求

(1)测定醋酸的电离平衡常数。

(2)掌握恒温水槽及电导率仪的使用方法。

二、原　　理

醋酸在水溶液中呈下列平衡:

$$\begin{array}{cccc} HAc & = H^{+} & + Ac^{-} \\ c(1-\alpha) & c\alpha & c\alpha \end{array}$$

式中,c 为醋酸浓度;α 为电离度。则电离平衡常数 K_c 为

$$K_c = \frac{c\alpha^2}{1 - \alpha}$$

定温下 K_c 为常数,通过测定不同浓度下的电离度就可求得平衡常数 K_c 的值。

醋酸溶液的电离度可用电导法测定。溶液的电导用电导率仪测定。若两电极间距离为 l,电极的面积为 A,则溶液电导 G 为

$$G = \kappa A/l$$

式中,κ 为电导率。电解质溶液的电导率不仅与温度有关,还与溶液的浓度有关。因此常用摩尔电导 Λ_m 来衡量电解质溶液的导电能力。Λ_m 与 κ 之间的关系为

$$\Lambda_m = 10^{-3}\kappa/c \tag{2-32}$$

式中,Λ_m 为摩尔电导,$S \cdot m^2 \cdot mol^{-1}$;$\kappa$ 为电导率,$S \cdot m^{-1}$;c 为浓度,$mol \cdot dm^{-3}$。

弱电解质的电离度与摩尔电导的关系为

$$\alpha = \frac{\Lambda_m}{\Lambda_m^\infty} \tag{2-33}$$

Λ_m^∞ 为无限稀溶液的摩尔电导,对于醋酸溶液,有

$$K_c = \frac{c\Lambda_m^2}{\Lambda_m^\infty(\Lambda_m^\infty - \Lambda_m)} \tag{2-34}$$

Λ_m^∞ 可由下式计算:

$$\Lambda_m^\infty(\mathrm{HAc}) = \lambda_m^\infty(\mathrm{H}^+) + \lambda_m^\infty(\mathrm{Ac}^-) \tag{2-35}$$

$$\lambda_m^\infty(\mathrm{H}^+, T) = \lambda_m^\infty(\mathrm{H}^+, 298.15\mathrm{K})[1 + 0.042(t - 25℃)] \tag{2-36}$$

$$\lambda_m^\infty(\mathrm{Ac}^-, T) = \lambda_m^\infty(\mathrm{Ac}^-, 298.15\mathrm{K})[1 + 0.02(t - 25℃)] \tag{2-37}$$

$$\lambda_m^\infty(\mathrm{H}^+, 25℃) = 349.82 \times 10^{-4}\mathrm{S \cdot m^2 \cdot mol^{-1}} \tag{2-38}$$

$$\lambda_m^\infty(\mathrm{Ac}^-, 25℃) = 40.90 \times 10^{-4}\mathrm{S \cdot m^2 \cdot mol^{-1}} \tag{2-39}$$

式中,t 为体系的摄氏温度。根据以上关系式,只要测得不同浓度下的电导,就可计算出摩尔电导,再由(2-34)式计算出 K_c。

三、仪器和试剂

DDS-12A 型或 DDS-11A 型电导率仪 1 台;

恒温水槽 1 套;

电导池 1 个;

1mL 移液管 1 支;

25 mL 容量瓶 5 个;

醋酸(分析纯);

0.010 0mol/L 的 KCl 标准溶液;

二次蒸馏水。

四、实验步骤

1. 熟悉恒温水槽装置

恒温水槽由继电器、接触温度计、水银温度计、加热器、搅拌器等组成。其操作步骤如下:接通电源,调节接触温度计的触点将温度控制为 25℃。当继电器

的红灯亮时,恒温水槽的加热器正在加热;当继电器的绿灯亮时,恒温水槽的加热器停止加热。恒温水槽的温度应以水银温度计的读数为准,当槽温与25℃有偏离时,小心调节接触温度计的调节螺帽,使恒温水槽的温度逐渐趋近25℃。若室温较高时,不能打开“加热”开关。

注意:继电器只能用来控温,它不能用作电源开关,当实验结束后,一定要断开电源开关。

2. 配制 HAc 溶液

用移液管分别吸取0.1,0.2,0.3,0.4,0.5mLHAc溶液,分别放入25mL的容量瓶中,均以蒸馏水稀释至25.00mL。

3. 测定 HAc 溶液的电导率

用蒸馏水充分浸泡并洗涤电导池和电极,再用少量待测液荡洗数次。然后注入待测液,使液面超过电极1~2cm,将电导池放入恒温槽中,恒温5~8min后进行测量。严禁用手触及电导池内壁和电极。

按由稀到浓的顺序,依次测定被测液的电导率。每测定完一个浓度的数据,不必用蒸馏水冲洗电导池及电极,而应用下一个被测液荡洗电导池和电极三次,再注入被测液测定其电导率。

4. 实验结束

先关闭各仪器的电源,用蒸馏水充分冲洗电导池和电极,并将电极浸入蒸馏水中备用。

DDS-12A 型电导率仪的使用方法

(1) 接通电源,仪器预热10min。在没有接上电极接线的情况下,用调零旋钮将仪器的读数调为0。

(2) 若使用高周挡则按下20mS/cm按钮;使用低周挡则放开此按钮。本实验采用高周挡进行测量。

(3) 接上电极接线,将电极从电导池中取出,用滤纸将电极擦干,悬空放置,按下2μS/cm量程按钮,调节电容补偿按钮,使仪器的读数为0。

(4) 将温度补偿按钮置于25℃的位置上,仪器所测出的电导率则为此温度条件下的电导率。

(5) 按仪器说明书中的方法对电极的电极常数进行标定。

(6) 将被测溶液注入电导池内,插入电极,将电导池浸入恒温水槽中恒温数分钟,按下合适的量程按钮,仪器的显示数值为被测液的电导率。若仪器显示的首位数字为1,后三位数字熄灭,表示被测液的电导率超过了此量程,可换用高一挡量程进行测量。

五、数 据 处 理

查出实验温度下 HAc 溶液的 Λ_m^∞ 的值,计算 HAc 溶液在所测浓度下的电离度 α 和电离平衡常数 K_c,求出 K_c 的平均值。

六、思　考　题

1. DDS-11A 型电导率仪使用的是直流电源还是交流电源?

2. 电导池常数(即电极常数)是怎样确定的?本实验仍安排了0.010 0mol/L 的 KCl 的测定,用意何在?

3. 将实验测定的 K_c 值与文献值比较,分析实验误差的主要来源。

七、注 意 事 项

(1)溶液的电导率对溶液的浓度很敏感,在测定前,一定要用被测溶液多次荡洗电导池和电极,以保证被测溶液的浓度与容量瓶中溶液的浓度一致。

(2)实验结束后,一定要拔去继电器上的电源插头。若仅仅关掉继电器上的开关,而未拔掉电源插头,那么恒温水槽的电加热器将一直加热,而继电器不再起控温的作用,会引起事故。

实验12 一级反应——蔗糖的转化

一、目的和要求

(1)根据物质的光学性质,用测定旋光度的方法测定蔗糖水溶液在酸催化作用下的反应速率常数和半衰期。

(2)了解该反应的反应物浓度与旋光度之间的关系及一级反应的动力学特征。

(3)了解旋光仪的基本原理,掌握其使用方法以及它在化学反应动力学测定中的应用。

二、原 理

蔗糖转化过程的方程为

$$\underset{\text{(蔗糖)}}{C_{12}H_{22}O_{12}} + H_2O \xrightarrow{H^+} \underset{\text{(葡萄糖)}}{C_6H_{12}O_6} + \underset{\text{(果糖)}}{C_6H_{12}O_6}$$

其速率方程为

$$-\frac{dc_s}{dt} = k'c_s \cdot c_{H_2O} \cdot c_{H^+} \tag{2-40}$$

式中,k'为反应速率常数;c_s 为时间 t 时蔗糖浓度,此反应在定温条件下,在纯水中进行的反应速率很慢,通常需要在 H^+催化下进行,因此 H^+作催化剂,在反应过程中浓度可视为不变,则(2-40)式变为

$$\frac{-dc_s}{dt} = k''c_s \cdot c_{H_2O} \tag{2-41}$$

式中,$k''=k'c_{H^+}$。(2-41)式表明该反应为二级反应,但由于有大量水存在,虽然有部分水分子参加反应,但在反应过程中水的浓度变化极小而视为常数合并到k''中,故(2-41)式可写成:

$$\frac{-\mathrm{d}c_s}{\mathrm{d}t}=k_{表,1}c_s \tag{2-42}$$

式中，$k_{表,1}=k'c_{H^+}\cdot c_{H_2O}$，故蔗糖转化反应可视为表观一级反应，当 $t=0$ 时，蔗糖的初始浓度为 c_0，积分(2-42)式得

$$\ln c_s=-k_{表,1}t+\ln c_0 \tag{2-43}$$

若以 $\ln c_s$ 对 t 作图，可得一条直线，从直线斜率可求得 $k_{表,1}$，当 $c_s=\frac{1}{2}c_0$，$t=t_{1/2}$时，半衰期 $t_{1/2}=\frac{\ln 2}{k_{表,1}}=\frac{0.6931}{k_{表,1}}$，$t_{1/2}$只与 $k_{表,1}$ 有关而与蔗糖起始浓度无关，这是一级反应的特征。如何获得不同时刻(t)的 c_s 呢？因蔗糖及其转化产物葡萄糖和果糖都含有不对称的碳原子，都具有旋光性，但旋光能力不同，故可利用体系在反应过程中旋光度的变化来度量反应过程，度量旋光度所用的仪器称为旋光仪，它利用偏振光通过具有旋光性的被测物质，用检偏镜来测定旋光度，其构造及测量原理简图见图 2-32。

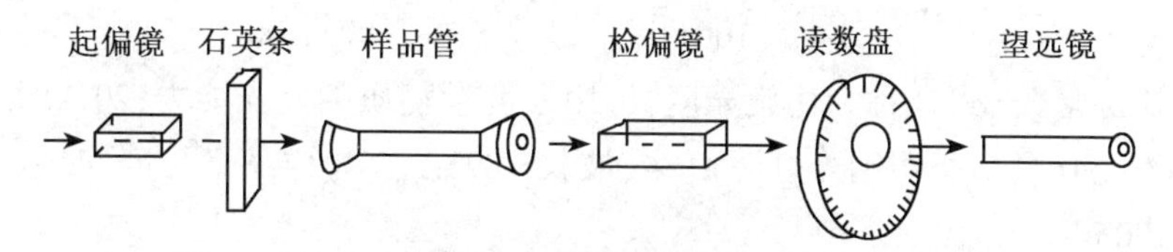

图 2-32　旋光仪的构造及测量原理简图

从图 2-32 可以看出，自然光通过起偏镜产生偏振光，该偏振光部分通过狭长的石英条(宽度为视野的 1/3)，偏振面被旋转了一个角度 Φ(Φ 角很小)，这种中间与两边偏振面不同(相差 Φ 角)的偏振光在样品管中被旋转(同样角度)后到达检偏镜。如果检偏镜能通过的光偏振面与中间光偏振面一致，则视野中可见到如图 2-33(a)所示的情形，中间亮两边暗；同样检偏镜能通过的光偏振面与两边的光一致，则视野中出现图 2-33(b)所示的情形，中间暗两边亮；在与图 2-33(a)和图 2-33(b)的角度都相差 $\Phi/2$ 的地方，存在一点，整个视野的光亮度一致，如图 2-33(c)所示。将这点作为读数点，某溶液和纯溶剂的读数之差就是溶液的旋光度。实际上，整个视野的光亮度一致的地方共有两处：一处整个视野偏暗，另一处整个视野偏亮。两处的角度大约相差 90°，其差别在于前者的变化较为敏锐，即将该处的角度略增大或减小一点，都会变成图 2-33(a)或(b)的状态；而另一处则变化不敏锐。因此以前者作为读数点。

旋光度的大小与溶液中所含旋光物质之旋光能力、溶剂性质、溶液的浓度、

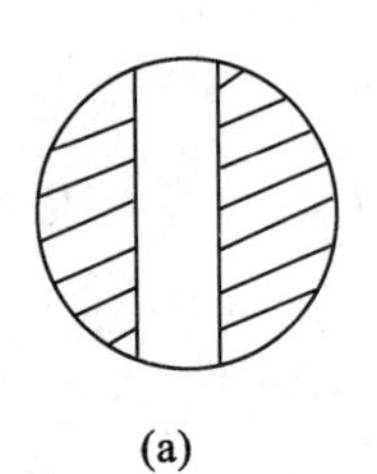
(a)

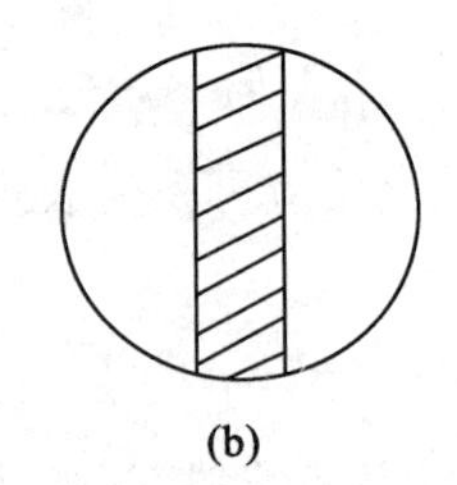
(b)

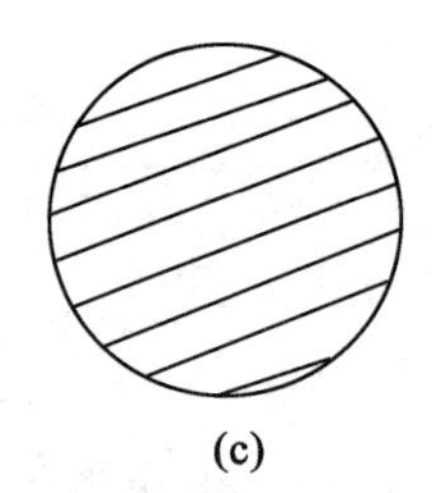
(c)

图 2-33 旋光仪的三分视野图

光源波长以及温度等有关。当其他条件均固定时,旋光度 α 与反应物质浓度 c 呈线性关系,即

$$\alpha = Kc \tag{2-44}$$

式中,比例常数 K 与物质之旋光能力、溶剂性质、溶液厚度、温度等有关。当波长、溶剂及温度一定时,溶液的旋光度与浓度、样品长度成正比,即

$$\alpha = [\alpha]_{\mathrm{D}}^{20} \frac{L \cdot c}{100} = [\alpha]_{\mathrm{D}}^{20} K_{\text{比}} \times c, K_{\text{比}} = \frac{L}{100}$$

式中,比例常数 $[\alpha]_{\mathrm{D}}^{20}$ 称为比旋光度,可用来度量物质的旋光能力;20 为实验温度(20℃);D 是指所用钠光灯源 D 线,波长5 893Å;L 为样品管长度,dm;c 为浓度,g/100mL。

反应物蔗糖为右旋物质,比旋光度 $[\alpha]_{\mathrm{D}}^{20}=66.6°$;生成物中葡萄糖也是右旋物质,$[\alpha]_{\mathrm{D}}^{20}=52.5°$;果糖是左旋物质,$[\alpha]_{\mathrm{D}}^{20}=-91.9°$。由于旋光度具有加和性,且生成物中果糖的左旋性比葡萄糖的右旋性大,所以生成物总体旋光度呈左旋性。因此,随着反应的进行,右旋角不断减小,反应至某一瞬间,体系的旋光度可恰好等于零。而后变成左旋,直至蔗糖完全转化,这时左旋角达到最大值 α_∞。设最初的旋光度(蔗糖尚未转化,$t=0$)为

$$\alpha_0 = 66.6° K_{\text{比}} c_0 \tag{2-45}$$

最后的旋光度(蔗糖已完全转化 $t=\infty$)为

$$\alpha_\infty = 52.5° K_{\text{比}} c_0 + (-91.9°) K_{\text{比}} c_0 = (-39.4°) K_{\text{比}} c_0 \tag{2-46}$$

式中,c_0 为反应物的起始浓度也是生成物的最后浓度。当时间为 t 时,蔗糖浓度为 c_s,此时旋光度为

$$\begin{aligned} \alpha_t &= 66.6° K_{\text{比}} c_s + (52.5° - 91.9°) K_{\text{比}} (c_0 - c_s) \\ &= 66.6° K_{\text{比}} c_s + (-39.4°) K_{\text{比}} (c_0 - c_s) \end{aligned} \tag{2-47}$$

由式(2-45)减去式(2-46),可得

$$c_0 = \frac{\alpha_0 - \alpha_\infty}{106.0°K_{比}} = K(\alpha_0 - \alpha_\infty) \tag{2-48}$$

由式(2-46)代入式(2-47),可得

$$\alpha_t = 66.6°K_{比} c_s + \alpha_\infty + 39.4°K_{比} c_s = \alpha_\infty + 106.0°K_{比} c_s$$

$$c_s = \frac{\alpha_t - \alpha_\infty}{106.0°K_{比}} = K(\alpha_t - \alpha_\infty) \tag{2-49}$$

将式(2-48),(2-49)代入式(2-43),即得

$$\lg(\alpha_t - \alpha_\infty) = -\frac{k_{表,1}}{2.303}t + \lg(\alpha_0 - \alpha_\infty)$$

若以 $\lg(\alpha_t - \alpha_\infty)$ 对 t 作图,从其斜率即可求得反应速率常数 $k_{表,1}$,进而求出其半衰期 $t_{1/2}$。

三、仪器和试剂

旋光仪 1 台;
电热恒温水浴锅 1 台;
量筒(500mL)2 只;
三角锥瓶(100mL)1 只;
停表;
台秤;
蔗糖(A. R.);
盐酸($6\text{mol} \cdot \text{dm}^{-3}$);
擦镜纸。

四、实验步骤

1. 配置 20%蔗糖溶液

在台秤上称取 6g 蔗糖于锥形瓶中,加入 24mL 蒸馏水搅拌使其溶解。

2. 旋光仪零点的校正

将旋光管一端的盖旋开(注意盖内玻璃片以防跌碎),用蒸馏水洗净并将其充满,使液体在管口形成一凸出的液面,然后将玻璃片轻轻推放盖好,注意不要

留有气泡,然后旋好管盖,注意不应过紧,不漏水即可。将旋光管外壳及两端玻璃片水渍吸干,将旋光管放入旋光仪中,打开电源开关,预热20min以上。待光源稳定后,旋转刻度盘至0度附近。调整目镜聚焦,使视野清楚,在旋光仪的视野中会看到如图2-33所示的三分视野图,旋转刻度盘使三分视野中的阴暗度完全相等,三分视野的分界线消失如图2-33(c)所示,则可读取数据。重复三次,取其平均值,即为旋光仪的零点读数。

3. 反应过程中旋光度的测定

在蔗糖溶液锥形瓶中,加入6mol · dm^{-3} HCl溶液30mL,刚加至一半时开始计时,此时为反应开始的时间(注意:是一次性加入的)。倒出旋光管中的蒸馏水,以少量蔗糖溶液荡洗一次,然后尽快放入旋光仪中,以2 ~ 3min为间隔测其旋光度,连续读取15 ~ 20个点即可。为防止旋光仪发热而影响旋光管内反应系统的温度,最好每次测定后,将旋光管移出旋光仪。

4. α_∞的测定

将剩下的溶液在65 ~ 70℃的水浴内恒温约5min,然后冷却至室温,并取少量溶液荡洗旋光管后,装满溶液,测其旋光度α_∞。

5. 实验结束

洗净旋光管,擦干复原。

五、注意事项

(1)注意不要打破或丢失小玻璃片。

(2)加热反应溶液时,注意水温不能超过70℃,加热时间不超过5min,否则会产生副反应,溶液将会变成黄色。加热的同时,要不断搅拌。

(3)本实验最大的影响因素在于实验温度,可在旋光管外加上一玻璃夹套,并以循环恒温水流经旋光管,可较好地解决实验恒温问题。

六、数据处理

(1)仪器零点________,α_∞的值________,实验温度________℃。

(2)列出t-α_t表,并作出相应的α_t-t图。

（3）从 α_t-t 曲线上，等时间间隔读取 8～10 个 α_t 数值，并算出 $\lg(\alpha_t-\alpha_\infty)$ 的值。

（4）以 $\lg(\alpha_t-\alpha_\infty)$ 对 t 作图，由直线斜率求出反应速率常数 $k_{表,1}$，并计算出反应的半衰期 $t_{1/2}$。

七、思　考　题

1. 本实验中，用蒸馏水校正旋光仪的零点，若不进行校正，对实验结果是否有影响？

2. 一级反应有哪些特征？为什么配制蔗糖溶液可用台秤称量？

3. 在混合蔗糖溶液和 HCl 溶液时，是将 HCl 溶液加入蔗糖溶液中，可否将蔗糖溶液加入 HCl 溶液中，为什么？

4. 在测量蔗糖盐酸水溶液时刻 t 对应的旋光度 α_t 时，能否像测纯水的旋光度那样，重复测三次后，取平均值？

5. 你认为该实验还有什么改进的地方？

八、参 考 文 献

[1] H W Salzberg et al. physical Chemistry Laborotary[M]. New York：Macmillan Publishing co.,Inc,1978:17-220,421-423

[2] 北京大学化学系物理化学教研室. 物理化学实验[M]. 修订本. 北京：北京大学出版社，1985:120-124

实验13　丙酮碘化反应速率常数的测定

一、目的和要求

(1)测定用酸作催化剂时丙酮碘化反应的反应速率常数。

(2)通过本实验加深对复杂反应机理中平衡浓度法(或稳态法)的理解。

(3)掌握分光光度计的正确使用方法。

二、原　　理

只有少数化学反应是由一个基元反应组成的简单反应,大多数化学反应并不是简单反应,而是由若干个基元反应组成的复杂反应,并且大多数复杂反应的反应速率和反应物浓度间的关系不能用质量作用定律预测,而是要通过实验找出动力学速率方程表达式。

丙酮碘化反应是一个复杂反应,其总包反应为

$$\underset{(\mathrm{A})}{CH_3-\overset{\overset{\displaystyle O}{\|}}{C}-CH_3} + I_2 \xrightleftharpoons{H^+} \underset{(\mathrm{E})}{CH_3-\overset{\overset{\displaystyle O}{\|}}{C}-CH_2I} + I^- + H^+$$

该反应由 H^+ 催化,设其速率方程为

$$r=-\frac{\mathrm{d}c_{\mathrm{A}}}{\mathrm{d}t}=-\frac{\mathrm{d}c_{\mathrm{I_2}}}{\mathrm{d}t}=\frac{\mathrm{d}c_{\mathrm{E}}}{\mathrm{d}t}=kc_{\mathrm{A}}^{\alpha}c_{\mathrm{I_2}}^{\beta}c_{\mathrm{H^+}}^{\gamma} \tag{2-50}$$

实验测定表明:在高酸度下反应速率与卤素的浓度无关,且不因为卤素(氯、溴、碘)的不同而异,故 $\beta=0$。实验还表明,反应速率在酸性溶液中随着 H^+ 浓度增大而增大,且实验测得 $\alpha=1$, $\gamma=1$,故实验测得丙酮碘化反应动力学方程为

$$\frac{\mathrm{d}c_{\mathrm{E}}}{\mathrm{d}t}=k_{总}\, c_{\mathrm{A}}c_{\mathrm{H^+}} \tag{2-51}$$

式中，c_E 为 $CH_3-\overset{\overset{O}{\|}}{C}-CH_2I$ 的瞬时浓度；c_A 为 $CH_3-\overset{\overset{O}{\|}}{C}-CH_3$ 的初始浓度；c_{H^+} 为 H^+的初始浓度。

由以上实验事实，可推测丙酮碘化反应机理如下：

$$(1)\quad \underset{(A)}{CH_3-\overset{\overset{O}{\|}}{C}-CH_3} + H^+ \underset{k_{-1}}{\overset{k_1}{\rightleftharpoons}} \underset{(B)}{H_3C-\overset{\overset{^+OH}{\|}}{C}-CH_3} \quad （快速平衡）$$

$$(2)\quad \underset{(B)}{H_3C-\overset{\overset{^+OH}{\|}}{C}-CH_3} \xrightarrow[k]{（慢）} \underset{(D)}{H_3C-\overset{\overset{OH}{|}}{C}=CH_2} + H^+ \quad （速控）$$

$$(3)\quad \underset{(D)}{H_3C-\overset{\overset{OH}{|}}{C}=CH_2} + I_2 \underset{k_3}{\overset{k_2}{\rightleftharpoons}} \underset{(E)}{CH_3-\overset{\overset{O}{\|}}{C}-CH_2I} + I^- + H^+$$

整个反应速率由烯醇化步骤(2)控制，即

$$\gamma = \gamma(2) = kc_B \tag{2-52}$$

由于在上述机理中，前置步骤(1)是快速平衡步骤，故根据平衡浓度法可得

$$c_B = \frac{k_1}{k_{-1}} c_A c_{H^+} = k' c_A c_{H^+} \tag{2-53}$$

式中，$k' = \frac{k_1}{k_{-1}}$，将(2-53)式代入(2-52)式得

$$\gamma = \gamma(2) = k\frac{k_1}{k_{-1}} c_A c_{H^+}$$

即

$$\gamma = \frac{dc_B}{dt} = k\frac{k_1}{k_{-1}} c_A c_{H^+} = k_{总}\, c_A c_{H^+} \tag{2-54}$$

(2-54)式与实验动力学方程(2-51)式相吻合，反映了上述所拟机理的合理性及可靠性。由(2-50)式可知：$\frac{dc_E}{dt} = -\frac{dc_{I_2}}{dt}$，因为碘在可见光区有一吸收带，而在这个吸收带中盐酸和丙酮没有吸收，故本实验用分光光度法，在 550nm 处跟踪碘随时间的变化率，来测定反应速率常数 $k_{总}$，即

$$\left(\frac{dc_{I_2}}{dt}\right)_0 = -k_{总}\, c_A c_{H^+} \tag{2-55}$$

将(2-55)式积分：$\int_{c_{I_2}(t_1)}^{c_{I_2}(t_2)} dc_{I_2} = \int_{t_1}^{t_2} -k_{总}\, c_A c_{H^+} dt$ (2-56)

若在反应过程中,$c_{A,0} \gg c_{I_2}$,$c_{H^+} \gg c_{I_2,0}$,则可以认为在反应过程中,丙酮和盐酸初始浓度不随时间 t 改变,则(2-56)式变为

$$c_{I_2}(t_2) - c_{I_2}(t_1) = k_{总} c_{A,0} c_{H^+,0}(t_2 - t_1) \quad (2\text{-}57)$$

根据朗伯-比尔定律,某指定波长的光线通过 I_2 溶液后的光强 I 与通过蒸馏水后的光强 I_0 及 I_2 溶液浓度间有下列关系:

$$A = \lg \frac{I_0}{I} = Kcb \quad (2\text{-}58)$$

式中,A 是吸光度;K 是摩尔消光系数;b 是被测溶液 I_2 的厚度;c 是 I_2 溶液的浓度。

由(2-58)式可得

$$c = \frac{A}{Kb}$$

代入(2-57)式得

$$\frac{A_1(t_1)}{Kb} - \frac{A_2(t_2)}{Kb} = k_{总} c_{A,0} c_{H^+,0}(t_2 - t_1)$$

即

$$k_{总} = \frac{A_1(t_1) - A_2(t_2)}{t_2 - t_1} \times \frac{1}{Kb} \times \frac{1}{c_{A,0} c_{H^+,0}} \quad (2\text{-}59)$$

式中,c_A,c_{H^+}分别是丙酮和盐酸的初始浓度。作 I_2 溶液的标准浓度与吸光度 A 的工作曲线,由曲线的斜率求得 Kb 值,代入(2-59)式,算出 $k_{总}$。

三、仪器和试剂

分光光度计 1 套;
秒表 1 只;
容量瓶(25mL)5 个;
丙酮;
盐酸;
I_2 溶液。

四、实验步骤

(1)配制 I_2 标准溶液。

用移液管量取已知浓度的 I_2 溶液 1,2,3,4,5mL,分别注入 5 个 25mL 的容量瓶中,稀释至刻度。

(2)用分光光度计测定标准溶液的吸光度。

调节分光光度计波长至 550nm 处,以蒸馏水为参比,校正仪器吸光度为"0.000",然后测定标准溶液的吸光度。

(3)配制反应体系,测定不同时刻 t 时的吸光度。

在 25mL 容量瓶中加入 2mL 丙酮溶液、5mL I_2 溶液,开始打开秒表计时。加入约 10mL 蒸馏水后,再加入盐酸溶液 1mL,加水稀释至刻度,混合均匀后注入比色皿中放入光度计的暗箱内。每隔 30s ~ 1min 测定一次吸光度 A,连续记录 15 ~ 20 个点,方可停止记录。改变盐酸浓度,重复测定两个反应体系。

五、注意事项

测定工作曲线时,应从稀溶液测至浓溶液。

六、数据处理

(1)以吸光度 A 为纵坐标,I_2 溶液的浓度为横坐标,作工作曲线,工作曲线的斜率即为 Kb 值。

(2)由每时刻测得的反应液吸光度 A 对时间 t 作图得一直线,求此直线的斜率。

(3)将直线的斜率,Kb,丙酮、盐酸的初始浓度(应计算加入到 25mL 容量瓶中稀释后的浓度而不是试剂瓶中的原配浓度)代入(2-59)式中计算 $k_{总}$。

七、思考题

1. 本实验中将反应物混合,摇匀,倒入比色皿测吸光度 A 后再开始计时,这对实验结果有无影响?为什么?

2. 能否将 5mL I_2 溶液、2mL 丙酮溶液、1mL HCl 一起加入 25mL 容量瓶中,再用蒸馏水稀释至刻度,为什么?

实验 14　乙酸乙酯皂化反应速率常数的测定

一、目的和要求

(1) 了解用电导法测定反应速率常数的方法。

(2) 了解二级反应的特点,学会用图解计算法求二级反应的速率常数 k。

(3) 了解反应活化能的测定方法。

(4) 掌握测量原理和电导仪的使用方法。

二、原　　理

乙酸乙酯皂化反应是在水溶液中进行,其离子反应方程式为

$$CH_3COOC_2H_5+Na^++OH^-\longrightarrow CH_3COO^-+C_2H_5OH+Na^+$$

该反应为二级反应,其动力学方程为

$$\frac{dx}{dt}=k[CH_3COOC_2H_5][NaOH]$$

假定实验时反应物 $CH_3COOC_2H_5$ 和 NaOH 采用相同的初始浓度 α,设在时刻 t 时生成物的浓度为 x,则该反应的动力学方程为

$$\frac{dx}{dt}=k(\alpha-x)^2 \tag{2-60}$$

积分(2-60)式得

$$k=\frac{1}{t}\times\frac{x}{\alpha(\alpha-x)} \tag{2-61}$$

由式(2-61)可知,初始浓度 α 是已知的,只要由实验测得不同 t 时刻的 x 值,就可以算出反应速率常数 k 值,如果 k 值为常数,就可以证明该反应是二级反应,

或者用$\frac{x}{\alpha-x}$对 t 作图,若为直线,也可证明该反应是二级反应,并可从斜率求出 k 值。

不同时刻 t 生成物的浓度 x 可用化学分析法测定(如用标准酸滴定反应液中 OH^- 的浓度),也可以用物理分析法测定(如测量电导),本实验用电导法测定。用电导法测定 x 值的原理:反应体系是在稀释的水溶液中进行,参与反应的分子或离子包括反应物中的 $CH_3COOC_2H_5$ 和 NaOH 以及生成物中的 CH_3COONa 和 C_2H_5OH。由于 $CH_3COOC_2H_5$ 几乎不溶于水,而 C_2H_5OH 在水溶液中电离度很小,这两个分子对溶液电导率的贡献很小,可以忽略不计。NaOH 和 CH_3COONa 是全部电离的,参与导电的离子有 Na^+、OH^- 和 CH_3COO^-,而 Na^+ 在反应前后浓度不变,OH^- 的电导率>>CH_3COO^- 电导率,随着反应的进行,OH^- 离子的浓度不断减少,CH_3COO^- 离子浓度不断增加,体系的电导率不断下降。

显然该反应体系电导率值的减少量和 CH_2COONa 的浓度 x 增大成正比,即

$$t = t \text{ 时}, \quad x = A(\kappa_0 - \kappa_t) \tag{2-62}$$

$$t \to \infty \text{ 时}, \quad \alpha = A(\kappa_0 - \kappa_\infty) \tag{2-63}$$

式中,κ_0 为起始时体系的电导率;κ_t 为 t 时的电导率;κ_∞ 为反应终了时的电导率;A 是与温度、溶剂、电解质 NaOH 及 NaAc 的性质有关的比例常数。

将(2-62)式、(2-63)式代入(2-61)式中得

$$k = \frac{A(\kappa_0 - \kappa_t)}{\alpha \cdot A[(\kappa_0 - \kappa_\infty) - (\kappa_0 - \kappa_t)]t} = \frac{\kappa_0 - \kappa_t}{\alpha(\kappa_t - \kappa_\infty)t} \tag{2-64}$$

将(2-64)式重排得

$$\kappa_t = \frac{1}{\alpha k}\frac{\kappa_0 - \kappa_t}{t} + \kappa_\infty \tag{2-65}$$

因此只要测出 κ_0 及一组 κ_t 值后,用 κ_t 对$\frac{\kappa_0-\kappa_t}{t}$作图应为一条直线,斜率为$\frac{1}{\alpha k}$,则反应速率 $k=\frac{1}{\alpha \times 斜率}$。电导率 κ 的单位为 ms/cm 或 μs/cm,时间 t 的单位为 min 或 s。因此,该直线斜率的单位为 min 或 s,反应速率常数 k 的单位为 $L \cdot mol^{-1} \cdot min^{-1}$或 $L \cdot mol^{-1} \cdot s^{-1}$。

测定不同温度下的反应速率常数 k,代入阿仑尼乌斯公式可求出反应活化能,即

$$\ln\frac{k_2}{k_1} = \frac{E_a}{R} \times \frac{T_2 - T_1}{T_1 T_2} \tag{2-66}$$

式中,k_1,k_2 分别代表不同反应温度 T_1,T_2 时,所测反应速率常数;T_1,T_2 必须以热力学温标代入,即摄氏温度加 273.15℃。

三、仪器和试剂

恒温槽 1 套;

电导池一个;

DDS-11A 型电导率仪 1 台;

停表 1 只;

0.020 0mol · L^{-1} NaOH(新配制);

0.020 0mol · L^{-1} $CH_3COOC_2H_5$(新配制)。

四、实验步骤

1. 实验方案一

(1)调节恒温水槽温度于 25℃。

(2)κ_t 的测量。分别用移液管取 10mL 的 0.020 0mol · L^{-1} NaOH 溶液及 10mL 的 0.020 0mol · L^{-1}的乙酸乙酯溶液注入两个试剂瓶中,盖紧盖子,以免挥发,然后置于恒温水槽中,恒温 10 ~ 15min,然后将两个瓶中的溶液迅速摇匀。注意当一个瓶中的溶液(如 NaOH)倾入另一瓶中一半时,开始计时,将电极插入反应溶液中,反应开始 8 ~ 10min 之后,开始记录电导率仪读数,以后每隔 30s 测量一次电导率,连续记录 20 ~ 25 个点后停止。

(3)κ_0 的测量。

将 0.010 0mol · L^{-1}的 NaOH 溶液注入被测试管中,插入铂黑电极,待温度恒定后测其电导率。不要取出电极,调整恒温水槽的温度,待温度升高 10℃后,再测 0.010 0mol · L^{-1} NaOH 溶液的电导率的值。

(4)为了测定该反应的活化能,在 35℃时,重复实验步骤(2)。

2. 实验方案二

(1)调节恒温水槽温度于 25℃。

(2)κ_0 的测量。用移液管取 5mL 0.010 0mol · L^{-1}的 NaOH 溶液注入被测试

管中，插入铂黑电极，待温度恒定后测其电导率。

(3) κ_t 的测量。用微型注射器取特定体积的乙酸乙酯（纯度99%）完全注入上述试管 NaOH 溶液中，摇匀，然后置于恒温水槽中。注意当乙酸乙酯加入时，开始计时。将电极插入反应溶液中，反应开始 8～10min 之后，开始记录电导率仪读数，以后每隔 30s 测量一次电导率，连续记录 20～25 个点后停止。

(4) 为了测定该反应的活化能，在35℃时，重复实验步骤(2)和(3)。

五、注意事项

(1) 电极暂时不测量时，先用蒸馏水冲洗干净，然后浸泡于蒸馏水中待用。再次测量时，先用滤纸将电极表面的水吸干，或用电吹风将电极吹干。

(2) 电极的引线不能潮湿，否则将测不准。

(3) 电极要轻拿轻放，切勿触碰铂黑。

六、数据处理

(1) 将实验数据列入下表。

温度________℃，κ_0 ________

时间/min	温度/℃	κ_t	$\kappa_0-\kappa_t$	$\frac{\kappa_0-\kappa_t}{t}$

(2) 以 κ_t 对 $\frac{\kappa_0-\kappa_t}{t}$ 作图，求其反应速率常数 k。

(3) 根据阿仑尼乌斯公式，计算活化能 E_a。

七、思考题

1. 为何本实验要在恒温条件下进行，而且 $CH_3COOC_2H_5$ 和 NaOH 溶液在混合前还要预先恒温？

2. 若 $CH_3COOC_2H_5$ 和 NaOH 的初始浓度不等,应如何计算 k 值?

3. 如何从实验结果来验证乙酸乙酯皂化反应为二级反应?

八、参考文献

[1] F Danicls, et al. Experimental physical chemistry[M]. 6 th ed.. New York; Mc Graw-Hill Book co., Inc., 1962:133

[2] 傅献彩, 沈文霞,姚天扬. 物理化学(下册)[M]. 北京:高等教育出版社, 1990:715-718

实验 15　溶液表面吸附的测定
——最大气泡压力法

一、目的和要求

(1)掌握气泡最大压力法测定表面张力的原理和技术。

(2)测定不同浓度的正丁醇水溶液的表面张力;根据吉布斯吸附公式计算溶液表面的吸附量,以及饱和吸附时每个分子所占的表面面积和饱和吸附分子层厚度。

二、原　　理

处于液体表面的分子,由于受到不平衡力的作用而具有表面张力。表面张力的定义是在表面上垂直作用于单位长度上使表面积收缩的力,它的单位是 $mN \cdot m^{-1}$。

当加入溶质时,液体的表面张力会发生变化,有的会使溶液的表面张力比纯溶剂的高,有的则会使溶液的表面张力降低。于是溶质在表面的浓度与溶液本体的浓度不同。这就是溶液的表面吸附现象。

在一定温度和压力下,溶液的表面吸附量(Γ)与溶液的表面张力(γ)和溶液本体浓度(c)之间的关系为

$$\Gamma = -\frac{c}{RT}\left[\frac{\partial \gamma}{\partial c}\right]_T \tag{2-67}$$

式中 R 为气体常数;T 为绝对温度。

这是吉布斯 1878 年用热力学方法导出来的吸附公式。若 $\left[\frac{\partial \gamma}{\partial c}\right]_T < 0, \Gamma > 0$,称为正吸附。这时溶质的加入使表面张力下降,随溶液浓度的增加,表面张力降

低。这类物质称为表面活性物质。反之,若$\left[\frac{\partial\gamma}{\partial c}\right]_T>0$,$\Gamma<0$,为负吸附,这类物质称为非表面活性物质。人们感兴趣的是表面活性物质,这类物质具有不对称性结构(○—),由极性的亲水基团(○)和非极性的疏水基团(—)构成。在水溶液表面,极性部分指向液体内部,非极性部分指向空气,表面活性物质分子在溶液表面排列情况,随溶液浓度不同而异,如图2-34所示。当浓度很小时,分子平躺在液面上,如图2-34(a)所示;浓度增大时,分子排列如图2-34(b)所示;当浓度增加到一定程度时,被吸附分子占据了所有表面,形成饱和吸附层,如图2-34(c)所示。

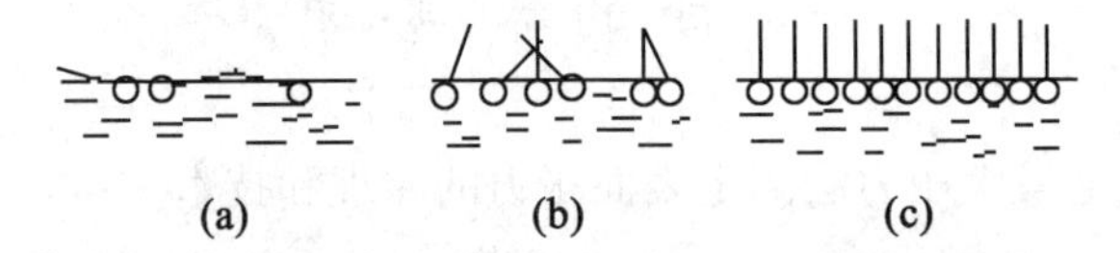

图2-34　被吸附分子在溶液表面上的排列

由实验测出表面活性物质不同浓度(c)对应的表面张力(γ)的值,作γ-c曲线,如图2-35所示。在该曲线上任取一点a,通过a点作曲线的切线以及平行于横坐标的直线,分别交纵坐标于b、b',令$bb'=Z$,则$Z=-c\left[\frac{\partial\gamma}{\partial c}\right]$,代入吉布斯吸附方程式(2-67),则$\Gamma=\frac{Z}{RT}$;在$\gamma$-$c$曲线上取不同点,就可以得到不同的$Z$值,从而可以求出不同浓度下的吸附量。

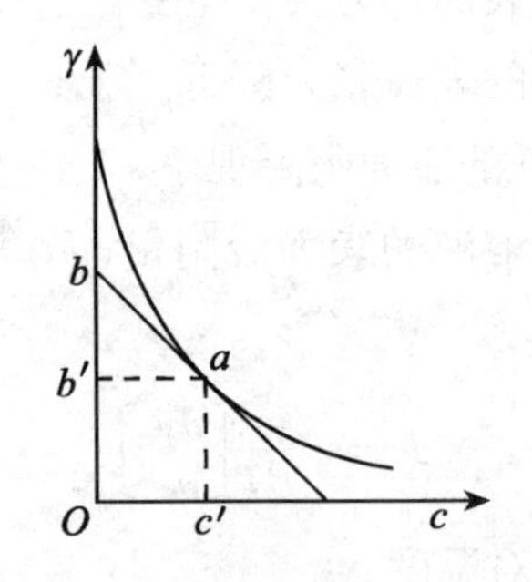

图2-35　表面张力和浓度的关系

关于吸附量与浓度的关系,实验表明可以用朗格缪尔等温吸附方程来描述:

$$\Gamma = \Gamma_{\infty} \frac{Kc}{1 + Kc} \tag{2-68}$$

式中，Γ_{∞} 为饱和吸附量；K 为常数；c 为吸附平衡时溶液的浓度。上式可以改写成如下形式：

$$\frac{c}{\Gamma} = \frac{1}{K\Gamma_{\infty}} + \frac{1}{\Gamma_{\infty}}c \tag{2-69}$$

以 $\frac{c}{\Gamma}$ 对 c 作图为一直线，其斜率的倒数为 Γ_{∞}。

如果 N 代表 1m^2 表面上的分子数，则得 $N=\Gamma_{\infty} N_A$，N_A 为阿伏伽德罗常数，于是每个分子在表面上所占的面积为

$$q = \frac{1}{\Gamma_{\infty} N_A}(\text{m}^2) \tag{2-70}$$

还可以从下式求表面活性物质的饱和吸附分子层厚度：

$$d = \frac{\Gamma_{\infty}}{\rho}M \tag{2-71}$$

式中，M 为摩尔质量；ρ 为表面活性物质的密度。

本实验用气泡最大压力法测定表面张力。仪器装置如图2-36所示。

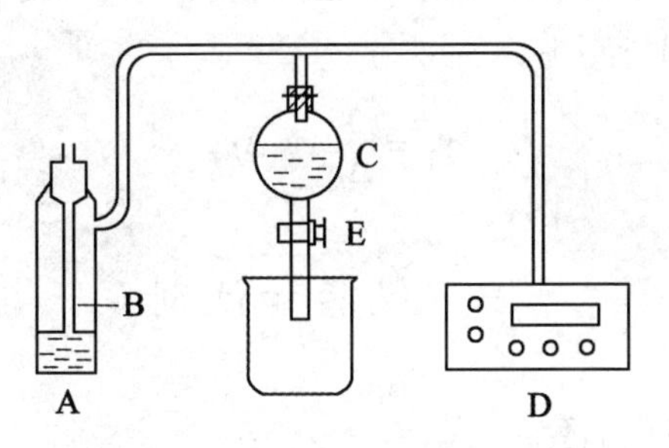

图 2-36　表面张力测定装置

图中 B 是管端为毛细管的玻璃管，与测量管 A 中液面相切。开始时，体系内部及毛细管中压力均为大气压 p_0。当打开活塞 E 时，水准瓶 C 中的水流出，体系压力 p 渐渐减小，测量管 A 内液面上方压力也随之减小，逐渐把毛细管液面压至管口，形成气泡（见图 2-37）。当气泡在毛细管口逐渐长大时，其曲率半径逐渐变小。气泡达到最大时，便会破裂，此时气泡的曲率半径最小，即等于毛细管半径 r。气泡承受的压力差也最大：

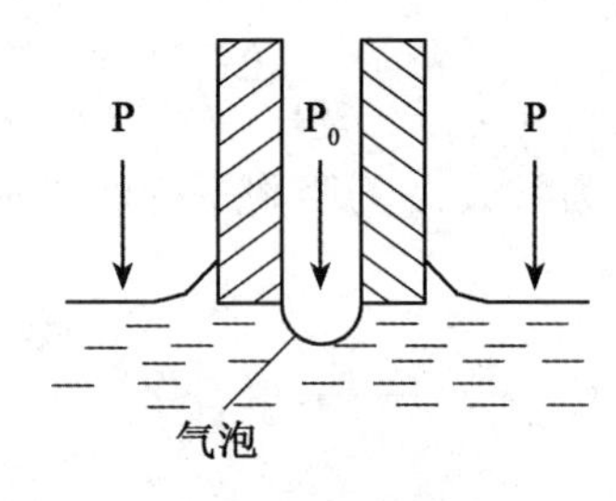

图 2-37 体系减压时毛细管口的状态

$$\Delta p = p_0 - p = \frac{2\gamma}{r} \tag{2-72}$$

此压力差可从数字压力计 D 中读出。上式可改写为

$$\gamma = \frac{\gamma}{2}\Delta p \tag{2-73}$$

对于同一支毛细管而言,毛细管半径 r 为定值。若两种不同液体的表面张力分别为 γ_1 和 γ_2,压力计测得压力差分别为 Δp_1 和 Δp_2,则

$$\frac{\gamma_1}{\gamma_2} = \frac{\Delta p_1}{\Delta p_2} \tag{2-74}$$

如果其中一种液体的表面张力 γ_2 已知,例如水,则另一种液体的表面张力 γ_2 可由(2-75)式得出:

$$\gamma_1 = \frac{\gamma_2}{\Delta p_2} \cdot \Delta p_1 \tag{2-75}$$

三、仪器和试剂

表面张力测定装置 1 套;
500mL 烧杯 1 只;
恒温槽 1 套;
吸球 1 个;
25mL 容量瓶 8 个;
正丁醇。

四、实验步骤

(1) 配制不同浓度的正丁醇水溶液:用移液管分别准确量取 0. 05,0. 10,

0.15,0.20,0.30,0.40,0.60,0.80mL 正丁醇加入不同容量瓶中,用蒸馏水稀释至刻度,摇匀待用。

(2)将恒温槽温度调至比室温高 1~2℃。

(3)压力计调零:将毛细管 B 从测定管 A 中取出,使整个系统与大气相通,按压力计“采零”,使压力计显示为零。

(4)装样及检漏。在已洗净的表面张力测定管 A 中装入适量的蒸馏水,使毛细管 B 与液面恰好相切,A 管要垂直。放入恒温槽中恒温。然后将 A 管接入系统(如前图),检验系统使其不漏气。

(5)测量最大压力差。将 C 瓶装满自来水,打开活塞 E,使水以较快速度流出,至毛细管口有气泡逸出时,细心调节活塞 E。使压力计读数缓慢变化(最好压力计读数小数点后最后一位每次变化一至两个数字)记录压力差最大值,连续测三次。

(6)用同样的方法由稀至浓依次测定不同浓度的正丁醇水溶液。每次更换溶液时,须用待测溶液润洗毛细管内壁及测定管 2~3 次。注意更换溶液时,不得将水冲入乳胶管内,或测量时挤压弯折乳胶管以免影响压力计读数。

五、数据处理

(1)列出实验数据表。

(2)从附录的数据表中,查出实验温度下水的表面张力,求出各浓度正丁醇水溶液的 γ。

(3)在坐标纸上作 γ-c 曲线,曲线要用曲线板光滑地画出。

(4)在光滑的曲线上取六七个点,例如浓度为 0.03,0.05,0.07,0.1,0.15,0.2,0.3mol 等处,作切线求出 Z 值,由 $\Gamma=\frac{Z}{RT}$,计算 Γ 值,再计算 $\frac{c}{\Gamma}$ 值。

(5)作 $\frac{c}{\Gamma}$-c 图,由直线斜率求出 Γ_∞。并计算出饱和吸附时单个分子在表面上所占面积 q 和分子层的厚度 d。

六、思考题

1. 做好本实验要注意哪些问题?

2. 毛细管管口为何要刚好和液面相切?

3. 毛细管不干净,或气泡逸出太快,将会给实验带来什么影响?

4. 用本实验数据能否判断临界胶束浓度值?

七、参考文献

[1][苏]N C 拉甫罗夫主编。胶体化学实验[M].赵振国译,徐克敏校.北京:高等教育出版社,1992:19-20

[2]清华大学化学系物理化学实验编写组.物理化学实验[M].北京:清华大学出版社,1991:287

实验16　黏度法测定大分子化合物的分子量

一、目的和要求

(1)测定聚乙烯醇的分子量。

(2)掌握测量原理。

(3)掌握三管黏度计(乌贝路德黏度计)的使用方法。

(4)熟悉恒温水槽的装置和控温原理。

二、原　　理

大分子化合物的分子量对它的性能影响很大。如橡胶的硫化程度,聚苯乙烯和醋酸纤维薄膜的抗张强度,纺丝黏液的流动性等都与它们的分子量有关。通过测定分子量,可进一步了解大分子化合物的性能,指导和控制聚合时的条件,以获得性能优良的产品。

大分子化合物,尤其是人工合成的大分子化合物,是一类同系物的混合物,其分子量是指统计平均分子量。且随测量方法的不同,统计平均意义也不同,如有数均分子量 M_n,质均分子量 M_w 等。线性大分子化合物分子量的测定方法有多种,其适应的分子量 M 的范围也不相同,例如:

测定方法	测定分子量范围
端基分析	$M_n<3\times10^4$
沸点升高,凝固点降低	$M_n<3\times10^4$
渗透压	$M_n=10^4\sim10^6$
光散射	$M_w=10^4\sim10^7$
超离心沉降	M_n 或 $M_w=10^4\sim10^7$

凝胶渗透色谱法　　　　M_n 或 M_w 或 $M_z=10^3\sim5\times10^6$

近年来有文献报道,可用脉冲核磁共振仪、红外分光光度计、电子显微镜等实验技术测定大分子化合物的平均摩尔质量。

此外还有黏度法。它是利用大分子化合物溶液的黏度和分子量间的某种经验方程来计算分子量的,适用于各种范围,只是不同的分子量范围有不同的经验方程。用黏度法测得的分子量称为黏均分子量 M_η,其值一般介于 M_n 与 M_w 之间。上述方法中除端基分析外,都需要较复杂的仪器设备和操作技术,而黏度法设备简单,实验结果的准确度高,应用广泛。但黏度法中所用特性黏度与分子量间的经验方程要用其他方法来确定,经验方程式随大分子化合物、溶剂及分子量的范围而变。

流体在流动时必须克服内摩擦阻力而做功,其所受阻力大小可用黏度系数(简称黏度)来表示,即 $\eta(\mathrm{kg\cdot m^{-1}\cdot s^{-1}})$。大分子化合物溶液的黏度 η,一般比纯溶剂的黏度 η_0 要大得多,原因是大分子的链长度远大于溶剂分子的键长度,再加上溶剂化作用,使其在流动时受到较大内摩擦力。下面是黏度法测分子量常用到的几个术语:

$$\eta_\tau=\frac{\eta}{\eta_0}$$　　相对黏度(无量纲)

$$\eta_{\mathrm{sp}}=\frac{\eta-\eta_0}{\eta_0}=\eta_\gamma-1$$　　增比黏度(无量纲)

$$\eta_{\mathrm{sp}}/c$$　　比浓黏度(浓度$^{-1}$)

当 $c\to0$ 时,η_{sp}/c 趋近一固定极限值$[\eta]$,称为特性黏度,即

$$\lim_{c\to0}\frac{\eta_{\mathrm{sp}}}{c}=[\eta] \tag{2-76}$$

纯溶剂黏度 η_0 反映了溶剂分子间的内摩擦力。大分子化合物溶液的黏度 η 是大分子化合物分子间、溶剂分子间和大分子化合物分子与溶剂分子间三者内摩擦力之和。η_γ 反映的是大分子化合物溶液的内摩擦力相对于溶剂内摩擦力而增加的倍数。η_{sp}是扣除了溶剂分子间的内摩擦力,仅反映大分子化合物分子间及大分子化合物分子与溶剂分子间的内摩擦力。而$[\eta]$则是指溶液无限稀时,大分子化合物分子间彼此相距很远,相互作用可以忽略,反映的是大分子化合物溶液中大分子化合物分子与溶液分子间的内摩擦力,其值取决于溶剂的性质、大分子化合物分子的大小和其在溶液中的形态。

$\dfrac{\eta_{\mathrm{sp}}}{c}$和$[\eta]$的关系可用下面两个经验公式来表示:

$$\text{Hugginsw 公式：}\frac{\eta_{sp}}{c}=[\eta]+K'[\eta]^2c \tag{2-77}$$

$$\text{Kramer 公式：}\frac{\ln\eta_\tau}{c}=[\eta]-\beta[\eta]c \tag{2-78}$$

另外也可以证明：

$$\lim_{c\to 0}\frac{\ln\eta_\tau}{c}=\lim_{c\to 0}\frac{\eta_{sp}}{c}=[\eta] \tag{2-79}$$

所以将$\frac{\eta_\tau}{c}$对 c 和$\frac{\ln\eta_\tau}{c}$对 c 作图均为直线，其截距为$[\eta]$，如图 2-38 所示。

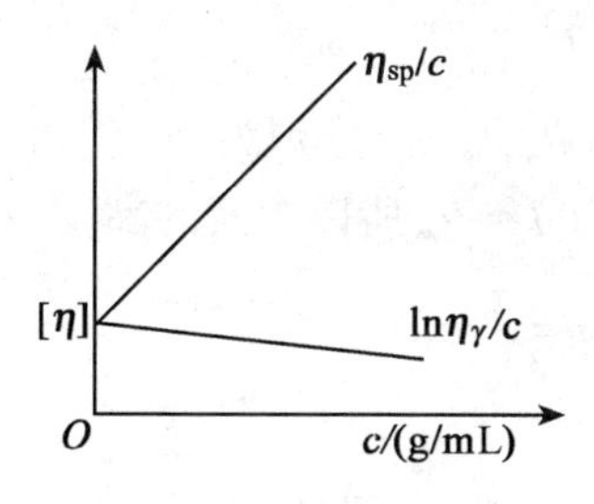

图 2-38　外推法求$[\eta]$

$[\eta]$与大分子化合物的分子量之间具有下面的经验方程：

$$[\eta]=KM^\alpha \tag{2-80}$$

式中，K 和 α 是经验方程的两个参数。对于一定的大分子化合物，一定的溶剂和温度，K 和 α 为常数。其中 α 与溶液中大分子形态有关，若大分子在良好溶剂中，舒展松懈，α 值就大；在不良溶剂中，大分子卷曲，α 值就小。K 受温度影响显著，K 和 α 是由其他实验方法确定的。一般可在文献中查得，聚乙烯醇水溶液在 25℃时，$K=2.00\times10^{-5}\ m^3/kg$，$\alpha=0.76$；在 30℃时，$K=6.66\times10^{-5}\ m^3/kg$，$\alpha=0.64$，浓度 c 的单位为 $kg\cdot m^{-3}$，$[\eta]$和 K 的单位相同。

测定大分子的特性黏度$[\eta]$，以毛细管法最简便。根据 Poisuille 公式，液体的黏度系数 η（简称为黏度）可以用 t 秒内液体流过半径为 r、长为 L 的毛细管的体积 V 来衡量：

$$\eta=\frac{\pi r^4p}{8LV}t \tag{2-81}$$

式中，p 为毛细管两端的压力差。在重力场中，$p=dgh$，其中 d 为液体的密度，h 为毛细管两端的高度差，g 为重力加速度，若考虑动能的影响，则更完整的公式为

$$\eta = \frac{\pi r^4 dgh}{8(L+\lambda)V}\left[h - \frac{mv^2}{g}\right] \tag{2-82}$$

式中,以 dgh 代替(2-81)式中的 p;λ 为毛细管长度校正项;m 是动能校正系数,它是一个接近于1的仪器常数;v 是液体在毛细管中的平均流速。当选用较细的毛细管黏度计时,液体流动较慢,动能校正项很小,可以忽略(一般要求流出时间在100s以上)。

一般用已知黏度(η_0)、密度(d_0)的液体(如纯水),用某一毛细管黏度计测定流出时间 t_0,然后用同一支毛细管黏度计测定未知液的流出时间 t,其密度为 d,则该未知液的黏度 η 为

$$\eta = \frac{dt}{d_0 t_0}\eta_0 \tag{2-83}$$

在测定溶液的黏度时,d_0,t_0,η_0 分别为纯溶剂的密度、流出时间和黏度,又因为溶液很稀,可近似认为 $d \approx d_0$,所以溶液的黏度为

$$\eta = \frac{t}{t_0}\eta_0$$

三、仪器和试剂

恒温槽1套;

乌氏黏度计1支(结构见图2-39);

秒表(0.1s)1只;

移液管5mL、10mL各1支;

吸耳球1个;

止水夹2个;

乳液管2根;

聚乙烯醇水溶液(c_0=5g/L);

蒸馏水;

正丁醇。

四、实验步骤

1. 温度调节

将恒温槽温度调节为(25.0±0.02)℃。

2. 测聚乙烯醇水溶液在不同浓度下的流出时间

将三管黏度计洗净烘干，在 C，B 两管上分别套上乳胶管，再将黏度计垂直放入恒温槽内，使 G 球完全浸入水浴中。准确取 10mL 已配好的聚乙烯醇水溶液，由 A 管加到黏度计内，再加 2mL 蒸馏水至黏度计内，然后由 B 管口加两滴正丁醇以消泡。恒温 10min，恒温槽内搅拌器速度要适中，不要产生剧烈震动。用止水夹夹紧 C 管上的乳胶管，将 B 管上的乳胶管连上吸耳球，慢慢将溶液吸至 G 球的一半的位置，移去吸耳球，打开 C 管上的止水夹，空气进入 D 球，毛细管内液体在 D 球处断开，G 球内液面逐渐下降，当液面达到刻度 a 时，开动秒表，记录液面由 a 至 b 所需的时间。重复三次，每次相差不得超过 0.4s，取其平均值，这就是溶液在浓度 $c_1=c_0$ 或 $c_1=10c_0/(10+2)$ 条件下，对应的流出时间 t_1，c_0 为原始浓度。

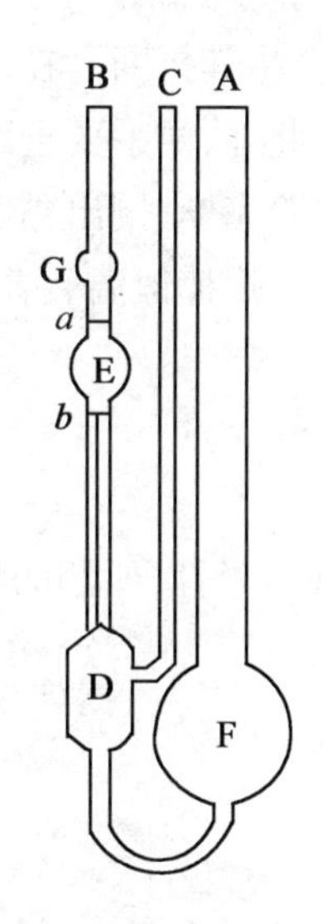

图 2-39　乌氏黏度计

测 c_2 对应的流出时间 t_2：准确量取 3mL 蒸馏水，通过 A 管加到黏度计中，用吸耳球抽吸溶液至 G 球的一半的位置，再将溶液推下去，反复吸推三次，将溶液混合均匀，此时浓度变为 $c_2=(2/3)c_0$。再按上述方法测定流出时间 t_2。再分两次加入蒸馏水各 5mL，溶液浓度分别变为 $c_3=(1/2)c_0$ 和 $c_4=(2/5)c_0$，流出时间分别为 t_3 和 t_4。

3. 测纯溶剂（水）的流出时间（t_0）

倒出黏度计中的溶液，先用自来水冲洗黏度计多次，每洗一次，都要将水流经毛细管，特别要注意把毛细管洗干净。最后用蒸馏水洗三次，加入约 20mL 蒸馏水，测出流出时间 t_0。

五、注意事项

（1）自始至终要注意恒温槽的水浴温度，记录它的温度波动范围。

（2）黏度计要保持垂直状态。

(3)在抽干溶液时,不得把溶液带入乳胶管内,否则要重做。

(4)不要将吸耳球内的杂物落在黏度计内,以免毛细管堵塞。

(5)三管黏度计易折,一般只拿较粗的A管。若三管一把抓,一不小心稍用劲,便会将其折断。在B管或C管上接乳胶管时,应在管的外圈加少许水作润滑剂。此外,两手要近距离操作,作用力要在一直线上。

实验完毕,倒出黏度计内的蒸馏水,去掉B管和C管上的乳胶管,将仪器试剂还原。拔掉恒温装置的电源插头,但不能关继电器上的开关。

六、数据处理

(1)将每次所测的浓度 c、相对应的流出时间 t 以及不同浓度溶液的 η,η_γ,η_{sp},$\frac{\eta_{sp}}{c}$,$\frac{\ln\eta_\gamma}{c}$等数据列表表示。

数据记录和数据处理参考表格

实验温度________℃　　　　大气压________ mmHg

被测溶液		流出时间 t/s				η_γ	$\ln\eta_\gamma$	η_{sp}	η_{sp}/c	$\ln\eta_\gamma/c$
		1次	2次	3次	平均					
溶剂					$t_0=$	$\eta_0=$				
溶液	$c_1=\frac{10}{12}c_0^*$									
	$c_2=\frac{2}{3}c_0$									
	$c_3=\frac{1}{2}c_0$									
	$c_4=\frac{2}{5}c_0$									

* c_0为5g/L。

(2)作$\frac{\eta_{sp}}{c}$-c 图和$\frac{\ln\eta_\gamma}{c}$-c 图,并外推至 $c\to0$,求出[η]。

(3)由$[\eta]=KM^\alpha$ 式及实验条件下的温度和溶剂的 K 和 α 值,求出聚乙烯醇的分子量 M。

七、思　考　题

1. 乌氏黏度计有何优点？本实验能否采用U形黏度计(即减去C管)？
2. 黏度计的毛细管的粗细对实验结果有何影响？
3. 试推导 $\lim\limits_{c\to 0}\dfrac{\eta_{sp}}{c}=\lim\limits_{c\to 0}\dfrac{\ln\eta_{\gamma}}{c}$。
4. 若要求 η_{γ} 测定精确度达到0.2%,则恒温槽的温度需恒定在什么范围？试用水的黏度的温度系数解释之。
5. 若把溶液带到了乳胶管内,对结果有何影响？
6. 测量蒸馏水的流出时间时,加入蒸馏水的量是否要准确测量？

八、讨　　论

在数据处理时会遇到一些反常现象,如图2-40所示。

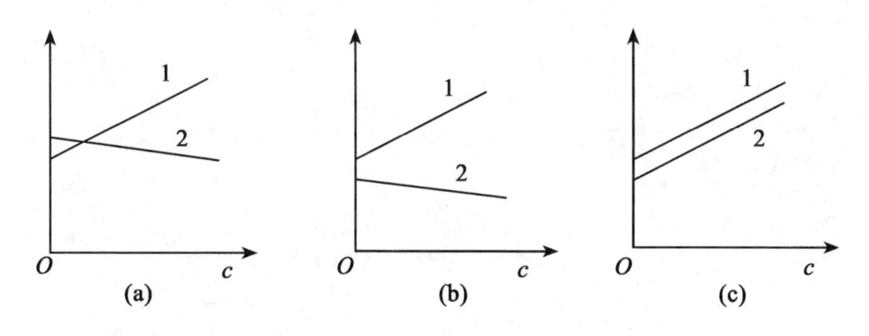

图2-40　黏度测量中的异常现象

(2-77)式中 K' 和 η_{sp}/c 的值与大分子化合物的结构和其在溶液中的形态有关。而(2-78)式基本上是数学运算式,含义不太明确。因此遇到上述情况,应以(2-77)式的 $\dfrac{\eta_{sp}}{c}$-c 关系为基准求大分子化合物的分子量。

九、实 验 设 计

1. 用黏度法测量聚苯乙烯的相对分子量

提示:基本原理同上,选择甲苯作溶剂,25℃时,$K=3.70\times10^{-5}\ \mathrm{m^3\cdot kg^{-1}}$,

$\alpha=0.62$。

2. 用黏度法测量聚丙烯酰胺的相对分子量

提示：因为大分子电解质在水中电离，链段间带相同电荷而有斥力，它在溶液中呈舒展状态，溶液的黏度特别大，称为电黏效应。加中性盐可使大分子卷曲，从而消除电黏效应。因此实验是在1mol/L的$NaNO_3$水溶液中进行的。30℃时$K=3.37\times10^{-5}m^3\cdot kg^{-1}$，$\alpha=0.66$。

十、参考文献

[1]南开大学化学系物理化学教研室编. 物理化学实验[M]. 天津：南开大学出版社，1991：383-392

[2]孙尔康，徐维清，邱金恒编. 物理化学实验[M]. 南京：南京大学出版社，1997

实验 17　固体比表面积的测定
——色谱法

一、目的和要求

(1)测定多孔物(或粉末态物)比表面积。

(2)掌握比表面积测定仪的使用方法。

二、原　　理

固体表面具有较高的过剩自由能,因此,当气体分子碰到固体表面时,会产生吸附作用。按吸附分子与固体表面分子间的作用力的不同,吸附可分为物理吸附与化学吸附,前者是范德华力起作用,而后者为化学键力起作用。显然化学吸附大都是单分子层的,而物理吸附多数是多分子层的。根据多分子层吸附理论,即 BET 吸附等温式,当吸附达到平衡时,有以下关系式:

$$\frac{p/p_s}{V(1-p/p_s)}=\frac{1}{V_m C}+\frac{C-1}{V_m C}\cdot\frac{p}{p_s} \tag{2-84}$$

式中,p 为吸附平衡压力;p_s 为吸附平衡温度下吸附质(即被吸物)的饱和蒸气压;p/p_s 称为相对压力;V 为在 p/p_s 时的吸附量被换算成标准状况下的气体的体积;V_m 为吸附质在吸附剂表面上形成单分子层时的吸附量,也换算成标准状况下的气体的体积;C 为与吸附热有关的常数。所以 BET 公式又称为二常数公式,二常数是指 V_m 与 C。

由实验测出不同相对压力 p/p_s 下对应的吸附量 V 值,以 $(p/p_s)/[V(1-p/p_s)]$ 为纵坐标,以 p/p_s 为横坐标作图,可得到一直线,由其斜率与截距可求出 V_m:

$$V_m = 1/(斜率+截距) \tag{2-85}$$

若已知表面上每个被吸附分子的截面积,则可计算吸附剂的比表面积 S:

$$S = \frac{V_m N_A \sigma}{22\ 400W} (m^2 \cdot g^{-1}) \tag{2-86}$$

式中,N_A 为阿伏伽德罗常数;W 为吸附剂质量,g;σ 为一个吸附质分子的截面积,N_2 分子的 σ 为 $16.2 \times 10^{-20} m^2$。

比表面积的测定对评选催化剂或吸附剂都是很重要的。

值得注意的是,公式仅在相对压力 p/p_s 为 0.05 ~ 0.35 范围内适用。更高的相对压力则可能发生毛细管凝结。

测定比表面积的方法有多种。色谱法是 Nelsen 和 Eggersen 1958 年首先提出的。由于该方法不需要复杂的真空系统,不接触汞,且操作和数据处理也较简单,因而得到广泛应用。

色谱法仍以氮为吸附质,以氦气或氢气作载气。氮气和载气按一定比例在混合器中混合,使之达到指定的相对压力,混合后气体通过热导池的参考臂,然后通过吸附剂(即样品管),再到热导池的测量臂,最后经过流量计,再放空(见图2-41)。当样品管置于液氮杯中时(约-195℃),样品对混合气中氮气产生物理吸附,而载气不被吸附,这时,记录纸上出现一个吸附峰(见图 2-42);当把液氮杯移去,样品管又回到室温环境,被吸的氮脱附出来,在记录上出现与吸附峰方向相反的脱附峰。最后在混合气中注入已知体积的纯氮,可得到一个标样峰(又称校准峰)。根据标样峰和脱附峰的面积可计算出相对压力下样品对氮的吸附量。

三、仪器和试剂

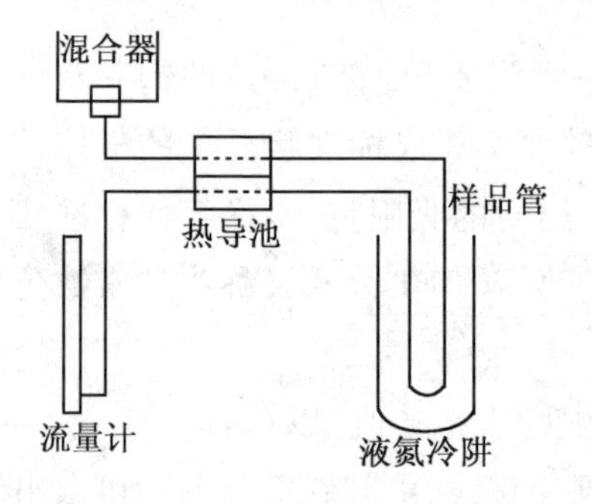

图 2-41　流动吸附色谱法示意图

BC-1 型比表面积测定仪 1 台;

气压计 1 个;

氧蒸气温度计 1 支;

氮气钢瓶;

氢气钢瓶(或氦气钢瓶);

液氮;

活性炭。

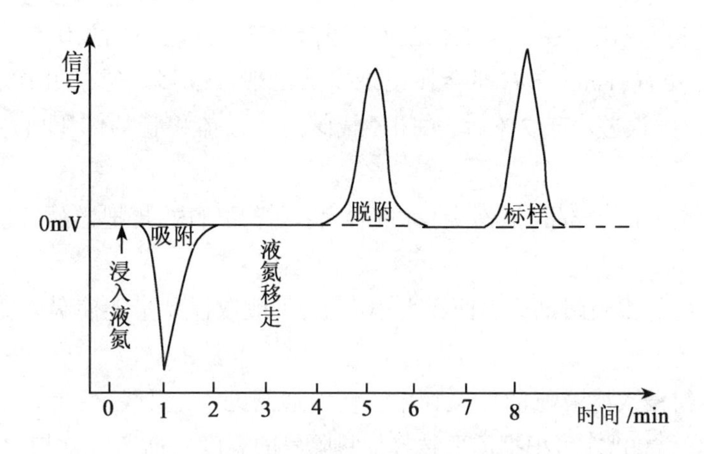

图 2-42　氮的吸附、脱附和标样峰

四、实 验 步 骤

(1)了解气路装置流程(见图 2-43)。将载气(He 或 H_2)流速调整到约 $40mL \cdot min^{-1}$,N_2 为 $5 \sim 10mL \cdot min^{-1}$。

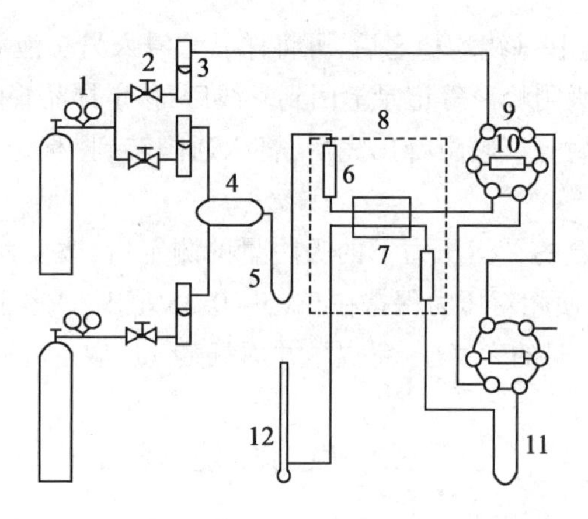

图 2-43　色谱法测比表面积流程图

(2)仪器在通气情况下接通电源,电压表为 20V,电流表为 100mA。开动记录仪,调整记录调零旋钮,观察基线是否稳定。

(3)将衰减比放在1/4处,先使六通阀处于“测试”位置,0.5~1min后旋至“标定”位置,1min左右即会在记录仪上出现校准峰。重复几次,观察校准峰的重现性,误差小于2%后,关闭氮气阀门。按体积管的体积出厂标定数值计算。

(4)将烘干的样品(活性炭)称量后,装入样品管内,再把样品管接到气路系统中。

样品的量视吸附剂比表面积大小而定,一般取样品量能使吸附氮气的量在5左右为宜。

将冷阱浸入盛液氮的保温杯中。使六通阀处于“测试”位置。用小电炉将样品加热至200℃(可根据需要选择加热除气的温度),通载气吹扫30min后,停止加热,冷至室温。

(5)用皂膜流速计准确测定载气流速,流速控制在40mL·min^{-1},并在测定过程中保持不变。

(6)调节氮气流速约3mL·min^{-1},与载气混合均匀后,用皂膜流速计准确测定混合气总流速R_T,从而可以求出N_2的分流速和N_2的分压:

$$R_{N_2}=R_T-R_{H_2} \tag{2-87}$$

$$p_{N_2}=p_B \cdot R_{N_2}/R_T(p_B \text{ 为大气压}) \tag{2-88}$$

(7)气体流速和基线均稳定后,可将样品管浸入另一液氮保温杯中,不久会在记录纸上出现吸附峰。等记录笔回到基线后,移走样品管的液氮保温杯,记录纸上出现反向脱附峰。脱附峰出完后,将六通阀转到“标定”位置,记录纸上记下校准峰。

完成了一个氮的平衡压力下的吸附量的测定后,改变氮的流速(每次约增加3mL·min^{-1}),使相对压力保持在0.05~0.35范围,重复测3次。

(8)记录实验时的大气压、室温。并用氧蒸气压温度计测定液氮的温度。

五、数据处理

(1)将实验数据列表表示。

如果色谱峰是对称的,可用峰高乘半峰宽计算峰面积,还可用数字积分仪或剪纸称重法求峰面积。

室温:______℃　气压:______ mmHg　样品量:______ mL　液氮温度:______℃

载气流速 / $mL \cdot min^{-1}$	N_2 流速 / $mL \cdot min^{-1}$	N_2 分压 / Pa	脱附峰 A/cm^2	校准峰 A/cm^2	吸附量 $A_f/A_样$	p/p_s	$\frac{p/p_s}{V(1-p/p_s)}$

(2)以$\frac{p/p_s}{V(1-p/p_s)}$为纵坐标,p/p_s 为横坐标作图。由直线的斜率和截距求 V_m,然后进一步求吸附剂比表面积。

六、思 考 题

1. 用冷阱净化气体时,能除去什么杂质?

2. 本实验是否需要测"死体积"?

3. 实验步骤 4 中,"样品加热至 200℃,通载气吹 30min",起什么作用?这相当于静态法的哪一步?

4. 实验中,p/p_s 为何要控制在 0.05 ~0.35 范围内?

七、实 验 设 计

改变固体吸附剂或改变气体吸附质,再进行测定,并将实验结果相互比较。

提示:验证一个实验数据的可靠性,一是采用某种方法多次实验,观察其重现性;二是采用不同实验方法,从不同角度加以验证。

八、参 考 文 献

[1]罗澄源,等编. 物理化学实验[M]. 北京:高等教育出版社,1979:237-241

[2]复旦大学,等编. 物理化学实验[M]. 北京:人民教育出版社,1979:165-168

实验18　沉 降 分 析

一、目的和要求

(1)用沉降分析法测定碳酸钙粉末的粒子大小的分布。

(2)学会使用扭力天平。

(3)掌握用沉降曲线求粒子分布曲线的数据处理方法。

二、原　　理

利用物质在密度较小介质中的沉降速度来测定分散体系中粒子的分布情况,称为沉降分析法。它是颜料工业,硅酸盐工业,搪瓷、陶瓷工业中衡量原料和产品质量的重要方法。

设粒子是球形的,则重力为

$$F_1 = \frac{4}{3}\pi r^3(\rho - \rho_0)g \tag{2-89}$$

式中,r 为粒子的半径,m;ρ 和 ρ_0 分别为介质和粒子的密度,$kg \cdot m^{-3}$;g 为重力加速度,$m \cdot s^{-2}$。

粒子下沉时还同时受到摩擦阻力的作用,根据斯托克斯(Stokes)定律,摩擦阻力为

$$F_2 = 6\pi\eta ru \tag{2-90}$$

式中,η 为介质黏度,$Pa \cdot s$;u 为粒子下沉速度,$m \cdot s^{-1}$。当重力和摩擦力达到平衡时,粒子匀速下沉,这时有

$$6\pi\eta ru = \frac{3}{4}\pi r^3(\rho - \rho_0)g$$

则

$$r=\frac{3}{\sqrt{2}}\sqrt{\frac{\eta u}{(\rho-\rho_0)g}}=K\sqrt{u} \tag{2-91}$$

由上式可见，当介质黏度、密度及粒子的密度为已知时，测得粒子的沉降速度以后，就可计算出相应的粒子半径。

分散体系的粒子大小往往是不均匀的，为了得到分散体系的全部特征，常需测定大小不同的粒子的相对含量，作出它们的分布曲线，这种分布曲线可由沉降曲线的图解处理求得（见图 2-44）。

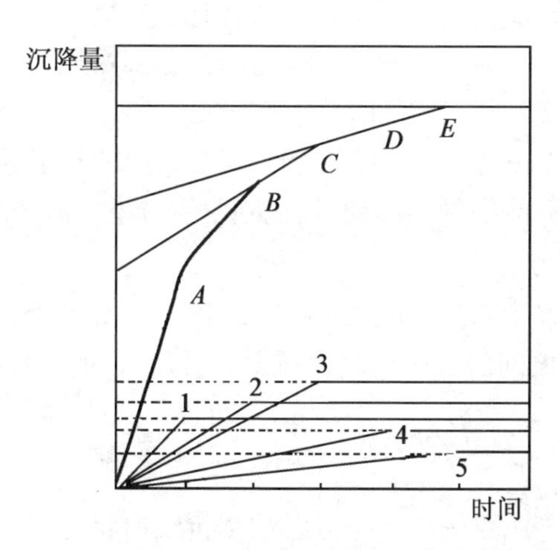

图 2-44　沉降分析原理图

沉降曲线以函数 $G=f(t)$ 表示，式中 G 是从实验开始经过时间 t 后所沉淀的质量，或者是与此量成正比的其他物理量。

如果用扭力天平测出在时间 t 内从介质沉降到平盘上的粒子质量 G，以 G 对 t 作图即可得到沉降曲线。

设有五种不同大小的粒子，每种粒子单独沉降所得的曲线如图 2-44 中的曲线 1～5 所示。

以曲线 3 为例，在到达时间 t_3 之前，粒子将均匀沉降，到达 t_3 时则所有粒子均沉降完毕，扭力天平平盘上质量保持 G_3 不变。t_3 是使所有在 h 高度内的粒子都完全沉降所需的时间，由此即可算出此种粒子的沉降速度：

$$u_3=h/t_3 \tag{2-92}$$

将 u_3 代入(2-91)式即可求得此种粒子的半径 r_3。

当 $t<t_3$ 时，沉降曲线方程式是

$$G=m_3t$$

式中,m_3 是直线的斜率。

当 $t>t_3$ 时,沉降曲线方程式是

$$G = G_3$$

如果样品中同时存在五种粒子,则变为图中上面一条沉降曲线,在任何时间,曲线上的某一个点的沉降量,就相当于同时间内五条曲线上相应点的沉降量之和。以线段 BC 为例,此线段上的任一点的沉降量是

$$G = (m_3 + m_4 + m_5)t + G_1 + G_2 \tag{2-93}$$

线段 BC 与 t_2 和 t_3 间的沉降曲线相切,由(2-93)式的直线方程可知,其延长线与纵轴的交点即为 G_1+G_2,这就是在时间 t_2 时已完成沉降的粒子量,线段 CD 的延长线与纵轴的交点代表 $G_1+G_2+G_3$。

这两个交点之差就等于 G_3,即相当于半径为 r_3 的粒子量。

实际上粒子的分散度是很高的,其沉降曲线应是平滑的曲线,由上述分析很容易推广到这种情况。

为了作出粒子大小的分布曲线(见图 2-45),需要求得分布函数 $f(r)$,用来表明半径 r 到 $r+\mathrm{d}r$ 之间的粒子质量占粒子总质量 G_∞ 的分数。

$$f(r) = \frac{1}{G_\infty} \cdot \frac{\mathrm{d}G}{\mathrm{d}r} = \frac{1}{G_\infty} \lim_{\Delta r \to 0} \frac{\Delta G}{\Delta r} \tag{2-94}$$

以 $\frac{\Delta G_i}{G_\infty \Delta r_i}$ 对平均半径 $\bar{r} = \frac{r_i + r_{i+1}}{2}$ 作图,根据折线形状可作出一条光滑的分布曲线,这就是 $f(r)$ 的近似图形,所取点愈多,近似程度愈高。

G_∞ 是沉降完毕平盘上粒子的总质量。但由于细小粒子沉降很慢,需很长时间才能沉降完,故通常用作图外推法求 G_∞。

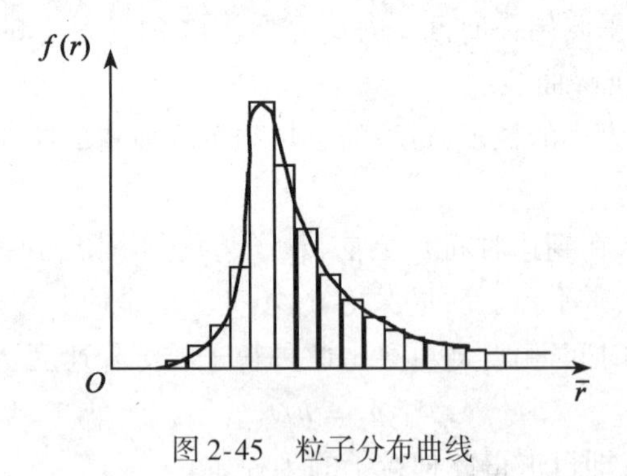

图 2-45 粒子分布曲线

对沉降分析最大的干扰是液体的对流(包括机械的和热的原因引起的)和

粒子的聚结,保持体系温度恒定可以减少热对流,添加适当的分散剂(多为表面活性剂物质)可防止粒子聚结,分散剂的类型和量必须经过试验确定,添加量一般不宜超过0.1%,以免影响体系的性质。用于沉降分析的液体介质不应与粒子反应或使粒子溶解,其黏度和密度应与粒子密度结合起来考虑,使之有一定的沉降速度。

在重力场中,沉降分析只适于颗粒大小在0.1~50μm的范围。当粒子粒径小于0.1μm时需在离心场中进行;当粒径大于50μm时可用分样筛分开。分散相浓度不宜大于1%,以保证粒子自由沉降。实际粒子往往并非球形,故测得的只能称为粒子的相当半径。

三、仪器和试剂

JN-A-500型扭力天平(0~500mg)1台;

玻璃沉降筒(约ϕ55mm);

秒表1只;

小平盘(约ϕ35mm);

玻璃棒搅拌器(下端弯成环状);

500mL,10mL量筒各1个;500mL烧杯1只;

表面皿、牛角匙各1个;

电子天平,直尺,温度计,洗瓶各1个(公用);

碳酸钙粉末试剂;

5%焦磷酸钠溶液。

四、实验步骤

(1)了解扭力天平的构造及使用方法。

扭力天平构造如图2-46所示。调节天平底座的可调螺丝使其处于水平状态。

调节好相对零点后(本实验是在介质水的环境中调节相对零点,以扣除介质浮力的影响,将试样加到平盘8上,打开开关1(顺时针方向为开),调整读数指针转盘3,使平衡指针5与零线重合,指针4的读数即为平盘8上所称物质的质量。(此段仅是方法介绍,无需具体操作)

注意:在使用过程中要轻轻地缓慢地转动转盘3,不要用力过猛或速度太快,同时观察平衡指针5摆动的方向,以决定转盘3转动的方向。不允许强行将读数指针由500mg经过平衡窗口5转到0,或由0经过平衡窗口转到500mg。

天平出现故障,应立即报告老师。

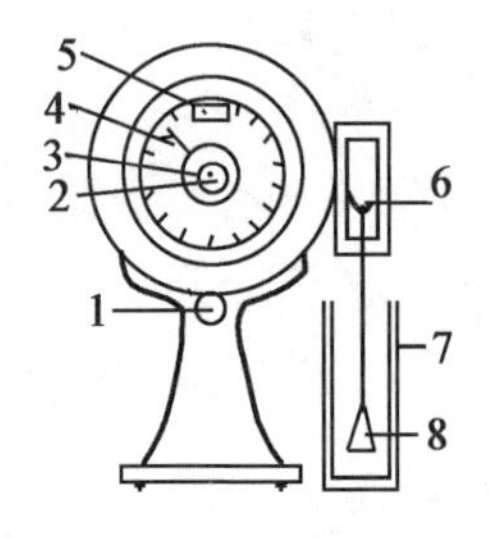

图2-46 扭力天平

(2)调节相对零点,并测出平盘至水面的高度 h。

将煮沸并冷却至室温的蒸馏水装入沉降筒直至液面离筒口约10mm处,再加入6mL5%的 $Na_4P_2O_7$ 水溶液,将平盘挂在天平臂挂钩6上,且悬于沉淀筒的正中,调节平盘高度至距筒底约30mm。打开开关1,转动转盘3,使读数指针指零,观察平衡指针是否与零线重合。若不重合,则打开转动转盘3上的调零盖2,用螺丝刀转动调零螺丝,使平衡指针与零线重合。此为平盘在介质中的相对零点。合上调零盖,实验过程中不得再变动。然后测出平衡时平盘8至水面的高度 h,关上天平(逆时钟转动开关1),取出平盘,并测出水温 T。

(3)在电子天平上称取约3g碳酸钙粉末,置于表面皿中,用牛角匙从沉淀筒中取少量已加有分散剂的水,加到 $CaCO_3$ 粉末中,并用牛角匙轻轻地推碾 $CaCO_3$ 样品,使团聚的样品分开,但不要用力过大,以免破坏颗粒结构。然后将样品全部转入沉降筒中。

(4)用下端绕成圆圈状的玻璃棒搅拌器上下抽提 $CaCO_3$ 粉末混合液15~20min,以形成分散均匀的悬浮液。然后迅速将沉降筒放在天平原位,将平盘浸入筒内并挂到挂钩上。当平盘浸入液体 $1/2h$ 深度时,开动秒表,开始计时。

(5)测 $G \sim t$ 值。不断转动转盘3,使平衡指针处于零线,初期,每0.5min记录一次天平读数,随沉降速度变慢,可每隔1min(2,3,或4min)记录一次读数,直至隔5min读数增加不到1mg为止。也可用每增加5mg读数记录1次时间的方法来记录数据。

实验时注意平盘处于沉降筒正中,盘底不能有气泡。

(6)实验完毕,关好天平,取出平盘,倒掉沉降筒中的悬浊液,并洗净平盘和沉降筒,将所用仪器还原。

实验中应记录的数据有:

①实验时介质(水)的温度 T,并查出对应的黏度 η_0 和密度。

②平盘至沉降筒液面的高度 h。

③查出固体 $CaCO_3$ 的密度 $\rho_{CaCO_3(s)} = 2.93g/cm^3$。

④时间 t 对应的沉降量 G。

五、数据处理

(1)以沉降时间 t 为横坐标,沉降量 G 为纵坐标,作出光滑的沉降曲线。沉降量的极限值 G_∞ 可用作图外推法求得,即在沉降曲线左端作 $G\text{-}\frac{A}{t}$ 图(A 是任意常数,例如令 $A=1\ 000$),由 t 值较大的 3 ~5 个点作直线外推与纵轴相交处,即为 G_∞。

(2)在沉降曲线上过适当的点作切线交于纵轴,求得各 ΔG_i,同时求得各点的沉降速度 u_i 和粒子半径 r_i。切线数不得少于 10 条。

(3)以 $r_{平均}$ 对 $\frac{\Delta G_i}{G_\infty \Delta r_i}$ 作图,绘出粒子分布曲线。

(4)从粒子分布图上读取粒子的分布范围。

G-t　记录和数据处理表

时间 t/s												
沉降量 G/mg												
时间 t/s												
沉降量 G/mg												

时间 t/s	沉降速度 u_i/(m/s)	粒子半径 r/m	$r_{平均}=(r_i+r_{i+1})/2$	$\Delta r_i=r_i-r_{i+1}$	ΔG_i	$f(r)=\Delta G_i/G_\infty \Delta r_i$

六、思考题

1. 如果粒子不是球形的,测得粒子半径有何意义?

2. 试液中加焦磷酸钠起何作用?

3. 粒子含量太多,粒子半径太小或太大,对测定有何影响?

七、参考文献

[1][苏]N C 拉甫罗夫主编. 胶体化学实验[M]. 赵振国译. 北京:高等教育出版社,1992:150-156

[2]清华大学化学系物理化学实验编写组. 物理化学实验[M]. 北京:清华大学出版社,1991:299-311

[3]复旦大学,等编. 物理化学实验(上)[M]. 北京:人民教育出版社,1979:198-203

实验 19 摩尔折射度的测定

一、目的和要求

(1)了解分子偶极矩及其形成原因。

(2)了解分子极化率与摩尔折射度的关系。

(3)掌握利用摩尔折射度确定分子结构的方法。

二、原 理

分子偶极矩是对分子中电荷分布情况的量度。对于中性分子,由于分子中正、负电荷的数量相等,整个分子表现出电中性。当分子中正、负电荷中心不重叠时,就会使分子中局部带正电,局部带负电,此时分子具有偶极矩。这种偶极矩是分子的固有属性,与外界环境无关,通常称为永久偶极矩。而分子在外加电场的作用下所产生的分子的诱导极化,称为诱导偶极矩。它一般包括两个部分:一是电子极化,由电子与核的相对位移所引起的;二是原子极化,由原子核间产生相对位移,即键长和键角的改变所引起。

诱导偶极矩($\mu_{诱}$)可表示为

$$\mu_{诱} = \alpha E \tag{2-95}$$

式中,E 为外加电场强度;α 称为分子的极化率,$J^{-1} \cdot C^2 \cdot m^2$。极化率 α 与摩尔折射度 R 成正比。所以通常用摩尔折射度来反映分子极化率的大小。在分子极化率中,电子极化占绝大多数,而原子极化所占比例很小,常常忽略不计。

极化率 α 与摩尔折射度 R 的关系可表示为

$$R = N_A\alpha / 3\varepsilon_0 \tag{2-96}$$

式中,N_A 为阿伏伽德罗(Avogadro)常数;ε_0 为真空介电常数。摩尔折射度 R 又可表示为

$$R=(n^2-1)M/(n^2+2)d \tag{2-97}$$

式中,M 为分子量;d 为物质密度;n 为物质的折光率。

摩尔折射度具有加和性,即某分子的摩尔折射度等于该分子中各化学键的折射度之和。例如,$CHCl_3$ 中包括一个 C—H 键和三个 C—Cl 键,该分子的摩尔折射度即为所有键折射度之和,即 $R=1.676+3\times6.51=21.21\text{cm}^3\cdot\text{mol}^{-1}$。利用此计算值与实验测量结果进行比较,从而可以确定化合物的结构,还可用于鉴别化合物以及分析混合物的组成等。若干化学键的折射度 R 如表 2-2 所示。

表 2-2 **若干化学键的折射度 $R(\text{cm}^3\cdot\text{mol}^{-1})$**

键	R	键	R	键	R	键	R	键	R
C—H	1.676	C—F	1.45	C—O	1.54	C—N	1.57	N—O	2.43
C—C	1.296	C—Cl	6.51	C═O	3.32	C═N	3.75	N═O	4.00
C═C	4.17	C—Br	9.39	O—H(醇)	1.66	C≡N	4.82	N—N	1.99
C≡C	5.87	C—I	14.61	O—H(酸)	1.80	N—H	1.76	N═N	4.12
C_6H_5	25.46	C—S	4.61	C═S	11.91	S—S	8.11		

三、仪器和试剂

阿贝折光仪 1 台;

二氯甲烷(CH_2Cl_2);

氯仿($CHCl_3$);

四氯化碳(CCl_4);

乙醇(C_2H_5OH);

乙酸乙酯($CH_3COOC_2H_5$);

乙腈(CH_3CN);

N, *N*-二甲基甲酰胺($HCON(CH_3)_2$)。

四、实验操作

(1)液体密度的测定。用密度瓶法测定上述液体样品的密度。

(2)折光率的测定。用阿贝折光仪测定上述样品的折光率。

五、数据处理

(1)利用表2-2的数据,计算出上述各化合物摩尔折射度的计算值(理论值)。

(2)将各化合物所测定的密度和折光率数据代入(2-97)式,计算出摩尔折射度的实验值。

(3)将上述理论值及实验值列入表中,并计算实验值的相对误差。

六、思考题

1. 分析摩尔折射度的实验值与理论值之间产生误差的原因。
2. 如何用测定摩尔折射度的方法确定混合溶剂的组成?

实验 20　磁化率的测定

一、目的和要求

(1)掌握 Gouy 磁天平测定物质磁化率的实验原理和技术。

(2)通过对一些配合物磁化率的测定,计算中心离子的不成对电子数,并判断 d 电子的排布情况和配位场的强弱。

二、原　　理

物质在磁场中被磁化,在外磁场强度 H 的作用下,产生附加磁场 H'。该物质内部的磁感应强度 B 为

$$B = H + H' = H + 4\pi\chi H = \mu H \tag{2-98}$$

式中,χ 称为物质的体积磁化率,表明单位体积物质的磁化能力,是无量纲的物理量;μ 称为导磁率,与物质的磁化学性质有关。由于历史原因,目前磁化学在文献和手册中仍采用静电单位(CGSE),磁感应强度的单位用高斯(G),它与国际单位制中的特斯拉(T)的换算关系为

$$1\mathrm{T} = 10\ 000\mathrm{G}$$

磁场强度与磁感应强度不同,是反映外磁场性质的物理量,与物质的磁化学性质无关。习惯上采用的单位为奥斯特(Oe),它与国际单位 $\mathrm{A \cdot m^{-1}}$ 的换算关系为

$$1\mathrm{Oe} = \frac{1}{4\pi \times 10^{-3}}\mathrm{A \cdot m^{-1}}$$

由于真空的导磁率被定为 $\mu_0 = 4\pi\times10^{-7}\ \mathrm{Wb \cdot A^{-1} \cdot m^{-1}}$,而空气的导磁率 $\mu_{空} \approx \mu_0$,因而:

$$B = \mu H = 1 \times 10^{-4}\mathrm{Wb \cdot m^{-2}} = 1 \times 10^{-4}\mathrm{T} = 1\mathrm{G}$$

这就是说 1Oe 的磁场强度在空气介质中所产生的磁感应强度正好是 1G,二者单位虽然不同,但在量值上是等同的。习惯上用测磁仪器测得的“磁场强度”实际上都是指在某一介质中的磁感应强度,因而单位用高斯,测磁仪器也称为高斯计或特斯拉计。

除χ外,化学上常用单位质量磁化率χ_m和摩尔磁化率χ_M来表示物质的磁化能力:

$$\chi_m = \frac{\chi}{\rho} \tag{2-99}$$

$$\chi_M = M\chi_m \tag{2-100}$$

式中,ρ和M分别是物质的密度和相对分子质量;χ_m的单位是$cm^3 \cdot g^{-1}$,χ_M的单位是$cm^3 \cdot mol^{-1}$。物质在外磁场作用下的磁化有三种情况:

(1)$\chi_M<0$,这类物质称为逆磁性物质。

(2)$\chi_M>0$,这类物质称为顺磁性物质。

(3)χ_M随磁场强度的增加而剧烈增加,往往伴有剩磁现象,这类物质称为铁磁性物质。

物质的磁性与组成物质的原子、离子、分子的性质有关。原子、离子、分子中电子自旋已配对的物质一般是逆磁性物质。这是由于电子的轨道运动受外磁场作用,感应出“分子电流”,从而产生与外磁场相反的附加磁场。

原子、离子、分子中具有自旋未配对电子的物质都是顺磁性物质。这些不成对电子的自旋产生了永久磁矩μ_m,它与不成对电子数n的关系为

$$\mu_m = \sqrt{n(n+2)}\mu_B \tag{2-101}$$

式中,μ_B为 Bohr 磁子,$\mu_B = \frac{eh}{4\pi mc} = 9.2740 \times 10^{-21} erg \cdot G^{-1}$;$e$,$m$为电子电荷和静止质量;$c$为光速;$h$为 planck 常数。

在没有外磁场的情况下,由于原子、分子的热运动,永久磁矩指向各个方向的机会相等,所以磁矩的统计值为零。在外磁场的作用下,这些磁矩会像小磁铁一样,使物质内部的磁场增加,因而顺磁性物质具有摩尔顺磁化率χ_μ。另一方面,顺磁性物质内部同样有电子轨道运动,因而也有摩尔逆磁化率χ_0,故摩尔磁化率χ_M是χ_μ与χ_0两者之和:

$$\chi_M = \chi_\mu + \chi_0 \tag{2-102}$$

由于$\chi \gg \mu |\chi_0|$,所以顺磁性物质的$\chi_M>0$,且可近似认为$\chi_M \approx \chi_\mu$。

摩尔顺磁化率χ_μ与分子的永久磁矩μ_m有如下的关系:

$$\chi_\mu = \frac{N_A \mu_m^2}{3KT} \tag{2-103}$$

式中,N_A 为 Avogadro 常数;K 为 Boltzmann 常数;T 为绝对温度,K。通过实验可以测定物质的 χ_M,代入(2-103)式求得 μ_m,再根据(2-101)式求得不成对的电子数 n,这对于研究配位化合物中心离子的电子结构是很有意义的。

根据配位场理论,过渡元素离子 d 轨道与配位体分子轨道按对称性匹配原则重新组合成新的群轨道。在 ML_6 正八面体配位化合物中,M 原子处在中心位置,点群对称性 O_h,中心原子 M 的 s,p_x,p_y,p_z,d_{x2-y2},d_{z2}轨道与和它对称性匹配的配位体 L 的 σ 轨道组合成成键轨道 a_{1g},t_{1u},e_g。M 的 d_{xy},d_{yz},d_{xz}轨道的极大值方向正好和 L 的 σ 轨道错开,基本上不受影响,是非键轨道 t_{2g}。因 L 电负性值较高而能级低,配位体电子进入成键轨道,相当于配键。M 的电子安排在三个非键轨道 t_{2g}和两个反键轨道 e_g^* 上,低的 t_{2g}和高的 e_g^* 之间能级间隔称为分裂能 Δ,这时 d 电子的排布需要考虑电子成对能 P 和轨道分裂能 Δ 的相对大小。

对强场配位体,如 CN^-和 NO_2^-,$P<\Delta$,电子将尽可能地占据能量较低的 t_{2g}轨道,形成强场低自旋型配位化合物(LS)。

对弱场配位体,如 H_2O、卤素离子,分裂能较小,$P>\Delta$,电子将尽可能地分占五个轨道,形成弱场高自旋型配位化合物(HS)。

Fe^{2+}的外层电子组态为 $3d^6$,与 6 个 CN^-形成低自旋型配位离子 $Fe(CN)^{4-}$,电子组态为 $t_{2g}^6 e_g^{*0}$,表现为逆磁性。当与 6 个 H_2O 形成高自旋型配位离子 $Fe(H_2O)_6^{2+}$时,电子组态为$t_{2g}^4 e_g^{*2}$,表现为顺磁性。

通常采用 Gouy 磁天平法测定物质的 χ_M,本实验采用的是 MT-1 型永磁天平,其实验装置如图 2-47 所示。

将装有样品的平底玻璃管悬挂在天平的一端,样品的底部处于永磁铁两极中心,此处磁场强度最强。样品的另一端应处在磁场强度可忽略不计的位置,此时样品管处于一个不均匀的磁场中,沿样品管轴心方向 S,存在一个磁场强度梯度 dH/dS。若忽略空气的磁化率,则作用于样品管上的力 f 为

$$f=\int_0^H \chi\mu_0 AH \cdot \frac{dH}{dS} \cdot dS=\frac{1}{2}\chi\mu_0 H^2 A \tag{2-104}$$

式中,A 为样品的截面积。

设空样品管在不加磁场与加磁场时称量分别为 $W_{空}$ 与 $W'_{空}$,样品管装样品后在不加磁场和加磁场时称量分别为 $W_{样}$ 与 $W'_{样}$(以克为单位)。

则

$$\Delta W_{空}=W'_{空}-W_{空}$$

$$\Delta W_{样}=W'_{样}-W_{样}$$

因

$$f=(\Delta W_{样}-\Delta W_{空})g=\frac{1}{2}\chi\mu_0 H^2 A$$

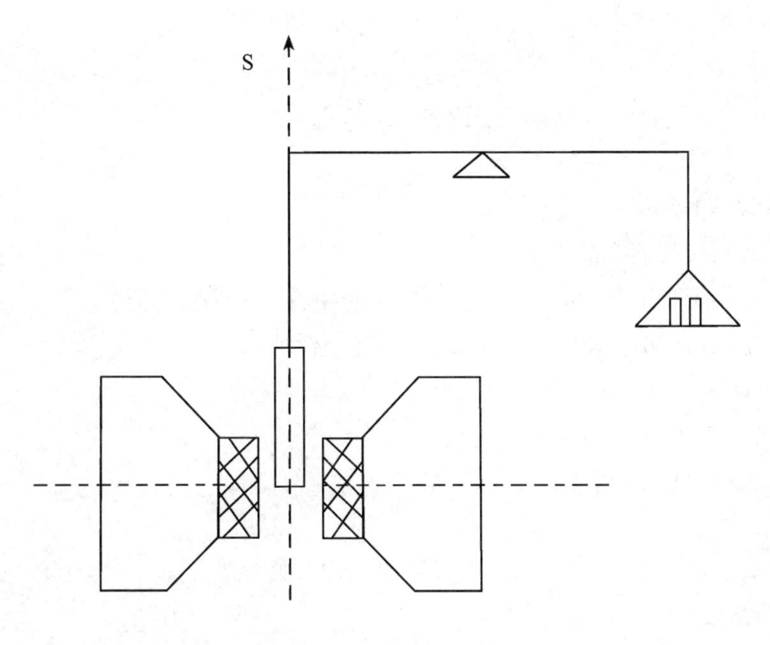

图 2-47　Gouy 磁天平示意图

故
$$\chi=\frac{2(\Delta W_{样}-\Delta W_{空})g}{\mu_0 H^2 A} \tag{2-105}$$

因为
$$\chi_M = M\chi/\rho, \rho = W/(hA)$$

所以
$$\chi_M = \frac{2(\Delta W_{样} - \Delta W_{空})ghM}{\mu_0 WH^2} \tag{2-106}$$

式中,h 为样品的实际高度,cm;W 为样品的质量($W=W_{样}-W_{空}$),g;M 为样品相对分子质量;g 为重力加速度,981cm · s^{-2};H 为磁场两极中心处的磁场强度,G,可用高斯计直接测量,也可用已知质量磁化率的标准样品间接标定。

本实验所用磁天平中的磁场可由电磁铁或永久磁铁产生。电磁铁通过调节励磁电流来改变磁场强度,调节范围大,可直接读取磁场强度 H。永久磁铁采用 Sm-Co 合金磁体,可通过改变磁极间距来调节磁场强度,一般将磁极间距调到 25mm 较为合适,此时 H 为 1 500 ~ 1 900G,准确的磁场强度应用摩尔氏盐进行标定。以后每次测量样品时,不得变动两磁极间的距离,否则要重新标定。摩尔氏盐的质量磁化率为$\chi_m=\frac{9\,500}{T+1}\times10^{-6}cm^3\cdot g^{-1}$($T$为绝对温度)。

三、仪器与试剂

磁天平1台;

平底软质玻璃样品管1支;

装样品工具1套(包括研钵、角匙、小漏斗、竹针、脱脂棉等);

摩尔氏盐$(NH_4)_2SO_4\cdot FeSO_4\cdot 6H_2O$(分析纯);

$FeSO_4\cdot 7H_2O$(分析纯);

$K_4Fe(CN)_6\cdot 3H_2O$(分析纯);

$K_3Fe(CN)_6$(分析纯)。

四、实验步骤

1. 实验方案一

(1)测定空样品管的质量。

打开电子天平开关,按调零按钮使天平读数为零。

取一只清洁、干燥的空样品管套在系于天平下方的橡皮塞上,在无磁场情况下称取空样品管的重量,称三次取平均值。然后装上永磁铁,通过永磁铁左右两边螺丝调节磁极左右间距,调节固定磁铁的铁架上旋钮使永磁铁上下运动。最终使样品管底部处在两磁极中心位置,磁极间距大约为2.5cm。再称取空样品管在磁场中的重量,称三次取平均值。

(2)用硫酸亚铁确定磁极间距强度。

取下样品管,将预先用研钵研细的硫酸亚铁粉末通过小漏斗装入样品管,边装边用平口玻璃棒压实,使粉末样品均匀填实,上下一致,端面平整。样品高度7cm为宜,记录用直尺准确量出的样品的高度h(精确到毫米)。在无磁场时称得样品管加样品的重量,然后加上永磁铁,调节磁铁左右两边螺丝,使磁极之间距离尽可能小,但又不使样品管吸到磁铁上为好。再称重,两种情况各称三次取平均值。

去掉磁场时,只需将永磁体从铁架上取下拿至离样品管10cm远以外即可,加磁场时再原位接上。去掉或加上磁场时,一定要用手托住永磁体磁极,避免掉下来损坏。

测定完毕,用竹针将样品松动,倒入回收瓶。然后将样品管清洗干净,用脱脂棉擦去管壁上水珠,然后用吹风机将样品管吹干备用。

(3)测定摩尔氏盐、$K_4Fe(CN)_6 \cdot 3H_2O$、$K_3Fe(CN)_6$的磁化率。

在保持磁极间距不变的情况下,使用上述同一样品管,重复上述步骤(2),测定其余样品的磁化率。

(4)记录实验温度(实验开始、结束时各记一次温度,取平均值)。清洗样品管,将研钵中样品倒入回收瓶,清理实验台面。

2. 实验方案二

(1)测定空样品管的质量。

打开电子天平开关,按调零按钮使天平读数为零。打开磁天平电源开关,待仪器稳定后,旋转电流调节旋钮,使电流读数为零。此时磁场强度也应为零,如磁场强度不为零,按"调零"按钮,使磁场强度归零。

取一只清洁、干燥的空样品管套在系于天平下方的橡皮塞上,在无磁场情况下称取空样品管的重量,称三次取平均值。然后旋转电流调节旋钮,使电流强度大约在3A左右。记录此时磁场强度,称取空样品管在磁场中的重量,称三次取平均值。

(2)测定摩尔氏盐、硫酸亚铁、$K_4Fe(CN)_6 \cdot 3H_2O$、$K_3Fe(CN)_6$的磁化率。

取下样品管,将预先用研钵研细的样品粉末通过小漏斗装入样品管,边装边用平口玻璃棒压实,使粉末样品均匀填实,上下一致,端面平整。样品高度7cm为宜,记录用直尺准确量出的样品的高度h(精确到毫米)。在无磁场时称得样品管加样品的重量,然后旋转电流调节旋钮,使电流读数尽可能大(不应超过3A),但又不使样品管吸到磁铁上为好。记录磁场强度,再称重,两种情况各称三次取平均值。

测定完毕,用竹针将样品松动,倒入回收瓶。然后将样品管清洗干净,用脱脂棉擦去管壁上水珠,然后用吹风机将样品管吹干备用。

使用上述同一样品管,重复上述步骤,测定其余样品的磁化率。

(3)清洗样品管,将研钵中样品倒入回收瓶,清理实验台面。

室温______℃

样品名称	$W_{空}$/g	$W'_{空}$/g	$W_{样}$/g	$W'_{样}$/g	ΔW/g	W/g	h/cm

五、注意事项

(1)天平称量时,必须关上磁极架外面的玻璃门,以免空气流动对称量造成影响。

(2)加上或去掉磁场时,勿改变永磁体在磁极架上的高低位置及磁极间距,使样品管处于两磁极的中心位置,磁场强度前后一致。

(3)装在样品管内的样品要均匀紧密、上下一致、端面平整、高度测量准确。

(4)实验完毕,在两磁极间以硬纸片或软木相隔,距离约5mm,合拢磁极,以保持永磁性。

六、数据处理

(1)根据摩尔氏盐的质量磁化率和实验数据,计算磁场强度。

(2)根据$FeSO_4 \cdot 7H_2O$,$K_4Fe(CN)_6 \cdot 3H_2O$,$K_3Fe(CN)_6$的实验数据,利用(2-106),(2-103),(2-101)式计算它们的χ_M,μ_m及n(若为逆磁性物质,$\mu_m=0$,$n=0$)。

(3)根据未成对电子数n,讨论这三种配位化合物中心离子的d电子结构及配位体场强弱。

七、思考题

1. 在不同磁场强度下,测得样品的ΔW和摩尔磁化率是否相同?为什么?

2. 分析影响测定χ_M的各种因素。

3. 为什么实验测得各样品的μ_m值比理论计算值稍大些?(提示:公式$\mu_m=\sqrt{n(n+2)}\cdot\mu_B$是仅考虑顺磁化率是由电子自旋运动贡献的,实际上轨道运动对某些中心离子也有少量贡献,例如Fe离子就是一例,从而使实验测得的μ_m值偏大,由(2-101)式计算得到的n值也比实际的不成对电子数稍大)

八、参考文献

[1]周公度．结构化学基础[M].2版．北京:北京大学出版社,1989:266-305

[2]谢有畅,邵美成．结构化学(上册)[M]．北京:人民教育出版社,1979:272-286

[3]何福成,朱正和．结构化学[M]．北京:人民教育出版社,1979:250-332

[4]陈天朗,李浩均．磁化率的简易测定——介绍一种简易永磁天平[J]．化学教育,1981(1):42

实验 21　钠原子光谱的测定

一、目的和要求

(1)用棱镜摄谱仪摄取钠原子在可见紫外区的发射光谱,计算钠原子几个激发态谱项能级的能量。

(2)通过实验了解棱镜摄谱仪的基本构造和摄谱、显影、定影的基本操作,认识原子光谱与原子整体运动状态的关系。

二、原　　理

光谱是物质对某些波长(或频率)的光波发生作用后,所得到的反映光的波长(或频率)分布变化的图谱。根据作用物质的不同,光谱分为分子光谱和原子光谱。对于原子光谱而言,一般又可分为吸收光谱和发射光谱。吸收光谱是以已知的光源照射基态原子蒸气,研究光源中特征谱线被试样部分吸收后所得的图谱。发射光谱则是以某种能量(光照、加热等)激发物质使其放出某些特定波长的光,将此光经棱镜或光栅分解后得到的是不连续的线状光谱,即发射光谱。本实验研究的是钠原子的发射光谱。

人们很早就知道光谱与物质的能量状态有关。原子是由原子核和电子所组成的,电子在不同的轨道围绕原子核运动,原子的能量状态主要由电子所决定。当电子在不同的轨道(能级)之间发生跃迁时,会吸收或发射出光子。原子在一般情况下不会自发放出光子,必须首先受到某种能量的激发,原子的外层电子吸收了外界能量后由能量较低的轨道跃迁到能量较高的轨道,此时原子变得不太稳定,我们称之为激发态(E_1),原子会以光子的形式释放部分能量,电子则回到一个能量较低的轨道,原子又重新变稳定了,此时为基态(E_2)。根据玻尔频率

条件,原子发射的光子的频率为

$$\nu = \frac{E_1 - E_2}{h} \tag{2-107}$$

用波数表示为

$$\tilde{\nu} = \frac{1}{\lambda} = \frac{E_1}{hc} - \frac{E_2}{hc} = \tilde{E}_1 - \tilde{E}_2 \tag{2-108}$$

式中,h 为普朗克常数;c 和 λ 分别是光的速度和波长。原子发射光谱中的每一条谱线的波数都对应于高、低两项能量的差,而每项能量又和原子的某个能态相对应,一般将$\frac{E}{hc}$或$\tilde{E}$称为光谱项。原子发射光谱实际上反映的是原子中各个电子轨道的排布情况,它是我们了解原子结构的十分重要的手段。

对于最简单的氢原子光谱,人们发现其波数可与主量子数 n 联系起来:

$$\tilde{\nu} = \frac{1}{\lambda} = \tilde{R}\left(\frac{1}{n_i^2} - \frac{1}{n_j^2}\right) \tag{2-109}$$

式中,n_i,n_j 分别代表两个不同能态的主量子数,且 $n_i > n_j$;$\tilde{R}$为里德堡常数。

而对于比氢更为复杂的原子,其谱线波数不仅与主量子数 n 有关,还与角量子数 l,磁量子数 m 等其他量子数有关。因为主量子数仅仅只与某个电子轨道能量有关,而在多电子原子中,还存在着不同轨道之间,不同电子自旋运动之间以及轨道运动与自旋运动之间的相互作用,所以,原子光谱是原子整体运动状态的反映。一般我们用原子的自旋量子数 S、角量子数 L、总量子数 J 来表示原子的光谱项,用符号表示为$^{2S+1}L_J$。

由原子光谱实验人们发现,电子在不同能级之间跃迁,并不是随意的,而必须满足一些条件,我们称之为光谱选律:

(1) 产生跃迁的两个能态的自旋相同,即 $\Delta S = 0$;

(2) 两个能态的 L 相差为 1,即 $\Delta L = \pm 1$;

(3) 两个能态的 J 相等或相差为 1,即 $\Delta J = 0$ 或 $\Delta J = \pm 1$。

例如钠原子的发射光谱。

钠原子的基态电子组态为[Ne]$3s^1$,其激发态组态分别为[Ne]ns^1(n=4,5,6,…);[Ne]np^1(n=3,4,5,…);[Ne]nd^1(n=3,4,5,…)等。根据单电子跃迁条件,可将钠原子的发射光谱划分为不同的线系:

主线系 $np \rightarrow 3s, n \geq 3$

锐线系 $ns \rightarrow 3p, n > 3$

$$\text{漫线系}\ n\text{d} \rightarrow 3\text{p}, n \geqslant 3$$

$$\text{基线系}\ n\text{f} \rightarrow 3\text{d}, n > 3 \tag{2-110}$$

钠原子光谱项的能量可用以下经验公式表示：

$$\widetilde{E}_{ns} = -\widetilde{R}\frac{1}{(n-\Delta s)^2}, n \geqslant 3$$

$$\widetilde{E}_{np} = -\widetilde{R}\frac{1}{(n-\Delta p)^2}, n > 3$$

$$\widetilde{E}_{nd} = -\widetilde{R}\frac{1}{(n-\Delta d)^2}, n \geqslant 3$$

$$\widetilde{E}_{nf} = -\widetilde{R}\frac{1}{(n-\Delta f)^2}, n > 3 \tag{2-111}$$

式中，$\widetilde{R}$为里德堡常数，对于钠原子$\widetilde{R}$等于 109 735cm^{-1}；为 $\Delta s, \Delta p, \Delta d, \Delta f$ 主量子数 n 的亏损值，它是由于电子的钻穿效应所致。

根据(2-110)式，将(2-111)式代入(2-108)式得

$$\text{主线系}\quad \widetilde{\nu} = \widetilde{E}_{np} - \widetilde{E}_{3s}, n \geqslant 3$$

$$\text{锐线系}\quad \widetilde{\nu} = \widetilde{E}_{ns} - \widetilde{E}_{3p}, n > 3$$

$$\text{漫线系}\quad \widetilde{\nu} = \widetilde{E}_{nd} - \widetilde{E}_{3p}, n \geqslant 3$$

$$\text{基线系}\quad \widetilde{\nu} = \widetilde{E}_{nf} - \widetilde{E}_{3d}, n > 3 \tag{2-112}$$

本实验所摄取的谱线系为锐线系和漫线系。

三、仪器和试剂

WPL-2 型小型摄谱仪；
简单比长仪；
标准波长汞灯管；
钠灯管；
钟表；
米吐尔；
氢醌；
无水 Na_2SO_3；

硼砂;

结晶 $Na_2S_2O_3$;

冰醋酸(30%);

硼酸;

铝钾矾。

四、实验步骤

1. 摄谱仪调试

将标准波长汞灯管插入灯座,并移至光栏前适当位置。把摄影管中照相盒取下,换上毛玻璃板,打开曝光开关,使光束通过光栏板中间的椭圆孔投射到狭缝处。将摄谱仪的"选择"开关置"电弧"处,打开电源,按下"启动"按钮,汞灯发光,在毛玻璃上观察光谱线。调试狭缝宽度和照相物镜焦距,直至看到亮而细的谱线为止。按下"停"按钮,关闭电源。

2. 装照相底片

在暗室中按摄谱照相盒的尺寸截取普通黑白胶卷一段装入照相盒中,使胶片的乳胶面对着曝光方向,将照相盒的插片叶门关紧,防止漏光。

3. 摄谱

摄标准汞谱线:摄谱仪的选择开关置"电弧"处,光栏用中间椭圆孔。使用标准波长汞灯管,打开电源,按下"启动"按钮,汞灯发光,拉开照相盒的插片叶门,曝光 1min,关闭插片叶门,按"停"按钮,关闭电源,将汞灯管取下。

摄钠谱线:其操作方法与摄标准汞谱线基本相同。光栏改用最上面椭圆孔,以钠灯管替代汞灯管,曝光 40min,关闭插片叶门,按"停"按钮,关闭电源,将照相盒取下。

4. 显影和定影

将已配制的显影液和定影液分别盛入两只烧杯中。在暗室里,从照相盒中取出已摄谱的胶片放入显影液中,显影 15min(20℃)。然后从显影液中取出胶片,放入清水中洗净显影液,再将胶片放入定影液中定影 5min 以上。取出胶片冲洗干净,晾干。

5. 测量谱线的相对位置

将晾干的摄有谱线的胶片放在简单比长仪上测量标准汞谱线和钠谱线的相对位置。底片上谱线如图 2-48 所示。在图 2-48 中,上排为标准汞谱线,下排为钠谱线。测量标准汞谱线 7 条和钠谱线 5 条,从左至右顺序测量,分别记录汞谱线和钠谱线,要求读数准确至小数点后两位。例如标准汞谱线从左至右的读数为 11.87,11.90,12.29,13.17,14.57,15.62,15.75cm,其对应波长分别为 579.1,577.0,546.1,491.6,438.8,407.8,404.7nm。

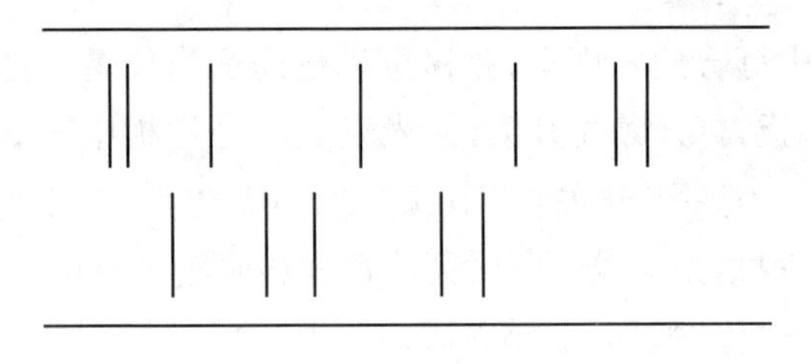

图 2-48 标准汞谱线和钠谱线

五、注意事项

(1)所有摄谱及显影、定影工作必须在暗室中进行,切勿让照明灯光、自然光照射底片。

(2)切勿碰撞、振动摄谱仪。摄谱时切勿按错按钮。

六、数据处理

(1)作工作曲线。

以标准汞谱线的波长(nm)为纵坐标,以所测量各谱线的位置(cm)为横坐标,作出平滑的工作曲线。

(2)查出钠谱线的波长值。

由所测量钠谱线的位置(cm),在工作曲线上查出相应的波长值(nm)。本实验钠谱线的归属是:

漫线系 568.5,498.1,466.7nm;

锐线系　515.1,475.0nm。

(3)计算谱项能量。

由钠谱线的波长值计算谱项的能量。谱项是$\widetilde{E}_{4d}$,$\widetilde{E}_{5d}$,$\widetilde{E}_{6d}$和$\widetilde{E}_{6s}$,$\widetilde{E}_{7s}$。根据(2-112)式得到计算公式:

$$\widetilde{E}_{nd(ns)} = \widetilde{E}_{3p} + \frac{1}{\lambda_{nd(ns)}} \tag{2-113}$$

式中,$\widetilde{E}_{3p} = -24\ 492.7\mathrm{cm}^{-1}$。

(4)画出上述各谱项能级向$\widetilde{E}_{3p}$能级跃迁的能级图。

(5)分别计算 $\Delta s,\Delta p,\Delta d$ 的值。

根据(2-110)式得到计算公式:

$$\Delta s(\Delta p,\Delta d) = n - \left[\frac{-\widetilde{R}}{\widetilde{E}_{ns(np,nd)}}\right]^{1/2} \tag{2-114}$$

七、思　考　题

1. 原子光谱是原子什么状态的反映?原因是什么?
2. $\Delta s,\Delta p,\Delta d$ 是什么值?其物理意义是什么?

八、摄谱仪的基本原理和主要组成部分

拍摄发射光谱的光谱仪称为摄谱仪,其关键性部件是将混合光分解为单色光的单色器。小型摄谱仪的光路如图2-49 所示。光源(1)所发出的光经聚光透镜(2)在入射狭缝(3)上成像,由此得到最大光强。入射光通过狭缝后照射到准直透镜(4)上。当狭缝正置于准直透镜(4)的焦点时,入射光经准直透镜后成为平行光束投射到棱镜(5)上,棱镜(5)将平行光束按不同波长分解成单色平行光,经照相物镜(6)将单色平行光聚焦,当照相胶片(7)置于照相物镜(6)的焦点上时,摄谱后在底片上得到不同波长的狭缝像,即光谱。

棱镜把平行混合光束分解成不同波长的单色平行光是根据折射光的色散原理。各向同性的透明物质的折射率与光的波长有关,其经验公式为

$$n = A + \frac{B}{\lambda^2} + \frac{C}{\lambda^4} + \cdots \tag{2-115}$$

式中,A,B,C 是与物质性质有关的常数。由(2-115)式可知,短波长光的折射率要大些,例如一束平行入射光由 λ_1,λ_2,λ_3 三色光组成,并且 $\lambda_1<\lambda_2<\lambda_3$,通过棱镜后分解成三束不同方向的光,具有不同的偏向角 δ,如图 2-50 所示。

小型摄谱仪常用阿贝(Abbe)复合棱镜。它是由两个 30°角折射棱镜和一个 45°角全反射棱镜组成,如图 2-51 所示。

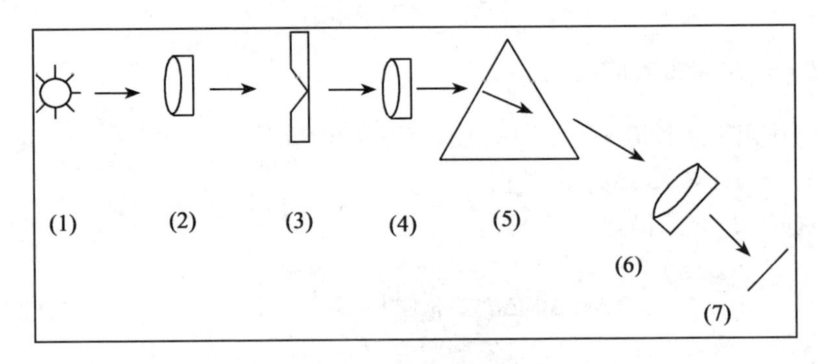

图 2-49 小型摄谱仪的光路

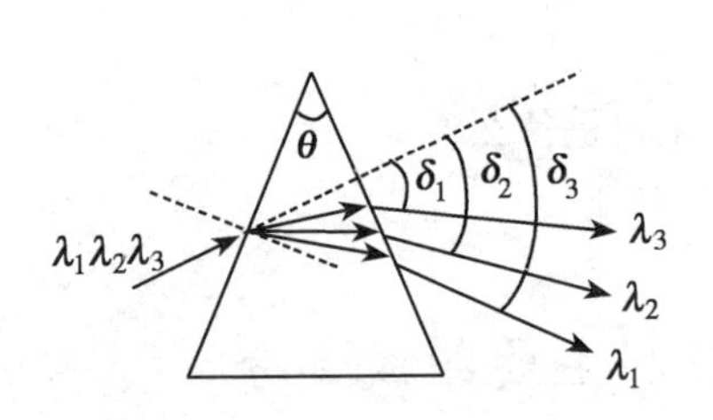

图 2-50 棱镜色散中波长 λ 与偏向角 δ 的关系

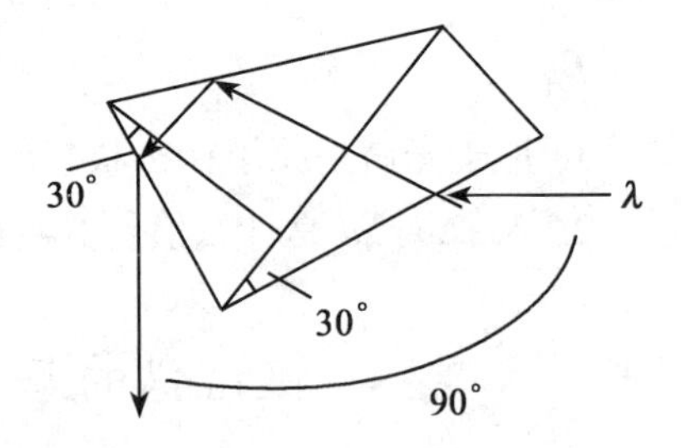

图 2-51 阿贝复合棱镜中光路

本实验中 WPL-2 小型摄谱仪的基本组成部分有:导轨、本体、灯座、聚光透镜、光栏、狭缝、准光管、棱镜旋转台、分光罩、出光管和摄影管等。

光栏用来改变谱线的高度,可以进行三种谱线的比较实验。当光栏板上三条刻度线分别与狭缝盖边相切时,表示光栏板上的三个椭圆孔分别相应移到狭缝的正前面。光栏板前还有曝光开关,打开即通过入射光线;关闭就遮蔽了入射光线。曝光开关在摄谱时可控制摄谱的时间,平时有防尘作用。在本实验中总是打开曝光开关,而用照相盒的插片叶门作为"曝光开关"。

狭缝用来限制入射光束,直接决定谱线的质量。狭缝由两片对称分合的刀片刃口组成,其分合动作由刻度手轮操作,转动刻度轮上一个分度相当于狭缝宽度改变 0.005mm，一圈为 0.25mm。狭缝是摄谱仪中最重要、最精密的机械部分，调试时应特别小心。

棱镜旋转台用来旋转棱镜。当旋转波长刻度线鼓轮时，棱镜就绕一固定轴旋转，使光谱线发生左右平移。棱镜放置在平板上，用压板将棱镜压紧，并用分光罩将棱镜盖上，放置棱镜的平板用三只调整螺钉固定在转动板上。

准光管是摄谱仪的光源入射部分，管的前端为狭缝，后端为准光镜。将狭缝调整到准光镜的焦点上，固定其位置。

出射光管是平行光线经棱镜色散后的接收和聚焦部分。照相物座螺纹连接在套筒上。通过调焦手轮使出射光管作前后移动，调焦幅度约为 30mm，可由出射光管顶部的观察孔观看调焦位置并有指针标示。出射光管的另一端有一内圆定位孔放置摄影管。

九、参考文献

[1]徐光宪,王祥云. 物质结构[M].2 版. 北京:高等教育出版社,1987:99-103

[2]周公度,段连云. 结构化学基础[M].2 版. 北京:北京大学出版社,1989:87-100

[3]复旦大学,等编. 物理化学实验(上、下册)[M]. 北京:人民教育出版社,1979:138-150,222-225

十、附录 显影液和定影液的配制

1. D-76 显影液配制

量取清水 750mL 倾入 1 000mL 烧杯中,加热至 30℃。称取无水亚硫酸钠 100g,将其中 2~5g 放入清水中。加入米吐尔(硫酸甲基对氨基苯酚)2g,氢醌(对苯二酚)5g。再加入剩余的 95~98g 无水 Na_2SO_3,最后加入硼砂 2g。搅拌,待上述物质溶完后加水至 1 000mL,移至暗色瓶中保存备用。

2. 定影液配制

量取清水 600mL 倾入 1 000mL 烧杯中,加热至 70℃。加入结晶 $Na_2S_2O_3$(大苏打)240g,无水 Na_2SO_3 15g,冰醋酸(30%)45mL,硼酸 7.5g 和铝钾矾 15g。搅拌,待上述物质溶完后加水至 1 000mL,移至暗色瓶中保存备用。

实验 22　偶极矩的测定

一、目的和要求

(1)测定乙酸乙酯的偶极矩,了解偶极矩与分子电性质的关系。

(2)掌握测定偶极矩的原理和方法。

二、原　　理

1. 偶极矩与极化度

偶极矩是表示分子中电荷分布情况的物理量,它的数值大小可以量度分子的极性。偶极矩是一个向量,规定其方向由正到负,定义为分子正负电荷中心所带的电荷量 q 与正负电荷中心之间的距离 d 的乘积:

$$\mu = q \cdot d \tag{2-116}$$

由于分子中原子间距离数量级是 10^{-8}cm,电子电量的数量级是 10^{-10} 静电单位,故分子偶极矩的单位习惯上用德拜(Debye)表示,记为 D,它与国际单位库仑·米(C·m)的关系为

$$1\text{D} = 1 \times 10^{-18}\ \text{静电单位} \cdot \text{厘米}$$
$$= 3.334 \times 10^{-30}\ \text{C} \cdot \text{m}$$

通过测定偶极矩可以了解分子结构中有关电子云的分布和分子的对称性。还可以用来判别几何异构体和分子的立体结构等。分子偶极矩通常可采用微波波谱法、分子束法、介电常数法等进行测量。

极性分子具有永久偶极矩。但由于分子的热运动,偶极矩指向各个方向的机会相同,所以偶极矩的统计值等于零。若将极性分子置于均匀的电场 E 中,则偶极矩在电场的作用下会趋向沿电场方向排列,则称为分子被极化。分子极

化的程度可用摩尔转向极化度 $P_{转向}$ 来量度。

用统计力学方法可以证明 $P_{转向}$ 与永久偶极矩 μ^2 及绝对温度之间的关系为

$$P_{转向} = \frac{4}{3}\pi N_A \frac{\overrightarrow{\mu}^2}{3KT} = \frac{4}{9}\pi N_A \frac{\overrightarrow{\mu}^2}{KT} \tag{2-117}$$

式中,K 为波尔兹曼常数;N_A 为阿伏伽德罗常数。

在外电场作用下,不论永久偶极为零或不为零的分子都会发生电子云对分子骨架的相对移动,分子骨架也会因电场分布不均衡发生变形,从而发生诱导极化或变形极化。极化程度可用摩尔诱导极化度 $P_{诱导}$ 来衡量,$P_{诱导}$ 由电子极化度 $P_{电子}$ 和原子极化度 $P_{原子}$ 组成。即

$$P_{诱导} = P_{电子} + P_{原子}$$

式中,$P_{诱导}$ 与外电场强度成正比,与温度无关。

如果外电场是交变场,极性分子的极化情况则与交变场的频率有关。当处于频率小于 $10^{10}s^{-1}$ 的低频电场或静电场中,极性分子所产生的摩尔极化度 P 是转向极化、电子极化和原子极化的总和:

$$P = P_{转向} + P_{电子} + P_{原子} \tag{2-118}$$

当频率增加到 $10^{12} \sim 10^{14}s^{-1}$ 的中频(红外频率)时,电场的交变周期小于分子偶极矩的弛豫时间,极性分子的转向运动跟不上电场的变化,即极性分子来不及沿电场方向定向,此时 $P_{转向}=0$,即摩尔极化度等于摩尔诱导极化度 $P_{诱导}$。当交变电场的频率进一步增加到大于 $10^{15}s^{-1}$ 的高频(可见和紫外频率)时,极性分子的转向运动和分子骨架变形都跟不上电场的变化,此时极性分子的摩尔极化度只等于电子极化度 $P_{电子}$。通常原子的极化度只有电子极化度的 5% ~ 15%,且 $P_{转向}$ 比 $P_{电子}$ 大得多,故常常忽略原子极化度。因此,我们只要在低频电场下测得极性分子的摩尔极化度 P,在红外频率下测得分子的摩尔诱导极化度 $P_{诱导}$,两者相减即得到极性分子的摩尔转向极化度 $P_{转向}$,然后代入(2-117)式即可求出永久偶极矩 μ 来。

2. 极化度的测定

克劳修斯、莫索蒂和德拜从电磁理论得到了摩尔极化度 P 与介电常数 ε 之间的关系式:

$$P = \frac{\varepsilon - 1}{\varepsilon + 2} \cdot \frac{M}{\rho} \tag{2-119}$$

式中,M 为被测物质的分子量;ρ 是该物质在 T(K)时的密度;ε 由实验来测定。但由于这个公式是假定分子与分子之间无相互作用而得到的,所以它只适用于

温度不太低的气体以及在无限稀释的非极性溶剂中的溶质分子。

设 W_2 为溶质的质量分数,W_2=溶质质量/溶液质量,在稀溶液中,溶液的介电常数 ε_{12} 及折射率的平方 n_{12}^2 与 W_2 有线性关系:

$$\varepsilon_{12} = \varepsilon_1 + \alpha_s W_2 \tag{2-120}$$

$$n_{12}^2 = n_1^2 + \alpha_n W_2 \tag{2-121}$$

式中,ε_1 和 n_1 分别为溶剂的介电常数和折射率。

为了省去溶液密度的测量,经 Guggenheim 和 Smith 的简化与改进,得到如下公式:

$$\mu = \sqrt{\frac{27KT}{4\pi N_A} \cdot \frac{M_2}{d_1(\varepsilon_1 + 2)^2}(\alpha_s - \alpha_n)}$$

式中,d_1 为溶剂的密度。

3. 介电常数的测定

介电常数是通过测定电容器在不同电介质中的电容量,按(2-122)式计算而得。

设 C_0 为电容器极板间处于真空时的电容量,C 为充以电介质时的电容量,则 C 与 C_0 之比值 ε 称为该电介质的介电常数:

$$\varepsilon = \frac{C}{C_0} \tag{2-122}$$

通常空气介电常数接近于1,故介电常数可近似地写为

$$\varepsilon = \frac{C}{C_{空}}$$

式中,$C_{空}$ 为电容器以空气为介质时的电容。本实验用电桥法测电容,所用仪器为数字小电容测试仪。

可将待测样品放在电容池的样品池中测量。但小电容仪测量电容时,所测之 C_x 实际上包括了样品电容 $C_{样}$ 和电容池的分布电容 C_d。即

$$C_x = C_{样} + C_d$$

故应从 C_x 中扣除 C_d。测出 C_d 的方法如下:用一已知介电常数 $\varepsilon_{标}$ 的标准物质测得电容为 $C'_{标}$,再测电容器中不放样品时的电容 $C'_{空}$,近似取 $C_0=C_{空}$,可以导出:

$$C_0 \approx C_{空} = \frac{C'_{标} - C'_{空}}{\varepsilon_{标} - 1}$$

$$C_d = C'_{空} - \frac{C'_{标} - C'_{空}}{\varepsilon_{标} - 1}$$

若测得样品的电容 C,待测样品的真实电容为

$$C_{样} = C_x - C_d$$

三、仪器和试剂

阿贝折光仪;
数字小电容测试仪和电容池;
锥形瓶(配制标准溶液);
移液管;
样品瓶;
回收瓶;
滴管;
吸耳球;
吹风机。

四、实验步骤

1. 绘制标准曲线

准确配制含乙酸乙酯的四氯化碳溶液,其质量分数为 0.01 ~0.05。

溶液/mL	5.0	5.0	5.0	5.0	5.0	5.0
乙酸乙酯/mL	0	0.1	0.2	0.3	0.4	0.5
四氯化碳/mL	5	4.9	4.8	4.7	4.6	4.5
溶液质量分数 W						
折射率 n_{12}						
n_{12}^2						

计算溶液的质量分数 W。(乙酸乙酯密度 $d^{20°} = 0.899 \sim 0.901$,四氯化碳密度 $d^{20°} = 1.592 \sim 1.598$,$d^{25°} = 1.5842$)

在阿贝折光仪上测定上述溶液的折光率 n,测定两次,每次读取两个数据,四个平行数据之间差值不超过 0.000 3。

绘制 n^2-W 标准曲线,线性拟合,写出拟合公式和相关系数,其中斜率即 α_n。

2. 测定样品的折光率

在阿贝折光仪上测定样品的折光率 n,方法同前。由标准曲线拟合公式计算样品的质量分数 W。

3. 测定样品的电容

(1)打开"数字小电容测试仪"电源开关,预热5min。"电容池"插座与电容池的"外电极"连接(不测量时,外电极一端脱开),"电容池"插座与电容池的"内电极"连接。

(2)采零。按一下"采零"键,以消除系统的零位漂移,显示器显示"00.00"。

(3)测量空气介质的电容。连接"外电极" 插座,稳定片刻,读取电容值。拔下"外电极"插座,回零,再连接"外电极" 插座,读取电容值。三次电容读数的平均值即为 $C'_{空}$。三次电容读数的值相差不超过0.05PF。

(4)测定标准物质的电容。本实验用环己烷作介电常数的标准物质,$\varepsilon_{r环}$ 与摄氏温度 t 的关系为:

$$\varepsilon_{r环} = 2.023 - 0.0016(t/℃ - 20)$$

用吹风机将电容池的样品室吹干,将环己烷加入样品室,使液面浸没内、外两电极,但不接触盖子,盖上盖子,防止挥发,连接"外电极" 插座,读取电容值。重新装样再次测量。三次读数的平均值即为 $C'_{标}$。

(5)测量样品的电容。用滴管吸尽样品室中的溶液(溶液放入对应的回收瓶),用吹风机吹干,然后再测 $C'_{空}$,与前面所测值相差不超过0.05PF。用上述方法测量样品的电容,每个样品测三次,取其平均值,即为 C'_{x}。

4. 实验结束

盖上电容池样品室的盖子,拔下外电极插座,关闭仪器(阿贝折光仪和数字小电容测试仪)电源开关,拔下电源插头。

标准溶液倒入对应的标准溶液回收瓶。收拾、清洁桌面。

五、数据处理

(1)绘制 n^2-W 标准曲线,线性拟合,写出拟合公式和相关系数,其中斜率即 α_n。

(2)由样品的折光率和标准曲线拟合公式计算样品的质量分数 W。

(3)计算电容 C_0 和 $C_{分}$。

计算室温时标准物质环已烷的介电常数 $\varepsilon_{r环}$。

$$C_0=\frac{C'_{标}-C'_{空}}{\varepsilon_{r标}-1},\ C_{分}=C'_{空}-C_0$$

(4)计算样品的介电常数 ε_r。

样品的电容 $C_x=C'_x-C_{分}$，$\varepsilon_r=C_x/C_0$。

(5)作 ε_r-W 图,线性拟合,写出拟合公式和相关系数,其中截距为 ε_{r1},斜率为 α_s。

(6)利用如下 Guggenheim 和 Smith 公式求出偶极矩：

$$\mu=\sqrt{\frac{27KT}{4\pi N_A}\cdot\frac{M_2}{d_1(\varepsilon_{r1}+2)^2}(\alpha_s-\alpha_n)}\ 静电单位\cdot厘米$$

(1×10^{-18}静电单位·厘米=1Debye)

$K=1.381\times10^{-16}\mathrm{erg}\cdot\mathrm{K}^{-1}$

$N_A=6.023\times10^{23}\mathrm{mol}^{-1}$

$d_{CCl_4}^{25°}=1.5842$

$M_2=88.11$

(乙酸乙酯偶极矩的文献值为1.78D)。

六、注意事项

测量电容时的注意事项：

(1)首先拔下“外电极”插座,再进行采零操作。

(2)测量挥发液体介质时,须盖紧盖子,以防液体挥发。

(3)换溶液时,吹干样品室。

(4)不测量时,拔下“外电极”插座。

(5)样品室盖子和垫片不要丢失(取下时放在仪器上)。

(6)盛溶液的瓶子随时盖上,防止挥发。

七、思考题

1. 实验中主要误差来源是什么？如何减少这些误差？
2. 测量折光率和电容时要注意哪些问题？
3. 属于什么点群的分子有偶极矩？

第三部分　综合性及设计性物理化学实验

实验 23　滴定热量计测定反应热及平衡常数

一、目的和要求

(1)掌握滴定热量计的基本原理和使用方法;熟悉测温电桥的使用方法。

(2)掌握反应热的测定方法;学会稀释热、混合热的校正方法。

(3)学会用滴定热量计测定反应热及反应平衡常数。

二、原　　理

1. 从滴定量热曲线解析某一点反应热

图 3-1 是一条典型的绝热式滴定量热曲线,从 x 点开始加入滴定剂,在 y 点滴定结束。滴定前和滴定后的峰高变率分别为 S_i,S_f。则滴定过程中某一点 p 的理想绝热峰高 Δ_p 可由下式计算而得

$$\Delta_p' = (\Delta_p - \Delta_x)(1 + 0.5kt) - S_i t \tag{3-1}$$

式中,Δ_p,Δ_x 分别为 p 点和 x 点的读数峰高;t 为以 x 为时间原点时,p 点对应的时刻;k 为热损常数,可表示如下:

$$k = (S_f - S_i)/(\Delta_x - \Delta_y) \tag{3-2}$$

式中,Δ_y 为 y 点的读数峰高。

这样,在由(3-1)式求得 p 点的理想绝热峰高 Δ'_p 后,不难求得 p 点的表观

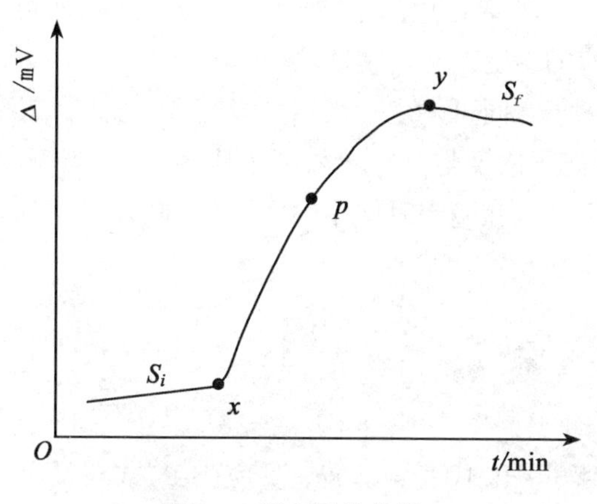

图 3-1　滴定量热曲线

热效应 Q_p：

$$Q_p = \varepsilon_p \cdot \Delta'_p \tag{3-3}$$

式中，ε_p 为 p 点的能当量，当体系浓度不大时，可近似以一线性关系表示，即：

$$\varepsilon_p = \varepsilon_x + \frac{\varepsilon_y - \varepsilon_x}{t_y} \cdot t \tag{3-4}$$

式中，ε_x，ε_y 分别为滴定前、滴定后的能当量，可通过两次电标实验求得；t_y 为 y 点的时刻，也即滴定过程的总时间。

由(3-3)式求得的表观热效应 Q_p 包括了反应热、稀释热、混合热等，也即：

$$Q_p = Q_{c,p} + Q_{T,p} + Q_{d,p} + Q'_{d,p} \tag{3-5}$$

式中，$Q_{c,p}$为化学反应引起的热效应，也即我们要从热谱曲线解析求得的目标；$Q_{T,p}$是由滴定液和被滴定液的温度差引起的混合热效应，本实验中，因恒温时间较长，此项热效应可忽略不计；$Q_{d,p}$为滴定液被稀释引起的热效应，可通过将滴定液加入空白溶剂中另行测出；$Q'_{c,p}$为被滴定液被稀释所引起的热效应，因被滴定液的体积变化很小，此项热效应可忽略不计。

于是，p 点的反应热即可求出，即：

$$Q_{c,p} = Q_p - Q_{d,p} \tag{3-6}$$

2. 平衡常数与反应焓的求解

本实验内容是测定甘氨酸与铜离子的一级配合反应热及反应平衡常数。因氨基酸与金属离子的配合反应进行得较慢，直接测定难以获得精确结果，但在酸性介质条件下，氨基酸与金属离子的配合反应可快速达到平衡。在本实验里，用强酸滴定氨基酸与金属离子生成的配合物,用数学解析法可同时获得氨基酸与金属离子配合反应的焓变及平衡常数。

氨基酸与铜离子之间可发生一级与二级配合,为抑制二级配合反应,在制取配合物时,控制铜离子浓度与氨基酸浓度之比为5∶1,当铜离子大大过量时,可以忽略二级配合反应。在滴定时体系中实际进行的反应有(这里仅考虑只有二级质子解离的氨基酸):

$$M^{2+} + L^- \rightleftharpoons ML^+ \tag{3-7}$$

$$H^+ + L^- \rightleftharpoons HL \tag{3-8}$$

$$H^+ + HL \rightleftharpoons H_2L^+ \tag{3-9}$$

式中,M^{2+}代表铜离子;HL 代表氨基酸。反应(3-8)式与反应(3-9)式的反应焓变ΔH_a,ΔH_b与平衡常数K_a,K_b均已知。反应(3-7)式的反应焓ΔH_1和平衡常数为所求参数。由物料平衡及化学平衡列出方程:

$$n_M = ([M^{2+}] + [ML^+])V \tag{3-10}$$

$$n_L = ([L^-] + [HL] + [H_2L^+] + [ML^+])V \tag{3-11}$$

$$n_H = ([H^+] + [HL] + 2[H_2L^+])V$$

$$(n_H = ([H^+]_0 + [HL]_0 + 2[H_2L^+]_0)V_0 + c_{HNO_3}\omega t) \tag{3-12}$$

$$K_1 = \frac{[ML^+]}{[M^{2+}][L^-]} \tag{3-13}$$

$$K_a = \frac{[HL]}{[H^+][L^-]} \tag{3-14}$$

$$K_b = \frac{[H_2L^+]}{[H^+][HL]} \tag{3-15}$$

式中,[HL]表示滴定进行到t时刻时,组分 HL 的浓度,其他组分的表达方式类似,含下标者则表示起始时刻的值;n_M,n_L,n_H为铜、氨基酸及氢的总摩尔数;c_{HNO_3}表示滴定液HNO_3的浓度;ω为加样速率;V为t时刻的溶液体积,且近似有$V=V_0+\omega t$。

对于(3-12)式,因为溶液 pH 值在整个滴定过程中均在 5 以下,故可忽略水离解产生的氢离子。并且需通过对初始时刻的各组分浓度进行求解方可确定n_H的值。又因为:$[HL]/[L^-]=K_a[H^+]\approx 10^9\times 10^{-4}\gg 1$,也即与 HL 相比,$L^-$很少,可以忽略。则方程组(3-10)~(3-15)式可简化为

$$T_M = n_M/V = [M^{2+}] + [ML^+] \tag{3-16}$$

$$T_L = n_L/V = [HL] + [H_2L^+] + [ML^+] \tag{3-17}$$

$$T_H = n_H/V = [H^+] + [HL] + 2[H_2L^+]$$

$$n_H = ([H^+]_0 + [HL]_0 + 2[H_2L^+]_0) \cdot V_0 + c_{HNO_3}\omega t \tag{3-18}$$

$$K_b = \frac{[H_2L^+]}{[H^+][HL]}$$

$$K_2 = \frac{K_1}{K_a} = \frac{[ML^+][H^+]}{[M^{2+}][HL]} \tag{3-19}$$

式中,T_M,T_L,T_H 表示铜、氨基酸和氢在 t 时刻的总浓度。

分析方程组(3-16)~(3-19)式,K_b,T_M,T_L 均为已知,T_H 在解决初值问题后也为已知。我们假定一个 K_2 值,即可由上述方程组求出 t 时刻各组分浓度。

第一步,应解决 $t=0$ 时各组分浓度的初值问题。初始时刻的氢离子浓度 $[H^+]_0$ 可通过在滴定前测量被滴定液的 pH 值求得。这样可由(3-16)~(3-19)式联立求出初始时刻各组分浓度,于是 T_H 的初值也可求得。

然后,由(3-16)~(3-19)式联立即可求得 t 时刻各组分浓度,又第一步已求得各组分初始浓度,则各组分在任一时刻 t 的物质的量的变化 Δn 均可求得。另由滴定曲线可得 t 时刻滴定点 p 的体系反应热效应,且有如下热量衡算方程:

$$Q_p = \Delta H_b \cdot \Delta n_{HL} + (\Delta H_a + \Delta H_b) \cdot \Delta n_{H_2L} + \Delta H_1 \cdot \Delta n_{ML} \tag{3-20}$$

式中,$\Delta n_{HL} = [HL] \cdot V - [HL]_0 \cdot V_0$,表示 t 时刻对初始时刻的摩尔数变化,其他组分也有类似定义。上式中只有氨基酸与金属离子的一级配合反应焓变 ΔH_1 为未知数,可将滴定各点处的热量数据代入(3-20)式求出 ΔH_1,将由各点所得到的 ΔH_1 值取平均值,可得到对应于假定的 K_2 值的$\overline{\Delta H_1}$值。将$\overline{\Delta H_1}$代入下式求误差平方和:

$$U(K, \Delta H_1) = \sum_{p=1}^{m} [Q_p - \Delta H_b \cdot \Delta n_{HL,p} - (\Delta H_b + \Delta H_a) \cdot \Delta n_{H_2L,p} - \overline{\Delta H_1} \cdot \Delta n_{ML,p}]^2 \tag{3-21}$$

不断变化所设定的平衡常数 K_2 的值,可求得相应的反应焓变$\overline{\Delta H_1}$,并可求得 U 值,直至 U 值最小时为止,与此 U 值对应的一组 K_1,$\overline{\Delta H_1}$,即为实验结果的最佳拟合值。滴定曲线上一般定间隔地选取 8 个点。(3-21)式的加合即为 8 个滴定点的数据加合值。

氨基酸的有关热力学常数见表3-1。

表3-1　**氨基酸的有关热力学常数**

热力学常数	$\lg K_a$	$\Delta H_a/(kJ \cdot mol^{-1})$	$\lg K_b$	$\Delta H_b/(kJ \cdot mol^{-1})$
甘氨酸	2.33	−4.59	9.72	−44.18
L-丙氨酸	2.31	−3.05	9.87	−44.31
L-亮氨酸	2.39	−1.95	9.73	−44.83
L-蛋氨酸	2.18	−3.12	9.21	−43.60
L-色氨酸	2.23	−3.17	9.46	−45.11

三、仪器和试剂

滴定热量计1台；

数字式pH仪1台(读数精确至0.01pH)；

精密恒流源；

JWT-702型精密温度控制仪；

4.5位数字电压表；

$Cu(NO_3)_2$，HNO_3，KOH(均为分析纯)；

甘氨酸(生化试剂)；

二次蒸馏水；

滴定液：$0.25mol \cdot dm^{-3}$的HNO_3溶液；

被滴定液：用$Cu(NO_3)_2$与甘氨酸按5∶1的摩尔比配制成水溶液，配好后溶液中氨基酸的浓度约为$0.015mol \cdot dm^{-3}$，用KOH，HNO_3调节溶液的pH值到4左右。

四、实验步骤

(1)调节控温电桥的可变电阻及精密控温仪的控温信号，使恒温槽的水温稳定在298.15K。

(2)往加样管中注满滴定液HNO_3(约5mL)，往滴定热量计中加入100.00mL被滴定液，上紧滴定热量计，将热量计浸入恒温槽中恒温。

(3)当热量计本体温度稳定后,记录温度信号(电压 E)和相应的时间 t,待温度信号变率稳定之后,继续记录至少 10 组数据,开始加样。控制以 0.015 47mL/s的速率加样,每 30s 记录温度及时间数据,加样 255 s。待反应后期温度变率稳定后,至少再记录 10 组数据,记录时间间隔均为 30s。

(4)用电能标定装置对热量计的热容进行标定。用恒流源对反应体系进行加热,控制电流的大小和加热时间,使加入的电能能量与反应热效应大致相当。电能标定的温度信号与时间的记录方法与前面相似。

(5)测定 HNO_3 的稀释热,即将被滴定液换为蒸馏水,其余条件相同,重复 3,4 两实验步骤,以求出 HNO_3 的稀释热及溶液混合热。

(6)在 200mL 烧杯中,加入 100mL 被滴定液,在水浴中恒温至 25℃,测定其 pH 值。

(7)实验结束后,关闭所有仪器的电源,取出热量计本体,用蒸馏水冲洗干净,用蒸馏水将加样器清洗干净。

五、数据处理

(1)作温度信号(即电压信号 E)与时间 t 的函数图,按实验 2 所介绍的方法对图形作雷诺校正,求出滴定各点的绝热温升。

(2)对稀释热作相同处理,求出与滴定各点相应的稀释效应绝热温升。

(3)对滴定曲线上的各点,进行稀释热校正,以求出各滴定点的真实反应热。

(4)求出各点相对应的 Δn_{HL},Δn_{H_2L} 和 Δn_{ML},由(3-10)式和(3-11)式拟合出配合反应的平衡常数 K_1 和反应焓变 ΔH_1。

六、注意事项

(1)滴定热量计本身的温度应尽可能与恒温水槽的温度保持一致,以减少因滴定液与被滴定液之间的温度差带来的混合热。

(2)pH 测定与滴定量热测定的体系温度尽量保持一致,以减少因测试条件的不同所带来的系统误差。

七、思考题

1. 对各滴定点求绝热温升时,相应于各点的后期温升变率如何求算?

2. 讨论用滴定量热法测定反应平衡常数的适用范围。

3. 为什么要控制滴定反应的溶液初始 pH 值?

八、参考文献

[1]D J Eatough, J J Christensen, R M Izatt. Determination of equilibrium Constants by titration Calorimetry: Part II. Data reduction and calculation techniques[J]. Thermochim. Acta, 1972,3(3):219

[2]黄应军,汪存信,宋昭华,等.武汉大学学报(自然科学版).1994,6:76

[3]R G Bates,H B Hetzer, Dissociation Constant of the Protonated Acid form of 2-Amino-2-(Hydroxy methyl)-1,3-propanediol[Tris-Hydroxy methgl)-Aminomethane] and Related Thermodynamic Quantities from 0 to 50°[J]. phys. chem, 1961,65(4):667.

[4]R M Izatt, J J Christensen, V Kothari. Acid Dissociation Constant, Formation Constant, Enthalpy, and Entropy Values for Some Copper(II)-α-Amino Acid Systems in Aqueous Solution[J]. Inorganic Chemistry,1964,3(11):1565

(王志勇　汪存信)

实验 24　气液色谱法测定无限稀溶液的活度系数

一、目的和要求

(1)了解气相色谱仪的基本构造及其原理,并初步掌握其使用方法。

(2)应用气液色谱法测定无限稀溶液中溶质的比保留体积和活度系数,了解它们与热力学函数的关系。

二、原　　理

实验所用色谱柱固定相为冠醚(也可选用其他体系)。它在柱温下为液态,又称为固定液,作为溶剂。样品为苯、甲苯、二甲苯、乙苯、醇类、醚类化合物等,以此作为溶质。样品进入色谱柱前,在汽化室中汽化,并与载气混合成气相,经过色谱柱后,在出口处出现一个对称的样品峰,如图 3-2 所示。

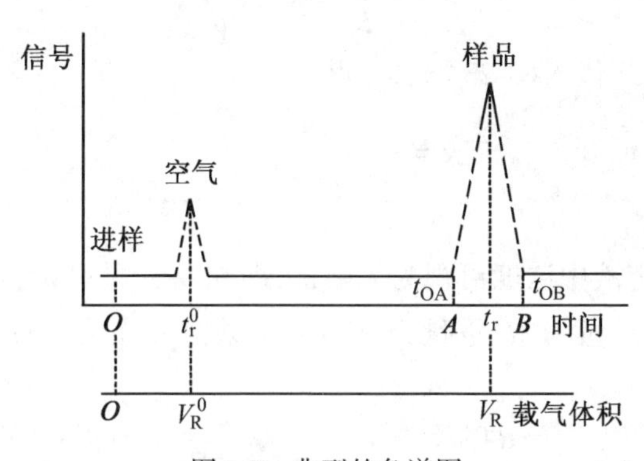

图 3-2　典型的色谱图

其中,t_r^0 为死时间,即惰性气体(空气)从进样到样品峰顶的时间。t_r 为样品的保留时间,即试样从进样到样品峰顶的时间。$(t_r-t_r^0)$ 为校正保留时间。V_R^0 为死体积,V_R 为样品的保留体积,$(V_R-V_R^0)$ 为校正保留体积。V_l 为固定液体积,c_g 与 c_l 分别为样品在气相中与在液相中的浓度。令 $K=c_l/c_g$ 为溶质在液、气二相中的分配系数,因为 $V_Rc_g=V_R^0c_g+V_lc_l$,则

$$K=\frac{V_R-V_R^0}{V_l} \tag{3-22}$$

设 X_l 和 X_g 分别为液相和气相中溶质的摩尔分数;气相总压力为 p ,溶质的分压即为 X_gp;p_s 是溶质在柱温下的饱和蒸气压。如液相为非理想溶液,那么达气液平衡时便有

$$X_gp=\gamma X_lp_s \text{ 或 } \gamma=\frac{X_gp}{X_lp_s} \tag{3-23}$$

式中,γ 就是该溶液中溶质的活度系数。根据定义有

$$K=\frac{c_l}{c_g}=\frac{\left(\dfrac{n_l^s}{V_l}\right)}{\left(\dfrac{n_g^s}{V_R^0}\right)}=\frac{X_l}{X_g}\cdot\frac{n_lV_R^0}{n_gV_l}$$

$$\frac{X_g}{X_l}=\frac{1}{K}\cdot\frac{n_l}{V_l}\cdot\frac{V_R^0}{n_g} \tag{3-24}$$

式中,n_l^s 和 n_g^s 分别代表液相和气相中溶质的物质的量;n_l 和 n_g 分别代表液相和气相中所含各组分的总物质的量。

根据理想气体状态方程,在柱温 T_c 时,(3-24)式可变成:

$$\frac{X_g}{X_l}=\frac{1}{K}\cdot\frac{n_l}{V_l}\cdot\frac{RT_c}{p} \tag{3-25}$$

将(3-22),(3-25)式代入(3-23)式中,得

$$\gamma=\frac{RT_c}{\dfrac{(V_R-V_R^0)}{n_l}\cdot p_s} \tag{3-26}$$

若溶质在固定液中浓度可视为无限稀,即 $n_l^s\to 0$,可以认为液相中只有固定液一个组分,其分子量为 M,重量为 W,那么,某溶质在无限稀时的活度系数 γ^0 可表示为

$$\gamma^0=\frac{RT_c}{\left(\dfrac{V_R-V_R^0}{W}\right)M\cdot p_s}=\frac{273.2R}{\left(\dfrac{V_R-V_R^0}{W}\cdot\dfrac{273.2}{T_c}\right)M\cdot p_s}$$

$$=\frac{273.2R}{V_g M p_s} \tag{3-27}$$

$$V_g=\frac{273.2}{T_r}\cdot\frac{p_0-p_W}{p_0}\cdot j\cdot F'_{c0}\cdot\frac{t_r-t_r^0}{W} \tag{3-28}$$

式中，V_g 为样品的比保留体积；T_r 为皂膜流速计的温度；p_0 为色谱柱出口压力(从压力计上读出)；F'_{c0}为皂膜流速计测得的色谱柱出口载气流速；p_W 为温度 T_r 时水的饱和蒸气压；j 为压力校正因子：

$$j=\frac{3}{2}\cdot\frac{(p_i/p_0)^2-1}{(p_i/p_0)^3-1}$$

式中，p_i 为色谱柱进口压力，即柱前压。

对(3-27)式取对数，整理后得

$$\ln V_g=\ln\frac{273.2R}{M}-\ln p_s-\ln\gamma^0$$

再对其作 $1/T$ 微分，得

$$\frac{\mathrm{d}\ln V_g}{\mathrm{d}(1/T)}=-\frac{\mathrm{d}\ln p_s}{\mathrm{d}(1/T)}-\frac{\mathrm{d}\ln\gamma^0}{\mathrm{d}(1/T)}=-\frac{\Delta H_v}{R}-\frac{\overline{H}_s-\widetilde{H}_s}{R} \tag{3-29}$$

式中，ΔH_v 是温度为 T 时的摩尔汽化热；$\overline{H}_s$ 为纯溶质的摩尔焓；$\widetilde{H}_s$ 为溶液中溶质的偏摩尔焓；$(\overline{H}_s-\widetilde{H}_s)$为样品的偏摩尔混合热。若是理想溶液，$\gamma^0=1$，以 $\ln V_g$ 对 $1/T$ 作图有线性关系，由直线斜率可求得汽化热 ΔH_v。如果是非理想溶液，且 ΔH_v 与$(\overline{H}_s-\widetilde{H}_s)$随温度变化不太大，这时以 $\ln V_g$对 $1/T$ 作图，由直线斜率可得两个焓变之和，即为样品在固定液中的摩尔溶解热。

假如色谱柱的固定相不是液体，而是固体(即为气-固色谱柱)，如分子筛、硅胶等，则以 $\ln V_g$ 对 $1/T$ 作图。由直线斜率可求得吸附热。

三、仪器和试剂

气相色谱仪 1 台(其气路流程和装置见图 3-3)；
气压计；
停表；
红外灯；
微型注射器；
继电器；

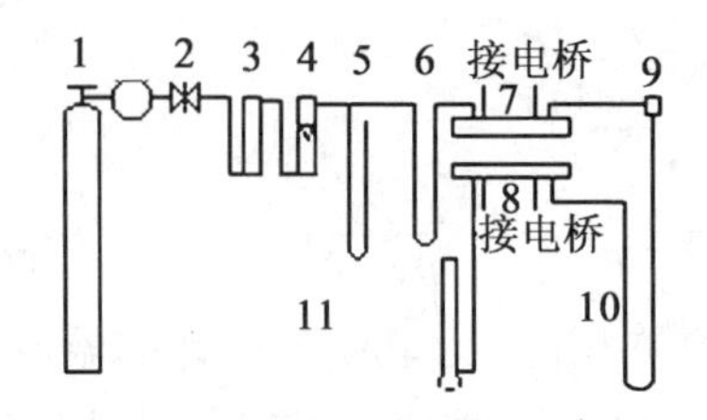

图 3-3 气相色谱装置图

1—钢瓶 2—针形阀 3—干燥器 4—转子流量计 5—水银压差计 6—预饱和器 7—参考池 8—鉴定池 9—进样口 10—色谱柱 11—皂膜流速计

超级恒温槽;

冠醚;

苯(A. R.),甲苯,乙苯,邻二甲苯,间二甲苯,对二甲苯;

醚类(A. R.);

醇类(A. R.);

101 硅烷化白色担体。

四、实验步骤

(1)配制以冠醚为固定液的色谱柱(已制好)。

称取一定量的冠醚,在称量瓶中加适量二氯乙烷溶剂,使其溶解完全,按固定液∶担体(重量比)为25∶100,称取101 硅烷化白色担体于称量瓶内,在红外灯下缓慢加热,使溶剂蒸发。

(2)装填色谱柱(略)。

(3)按图3-3 装配仪器。气路连接后,首先检查系统是否漏气。

(4)先接通色谱仪气源,后开启电源开关。调节热导电流为150mA。柱温控制在指定温度。待记录仪基线稳定后便可开始进样。

(5)用微型注射器分别注射空气、苯、甲苯、二甲苯、醇类、醚类,进样量要适当。

(6)测定保留时间。

用两个停表。如图3-2 所示,第一个停表从进样开始计时,到 A 点停止,时间为 t_{OA};第二个停表也从进样开始计时,到 B 点停止,记为 t_{OB}。

保留时间 $t_r = \frac{1}{2}(t_{OA} + t_{OB})$,每个样重复两次,保留时间的误差不超过

0.05%，取平均值。

在测每一个样的保留时间的同时，测量大气压、皂膜计的流速与温度、进口压力和柱温等。

五、数据处理

(1)将所测数据列表。

(2)由(3-27)式计算所测样品在冠醚中的 γ^0 值。

(3)由(3-28)式求 V_g 值，并由(3-29)式求溶解热。

六、思考题

1. 所测样品在冠醚中的溶液对拉乌尔定律是正偏差还是负偏差？有什么规律性？

2. 测定溶解热时为什么温度变化范围不宜太大？

3. 采用气相色谱法测定溶质的 γ^0 有哪些限制条件？

4. 根据分子间作用力简单讨论各样品在冠醚中的($\overline{H}_s-\widetilde{H}_s$)的差别。

七、实验设计

以邻苯二甲酸二壬酯为固定液，分别以二氯甲烷、三氯甲烷和四氯化碳作为溶质进样，测定无限稀活度系数。

八、讨论

气相色谱测定无限稀活度系数基于下述的假设：

(1)作为溶剂的固定液，进样量较大，一般是以克为单位；而作为溶质组分的样品，进样量很小，一般是以微升为单位。所以可以认为该体系是无限稀溶液。

(2)正因为样品组分的量甚微，它在气、液两相中扩散十分迅速，处于瞬间平衡状态，可认为气相色谱中的动态平衡与真正的静态平衡接近，假定色谱柱内任何点均达气液平衡。

(3)色谱柱的温度控制精度一般可以达到±0.1℃,甚至±0.05℃,可认为色谱柱处于等温条件。

(4)一般色谱柱气相压力不太高,可将气相作为理想气体处理。

(5)气相色谱法测定无限稀活度系数,适用于由一高沸点组分和一低沸点组分组成的二元体系,以保证在色谱条件下固定液即溶剂不会流失。也就是说此法只限于测定高沸点组分浓度 $c \to 1$,低沸点组分浓度 $c \to 0$ 的无限稀活度系数。

九、参考文献

[1]复旦大学,等编. 物理化学实验(上册)[M]. 北京:人民教育出版社,1979

[2]孙尔康,徐维清,邱金恒编. 物理化学实验[M]. 南京:南京大学出版社,1997:52-56

[3]武汉大学化学与环境科学学院编. 物理化学实验[M]. 武汉:武汉大学出版社,2000:64-69

实验25 用改良合成复体法测定三组分盐水体系的相图

一、目的和要求

(1)用改良合成复体法,通过测定各样品的饱和溶液的含水量 a_s,绘制 $NaNO_3$-$Pb(NO)_3$-H_2O 的三组分相图。

(2)掌握三角形坐标的使用方法。

二、原　　理

因为由已知相图可以推出一种相应的 a_s-$\frac{b}{b+c}$图(a_s 代表体系中饱和溶液的含水量,$\frac{b}{b+c}$代表合成复体中两个盐 B 和 C 的相对量的比值)。

由 a_s-$\frac{b}{b+c}$图又可以推出相应的未知相图,而 a_s-$\frac{b}{b+c}$图可以用简捷的实验方法直接绘制出,因而可得到所要求的相图。

1. 相图和其 a_s-$\frac{b}{b+c}$图的关系

若已知盐(B)、盐(C)和水(A)的相图如图3-4,那么一系列含水量相同(设都为 a')的物系点都落在 $a'a'$线上。若 a'_1 是 $a'a'$线上的一个物系点,则这个物系点的两种盐的相对组成比$\frac{b'_1}{b'_1+c'_1}$就已知(因为物系点定下来时,其 a'_1,b'_1,c'_1 就已知),这就可以在 a_s-$\frac{b}{b+c}$图上描出①′点。又若 a'_2 是 $a'a'$线上的另一个物系点,同理可在图3-5上描出②′点,同理根据图3-4中的 a'_3,a'_4,a'_5 可在图3-5上描出③′,④′和⑤′点来。把图3-5上的 a_s,①′,②′,③′,④′,⑤′,a_s 联结起来,便得到一条相应于相图3-4上 $a'a'$线各物系点的 $a_s\text{-}\frac{b}{b+c}$曲线。

同理,根据对相图3-4上另一条 aa 线上各物系点 a_1,a_2,a_3,a_4,a_5,又可在图3-5上绘出相应 a_s,①,②,③,④,⑤,a_s 曲线来。以上就是相图(见图3-4)和 $a_s\text{-}\frac{b}{b+c}$图(见图3-5)的关系。

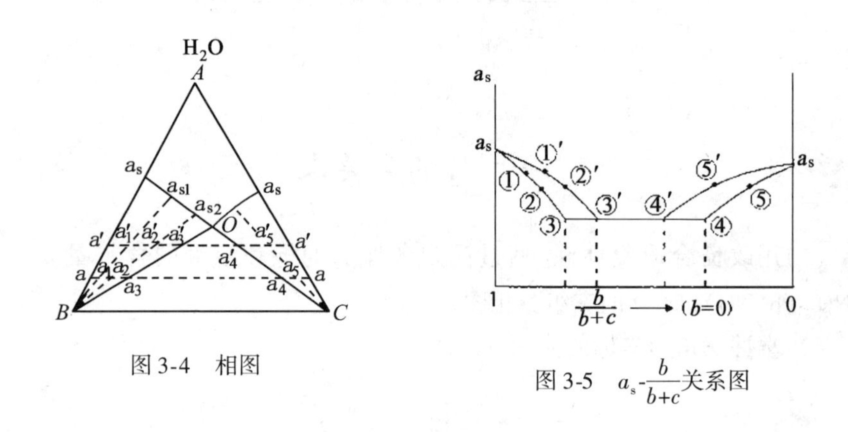

图3-4　相图

图3-5　$a_s\text{-}\frac{b}{b+c}$关系图

$a'a'$线上同时落入 BOC 相区内的物系点,此时液相组成均为 O 点上的水量,所以在 $a_s\text{-}\frac{b}{b+c}$图上,a_s 是一个常数,因此③′,④′是水平段,③,④也是水平段。

2. 由图3-5推出图3-4的方法

设有实验数据绘出 $a_s\text{-}\frac{b}{b+c}$图(如图3-6(a)所示),则图3-6(a)中的 a 点,落在图3-6(b)中的物系点为(a,b,c);图3-6(a)中 a'点,落在图3-6(b)中的物系点为(a',b',c')。

这两个物系的液相成分中水的含量 a_s 是相同的,所以 $aa'A_s$ 就必须落在同一条连接线上,而 a 点的坐标(a,b,c)和 a'点的坐标(a',b',c')都已知(均为实验的配方数值)。联结 aa'线,则 A_s 点必落在 aa'的延长线上。而 A_s 点的水含量 a_s 值已由实验测出,于是 A_s 点的坐标(a_s,b_s,c_s)就可以确定下来。

A_s 点可直接作图得到,在图3-6(b)上的 AB 边上找到含水量为 a_s 的点,由此点作 BC 边的平行线和 aa'延长线的交点即为 A_s 点。

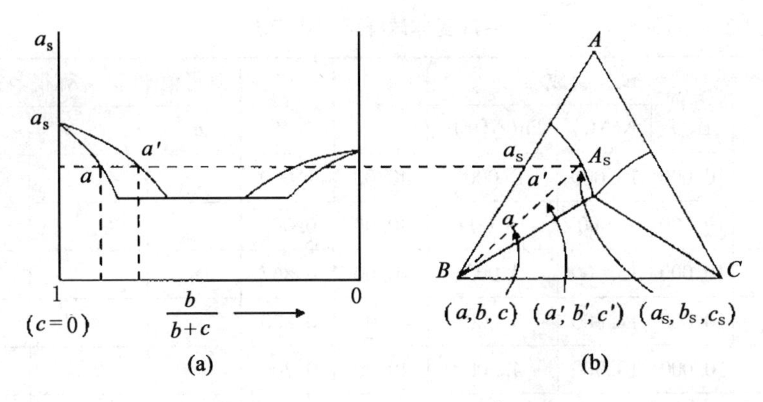

图 3-6　由实验数据绘制的 a_s-$\frac{b}{b+c}$关系图

三、仪器和试剂

有塞锥形瓶(25 mL)20 个；

干燥器(直径 30 cm)1 个；

称瓶(5 mL)20 个；

带长针头的注射器(10 mL)2 个；

康氏振荡器 1 台；

$NaNO_3$(A. R.)；

$Pb(NO_3)_2$(A. R.)；

$CaCl_2$(干燥剂)。

四、实验步骤

(1)合成复体样品按重量百分数配制，样品中的 H_2O(A)，$NaNO_3$(B)，$Pb(NO_3)_2$(C)的重量百分数分别以 a，b，c 表示，平衡体系中饱和溶液里的 H_2O，$NaNO_3$，$Pb(NO_3)_2$ 的重量百分数用 a_s，b_s，c_s 表示。

实验要求配制含水量分别为 a 和 a'的合成复体样品两组，每组 10 个样品，如表 3-2 所示，所制备的样品组成必须落在三角形坐标 $a'a'$和 aa 线上。关于样品的配制可参考表 3-2 的组成配制。

表 3-2　　　　合成复体试样配制参考表

编号	试样组成/g			a	$\frac{b}{b+c}$	测得值	算得数据	
	H_2O	$NaNO_3$	$Pb(NO_3)_2$			a_s	b_s	c_s
Ⅰ$_1$	10.000	15.000	0.000	40.00	1.000			
Ⅰ$_2$	10.000	0.000	15.000	40.00	0.000			
Ⅰ$_3$	10.000	13.000	2.000	40.00	0.867			
Ⅰ$_4$	10.000	12.000	3.000	40.00	0.800			
Ⅰ$_5$	10.000	10.500	4.500	40.00	0.700			
Ⅰ$_6$	10.000	8.000	7.000	40.00	0.533			
Ⅰ$_7$	10.000	6.000	9.000	40.00	0.400			
Ⅰ$_8$	10.000	5.000	10.000	40.00	0.333			
Ⅰ$_9$	10.000	3.000	12.000	40.00	0.200			
Ⅰ$_{10}$	10.000	1.500	13.500	40.00	0.100			
Ⅱ$_1$	10.000	3.750	26.250	25.00	0.125			
Ⅱ$_2$	10.000	5.650	24.350	25.00	0.188			
Ⅱ$_3$	10.000	8.000	22.000	25.00	0.267			
Ⅱ$_4$	10.000	10.000	20.000	25.00	0.333			
Ⅱ$_5$	10.000	14.000	16.000	25.00	0.467			
Ⅱ$_6$	10.000	20.000	10.000	25.00	0.667			
Ⅱ$_7$	10.000	24.000	6.000	25.00	0.800			
Ⅱ$_8$	10.000	27.000	3.000	25.00	0.900			
Ⅱ$_9$	10.000	27.720	2.280	25.00	0.929			
Ⅱ$_{10}$	10.000	28.875	1.125	25.00	0.963			

(2)将配制好的样品安置在振荡器上,摇动30min,使其在室温下达到溶解平衡。记录当时的室温,即为此实验的温度,若要指定特定的温度,则要把样品放在指定温度的恒温槽内摇动。

(3)溶解达平衡后,停止摇动,静置10min,待固相晶粒沉淀后,用带有长针头的注射器小心地抽取饱和溶液(应小心不要吸入固体微粒)约2mL,注入事先已准确称量的称量瓶中,盖上盖子,准确称出所注入的溶液的重量(每个样品的饱和溶液都以同样的方法注入称量瓶中并准确称量)。

(4)把盛有溶液的称量瓶(盖子半开)放入烘箱内,先在90℃左右烘干,烘干后再升温至105℃左右烘20 min(以进一步干燥)。

(5)把烘干后的称量瓶取出放在干燥器内,待冷却至室温称重,便可测出该饱和溶液中的含水量a_s。

五、注意事项

(1)用注射器取样时,一定不能吸入固体微粒。

(2)称取烘干后的称量瓶,要恒重。

六、数据处理

1. 把所测得各样品饱和溶液的含水量a_s列于表中。

2. 根据表中相应的a_s和$\frac{b}{b+c}$的数据,作出$NaNO_3$-$Pb(NO_3)_2$-H_2O的a_s-$\frac{b}{b+c}$图,然后再用作图法作出$NaNO_3$-$Pb(NO_3)_2$-H_2O的相图。

七、思考题

1. 用改良合成复体法绘制三组分盐水体系相图有何优点?
2. 此方法能否推广到二盐可以产生水合盐或复盐的体系?

八、参考文献

[1]屈松生,谢昌礼. 推荐一个三组分盐-水体系相平衡的实验. 物理化学教学文集[C]. 北京:高等教育出版社,1991:306-314

[2]J M Wilson. Experiments in physical chemistry[M]. New York:Pergamon Press,1962

(宋昭华　屈松生)

实验26　固相配位反应的热化学和热分析

一、目的和要求

(1)了解固相配位反应的基本特征,加强“绿色化”概念。

(2)通过8-羟基喹啉与醋酸钴固相配位反应合成配合物$Co(oxin)_2 \cdot 2H_2O$。

(3)用元素分析、IR、TG-DTA、NMR等对配合物进行表征。

(4)用TG-DTA研究配合物的热分解动力学。

(5)用溶解量热法测定固相配位反应焓变,并进一步求出配合物的生成焓。

二、原　　理

室温或低热温度条件下的固相化学反应已经引起人们的重视。南京大学忻新泉等人在固相化学反应的合成及机理研究方面做了许多有意义的工作[1,2],为使低热温度固相合成法最终走向应用作出了积极贡献。由于8-羟基喹啉的过渡金属配合物具有杀菌、灭虫等功能[3],因此,开展8-羟基喹啉与过渡金属离子反应的热化学研究工作很有意义。

由于固相配位反应的热效应难以直接测定,热化学研究报道很少。根据文献[4]报道,在室温下将8-羟基喹啉与醋酸钴固相混合搅拌,发生固相配位反应,用元素分析、IR、TG-DTA、NMR等对配合物进行表征。

采用自行研制的具有恒定温度环境的反应热量计,通过寻找合适溶剂,以溶解量热法测定反应物及产物溶解过程的焓变,可以很方便地得到固相化学反应的反应焓变,通过设计热化学循环,计算配合物的标准生成焓。

用TG-DTA测定配合物的热分解过程,根据热分解动力学模型,可获得不同热分解过程的反应级数和反应活化能。

三、仪器和试剂

日本岛津 UV-240 紫外可见光谱仪；
具有恒定温度环境的反应热量计(自制)；
北京光学仪器厂 PCT-1 型 TG-DTA；
元素分析仪；
红外光谱仪；
Varian 的 Mercury VX-300 型 NMR；
分析纯四水醋酸钴($CoAc_2 \cdot 4H_2O$)；
8-羟基喹啉(8-Hoxin)；
冰醋酸(HAc)；
氯化钾(KCl)。

四、实 验 步 骤

1. 配合物的合成

根据文献[4]报道，在室温下将 8-羟基喹啉与醋酸钴按物质的量之比为 2∶1准确称量，在碾钵中混合搅拌，发生固相配位反应。并对配合物进行纯化。

2. 配合物的表征

用元素分析、IR、TG-DTA、NMR 等对配合物进行表征，确定配合物的组成和结构。

3. 热量计的标定

实验所用的具有恒定温度环境的反应热量计，其原理、构造及标定参见文献[5]。在测试前，用量热标准物质 KCl 对热量计进行标定，测试的温度为 298.2K，KCl 与水的物质的量比为 $n_{KCl} : n_{H_2O} = 1 : 1110$，进行 5 次测试。验证热量计的可靠性。

4. 反应焓的测定

在室温下，8-羟基喹啉与醋酸钴固相配位反应的热效应难以直接测定。选

择 4mol · L^{-1}HCl 溶液为溶剂,设计了以下热化学循环:

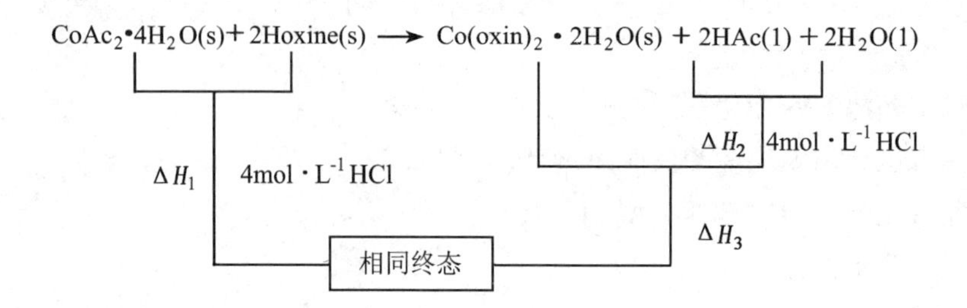

根据 Hess 定律得

$$\Delta_r H_m = \Delta H_1 - \Delta H_2 - \Delta H_3 - \Delta_d H$$

a. ΔH_1 的测定

分别准确称取一定量的 $CoAc_2 \cdot 4H_2O$ 与 Hoxine(物质的量之比为 1 : 2)试样于加样装置中,用 PVC 薄膜隔开,移取 100mL 4mol · L^{-1}的 HCl 溶液于反应池中,调整好热量计,待恒温后测试。经 5 次实验测得该反应体系溶解过程焓变 ΔH_1。

b. ΔH_2 的测定

准确称取一定量的 1 : 1 HAc 溶液,溶于 100mL 4mol · L^{-1}的 HCl 溶液中,经 5 次实验测得 1 : 1 HAc 的溶解焓为 $\Delta H_{2,m}$。

根据文献[6]得出,形成 1 : 1HAc 的焓变(混合热)为

$$\Delta_d H_m = \Delta_d H_\infty(1) - \Delta_d H_\infty(aq) = -3.674 kJ \cdot mol^{-1}$$

c. ΔH_3 的测定

将一定量的 1 : 1HAc(aq)溶于 100mL 4mol · L^{-1}HCl 溶液中,恒温。准确称取一定量的配合物 $Co(oxin)_2 \cdot 2H_2O$,溶解在上述 HAc-HCl 溶液中,测定其溶解焓 $\Delta H_{3,m}$。

5. 配合物热分解

称取配合物 $Co(oxin)_2 \cdot 2H_2O$ 20mg 放入 TG-DTA 的样品池,仪器和样品通 N_2 气(50mL /min)保护,升温速率 β 分别以 5,10,20℃/min 进行程序升温,测定配合物的热分解过程,同时用记录仪记录热分解过程。

五、注 意 事 项

(1)所有试剂使用前均需进行提纯和干燥。

(2)在热化学循环设计中,反应物($CoAc_2 \cdot 4H_2O$, Hoxine)和产物($Co(oxin)_2 \cdot 2H_2O, H_2O$)分别溶解后达到同一终态,可由二者的紫外可见光谱、折光率等相一致而得到证实,使设计的循环得以实现。

(3)仪器和样品应通 N_2 气保护。

六、数据处理

1. $\Delta_r H_m$ 的计算

结合测试结果,得到反应焓:

$$\Delta_r H_m = \Delta H_1 - \Delta H_2 - \Delta H_3 - \Delta_d H$$
$$= \Delta H_1 - 2\Delta H_{2,m} - \Delta H_{3,m} - 2\Delta_d H_m$$

2. 配合物 $Co(oxin)_2 \cdot 2H_2O$ 标准生成焓的计算

根据热力学原理有

$$\Delta_r H_m = \Delta_f H_m(Co(oxin)_2 \cdot 2H_2O, s) + 2\Delta_f H_m(HAc, l) + 2\Delta_f H_m(H_2O, l) - \Delta_f H_m(CoAc_2 \cdot 4H_2O, s) - 2\Delta_f H_m(Hoxine, s)$$

根据文献[7]查得

$$\Delta_f H_m(HAc, l) = -484.131 kJ \cdot mol^{-1}$$
$$\Delta_f H_m(H_2O, l) = -285.830 kJ \cdot mol^{-1}$$

根据文献[8]查得

$$\Delta_f H_m(CoAc_2 \cdot 2H_2O, s) = -2167.540 kJ \cdot mol^{-1}$$

根据文献[9]查得

$$\Delta_f H_m(Hoxine, s) = -83.317 kJ \cdot mol^{-1}$$

$$\Delta_f H_m(Co(oxin)_2 \cdot 2H_2O, s)$$
$$= \Delta_r H_m - 2\Delta_f H_m(HAc, l) - 2\Delta_f H_m(H_2O, l) + \Delta_f H_m(CoAc_2 \cdot 4H_2O, s) + 2\Delta_f H_m(Hoxine, s)$$

3. 配合物热分解动力学

根据每个升温速率下分解过程的 DTG 峰温 T_P,利用 Kissinger 方法[10],将不

同升温速率β以及相应 DTG 曲线上峰温 T_p 代入公式:

$$\frac{d\ln(\beta/T_p^2)}{d(1/T_p)}=-\frac{E_a}{R}$$

即:

$$\ln(\beta/T_p^2)=-\frac{E_a}{R}\frac{1}{T_p}+C$$

以 $\ln(\beta/T_p^2)$ 对 $1/T_p$ 作图,直线斜率即为$-E_a/R$,因此可求得该分解阶段的活化能 E_a。

七、思 考 题

1. 为什么所用试剂使用前需进行提纯和干燥?

2. 为什么在热化学循环设计中,反应物($CoAc_2\cdot4H_2O$, Hoxine)和产物($Co(oxin)_2\cdot2H_2O$, H_2O)分别溶解后需达到同一终态?

3. 为什么仪器和样品需通 N_2 气保护?

八、参 考 文 献

[1] Xin Xin-quan, Zheng Li-ming. Solid-solid synthesis reaction chemistry at room temperature [J]. University Chemistry(Daxue Huaxue), 1994, 9(6): 1-7

[2] Xin X Q, Zheng L M. Solid state reactions of coordination compounds at low heating temperature [J]. J Solid State Chem, 1993, 106: 451

[3] BURGERA. Medicical Chemistry (Third Edition) [M]. London: Wiley-Interscience, 1970: 635

[4] JIA Dian-zeng, Li Chang-xiong, Fu Yan, et al. Studies on solid state reactions of coordination compounds XXXXXⅢ. Synthesis of 8-hydroxyquinoline complexes with Co(Ⅱ), Ni(Ⅱ), Cu(Ⅱ) and Zn(Ⅱ) by one step solid state reaction[J]. Acta Chimica Sinica, 1993, 51(4): 363-367

[5] Wang Cun-xin, Shang Zhao-hao, Xiong Wen-gao. Development of an isoperibel reaction calorimeter[J]. Acta Physico-chimica Sinica, 1991, 7(5): 586-588

[6] JOHN A Dean. Lange's Handbook of Chemistry (12th Edition) [M]. New York: McGraw-Hill Book Co, 1979

[7] WEASR R C. CRC Handboolk of Chemistry and Physics (70th Edition) [M]. Florida: CRC Press, 1989

[8] Yang Rui-li, Feng Ying, Qu Song-sheng. Studies on thermochemistry of solid state coordination reaction of salicylaldoxine with cobalt acetate[J]. J Wuhan Univ (Natural Science Edition), 1995, 41(6): 687-692

[9] DEAN J A ed. Translated by SHANG Jiu-fang, CHAO Shi-jie, XIN Wu-ming, et al. Lange's Handbook of Cheristry[M]. Beijing: Science Press, 1991

[10] H. E. Kissinger, Reaction Kinetics in Differential Thermal Analysis[J]. Anal. chem., 1957, 29(11): 1702

(刘　义)

实验 27　极化曲线的测定及应用

一、目的和要求

(1)掌握恒电位法测定电极极化曲线的原理和实验技术。通过测定金属铁在 H_2SO_4溶液中的阴极极化和阳极极化曲线求算铁的自腐蚀电位、自腐蚀电流和钝化电位范围、钝化电流等参数。

(2)了解不同 pH 值、Cl^-浓度、缓蚀剂等因素对铁电极极化的影响。

(3)讨论极化曲线在金属腐蚀与防护中的应用。

二、原　　理

Fe 在 H_2SO_4 溶液中会不断溶解,同时产生 H_2。Fe 溶解反应为$Fe-2e=Fe^{2+}$。H_2 析出反应为 $2H^++2e=H_2$。Fe 电极和 H_2 电极及溶液构成了腐蚀原电池,其腐蚀反应为 $Fe+2H^+= Fe^{2+}+H_2$,这是 Fe 在酸性溶液中腐蚀的原因。当电极不与外电路接通时,阳极反应速率和阴极反应速率相等,Fe 溶解的阳极电流 I_{Fe}与 H_2 析出的阴极电流 I_H 在数值上相等但方向相反,此时其净电流为零。$I_{净}=I_{Fe}+I_H=0$。$I_{corr}=I_{Fe}=-I_H\neq0$。$I_{corr}$值的大小反映了 Fe 在 H_2SO_4溶液中的腐蚀速率,所以称 I_{corr}为 Fe 在 H_2SO_4 溶液中的自腐蚀电流。其对应的电位称为 Fe 在 H_2SO_4 溶液中的自腐蚀电位 E_{corr},此电位不是平衡电位。虽然,阳极反应放出的电子全部被阴极还原所消耗,在电极与溶液界面上无净电荷存在,电荷是平衡的。但电极反应不断向一个方向进行,$I_{corr}\neq0$,电极处于极化状态,腐蚀产物不断生成,物质是不平衡的,这种状态称为稳态极化。它是热力学的不稳定状态。

自腐蚀电流 I_{corr}和自腐蚀电位 E_{corr}可以通过测定极化曲线获得。极化曲线是指电极上流过的电流与电位之间的关系曲线,即 $I=f(E)$。

图3-7是用电化学工作站测定的Fe在1.0mol/L H_2SO_4溶液中的阴极极化和阳极极化曲线图。*ar*为阴极极化曲线，当对电极进行阴极极化时，阳极反应被抑制，阴极反应加速，电化学过程以H_2析出为主。*ab*为阳极极化曲线，当对电极进行阳极极化时，阴极反应被抑制，阳极反应加速，电化学过程以Fe溶解为主。在一定的极化电位范围内，阳极极化和阴极极化过程以活化极化为主，因此，电极的超电势与电流之间的关系均符合塔菲尔方程。作两条塔菲尔直线*is*和*hs*，其交点*s*对应的纵坐标为自腐蚀电流的对数值，据此可求得自腐蚀电流I_{corr}，横坐标即为自腐蚀电位E_{corr}。

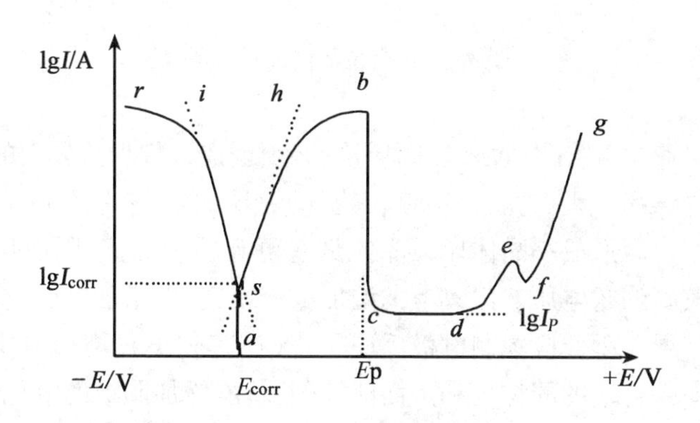

图3-7　Fe的极化曲线图

当阳极极化进一步加强，即电位继续增大时，Fe阳极极化电流缓慢增大至*b*点对应的电流。此时，只要极化电位稍超过E_b，电流直线下降；此后电位增加，电流几乎不变，此电流称为钝化电流I_b，E_b称为致钝电位。图3-7中*a*～*b*的范围称为活化区，是Fe的正常溶解。*b*～*c*的范围称为活化钝化过渡区。*c*～*d*的范围称为钝化区。*d*～*g*的范围称为过钝化区，其中*d*～*e*的范围是Fe^{2+}转变成了Fe^{3+}；*f*～*g*的范围有氧气析出。

处在钝化状态的金属的溶解速度很小，这种现象称为金属的钝化。这在金属防腐蚀及作为电镀的不溶性阳极时，正是人们所需要的。而在另外情况下，例如，对于化学电源、电冶金和电镀中的可溶性阳极，金属的钝化就非常有害。金属的钝化，与金属本身性质及腐蚀介质有关。如Fe在硫酸溶液中易于钝化，若存在Cl^-离子，不但不钝化，反而促进腐蚀。另一些物质，加入少量起到减缓腐蚀的作用，常称缓蚀剂。

同理，当阴极极化进一步加强，即电位变得更小时，Fe阴极极化电流缓慢增

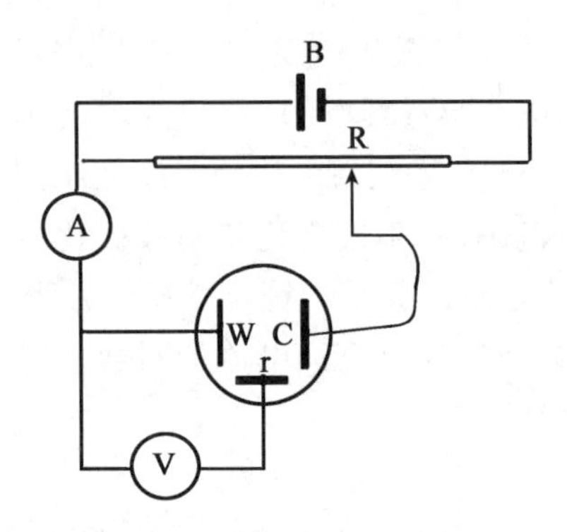

图 3-8　恒电位法原理示意图

大。在电镀工业中,为了保证镀层的质量,必须创造条件保持较大的极化度。电镀的实质是电结晶过程,为获得细致、紧密的镀层,必须控制晶核生成速率大于晶核成长速率。而形成小晶体比大晶体具有更高的表面能,因而从阴极析出小晶体就需要较高的超电压。但只考虑增加电流密度,即增加电极反应速率,就会形成疏松的镀层。因此应控制电极反应速率(使其较小)、增加电化学极化。如在电镀液中加入合适的配位剂和表面活性剂,就能增加阴极的电化学极化,使金属镀层的表面状态致密光滑,美观且防腐效果好。

控制电流测电位的方法称为恒电流法,即 $E=f(I)$ 将电流作自变量,电位作应变量,若用恒电流法 *bcde* 段就作不出来。所以需要用恒电位法测定完整的阳极极化曲线。恒电位法原理见图 3-8。图中 W 表示研究电极,C 表示辅助电极,r 表示参考电极。参考电极与研究电极组成原电池,可确定研究电极的电位;辅助电极与研究电极组成电解池,使研究电极处于极化状态。

三、仪器和试剂

CHI 660A 电化学工作站 1 台;

电解池 1 个;

硫酸亚汞电极或饱和甘汞电极(参比电极)、铁电极(研究电极)、铂片电极(辅助电极)各 1 支。

1.0mol/L,0.10mol/L H_2SO_4 溶液;

1.0mol/LHCl 溶液;

乌洛托品(缓蚀剂)。

四、实验步骤

1. 制备电极

将各面打磨光亮的 1 cm×1cm×1cm 的电极,一面焊上直径为 1mm 的铜丝,除了一面以外,其余各面用绝缘胶密封。

2. 电极表面打磨

用金相砂纸将铁电极表面打磨平整光亮,依次用蒸馏水和丙酮清洗,每次测量前都需要重复此步骤。电极处理的好坏对测量结果影响很大。

3. 测量极化曲线

使用 CHI 660A 电化学工作站前应详细阅读使用说明书。

(1)将三电极分别插入电极夹的三个小孔中,然后调节电极夹的位置使电极浸入盛电解质溶液的小烧杯中,小心放入屏蔽柜。将绿色夹头夹住 Fe 电极、红色夹头夹住 Pt 片电极、白色夹头夹住参比电极。

(2)先打开电源,然后依次打开 CHI 660A 工作站、微机、显示器电源,用鼠标器双击桌面上的 CHI 660A。

(3)测定开路电位,点击“T”(Technique),选中对话框中“pen Circuit Potential - Time”实验技术,点击“OK”。点击“■”(parameters)选择参数,也可用仪器默认值,点击“OK”。点击“▶”,开始实验。

(4)开路电位稳定后测 TAFEL 图,方法同(3),为使 Fe 的阴极极化、阳极极化、钝化、过钝化全部表示出来,初始电位(Init *E*)设为“-1.0V”,终态电位(Final *E*)设为“2.0 V”,扫描速率(Scan Rate)设为“0.01V/s”,灵敏度(Sensitivity)设为“自动”,其他可用仪器默认值。极化曲线自动画出。实验装置示意图如图 3-9 所示。

4. 测极化曲线

按 2,3 步骤分别测定 Fe 电极在 0.10mol/L H_2SO_4 溶液、1.0mol/L HCl 溶液及含 1% 乌洛托品的 1.0mol/L HCl 溶液中的极化曲线。

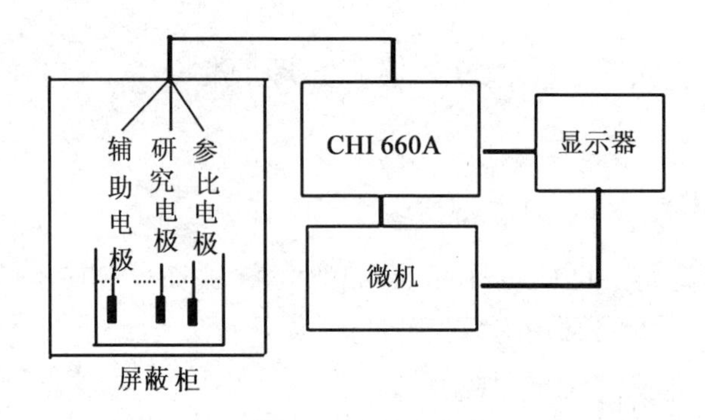

图 3-9　极化曲线装置示意图

五、数据处理

(1)分别求出 Fe 电极在不同浓度的 H_2SO_4 溶液中的自腐蚀电流密度、自腐蚀电位、钝化电流密度及钝化电位范围。

(2)分别计算 Fe 在 HCl 及含缓蚀剂的 HCl 介质中的自腐蚀电流密度,并按式(3-30)换算成腐蚀速率(v)。

$$v = 3\,600\ M \cdot i / nF \tag{3-30}$$

式中,v—腐蚀速率,$g/m^2 \cdot h$;

i—钝化电流密度,$A \cdot m^{-2}$;

M—Fe 的摩尔质量,g/mol;

F—法拉第常数,C/mol;

n—发生 1mol 电极反应得失电子的物质的量;

实验结果要求设计成表格形式给出。

六、注意事项

(1)测定前仔细阅读仪器说明书,了解仪器的使用方法。

(2)电极表面一定要处理平整、光亮、干净,不能有点蚀孔,这是该实验成败的关键。

七、思考题

1. 平衡电极电位、自腐蚀电位有何不同?

2. 写出作 Fe 阴极极化曲线时铁表面和铂片表面发生的反应;写出作阳极极化曲线时 Fe 表面各极化电位范围内可能的电极反应。

3. 分析 H_2SO_4 浓度对 Fe 钝化的影响。比较盐酸溶液中加和不加乌洛托品 Fe 电极上自腐蚀电流的大小。Fe 在盐酸溶液中能否钝化,为什么?

八、参考文献

[1]北京大学. 物理化学实验[M].3 版.北京:北京大学出版社,1995
[2]复旦大学,等编. 物理化学实验[M].2 版.北京:高等教育出版社,1993
[3]成都科技大学编. 物理化学实验[M]. 北京:高等教育出版社,1989
[4]CHI660A 电化学分析仪说明书[M]

(楼台芳)

实验 28　水溶液中金属氢氧化物的 pH 值

一、目的和要求

(1)掌握用 pH 滴定法测定化合物溶度积的原理和方法。

(2)学会溶度积的测定和计算方法。

二、原　　理

盐溶液的 pH 值取决于其水解平衡。向溶液中加酸将降低其 pH 值,通常不致生成沉淀;加碱则使溶液的 pH 值升高,可能产生溶解度低的氢氧化物或碱式盐的沉淀。

在实际的电解过程中(如金属沉积,电解精炼),阴极附近液层明显地变为碱性,所用的电流密度愈高,到达形成氢氧化物的 pH 值就愈快。因此在金属电解精制时,溶液 pH 值的改变会导致各种氢氧化物的掺杂沉积,从而需要进一步净化。这种情况在电镀时更不希望出现。因此在电解时,调整电流密度和溶液的 pH 值是十分重要的。另一方面,控制 pH 值,可以使溶液中的一些金属离子以氢氧化物的形式沉淀析出,另一些金属离子仍保留在溶液中,从而达到分离净化的目的。

以二价金属离子为例,对水溶液中氢氧化物的 pH 值进行研究。二价金属 Me 的氢氧化物的溶度积用下式表示:

$$a_{Me^{2+}} \cdot a_{OH^-}^2 = K_{sp} \tag{3-31}$$

在水溶液中,有

$$a_{OH^-} = \frac{K_W}{a_{H^+}}$$

故

$$a_{Me^{2+}} \cdot \left[\frac{K_W}{a_{H^+}}\right]^2 = K_{sp} \tag{3-32}$$

对(3-32)式取对数,得

$$\lg a_{Me^{2+}} + 2\lg \frac{K_W}{a_{H^+}} = \lg K_{sp} \tag{3-33}$$

因此

$$pH = \frac{1}{2}\lg K_{sp} - \frac{1}{2}\lg a_{Me^{2+}} - \lg K_W \tag{3-34}$$

从(3-34)式可知,求 K_{sp} 的关键是获得 $a_{Me^{2+}}$ 的值。下面以氢氧化钠滴定硫酸镍为例,介绍计算 K_{sp} 的具体步骤。

用 NaOH 滴定 $NiSO_4$,可用 pH 计监测溶液 pH 值的变化。pH 计所测得的数据为溶液中氢离子活度的负对数。因为溶液中氢离子和氢氧根离子的浓度均很小,在计算时用两者的活度代替其浓度不会产生明显的误差。在时刻 t,溶液中各离子的浓度为

$$[H^+]_{t=0} = 10^{-pH_0}$$

$$[OH^-] = K_W/[H^+]_{t=0}$$

$$[H^+]_t = 10^{-pH_t}$$

$$[OH^-] = K_W/[H^+]_{t=0}$$

$$[SO_4^{2-}]_t = [NiSO_4]_0 \times \frac{V_0}{V_t}$$

$$[Na^+]_t = [NaOH]_0 \times \frac{V_{NaOH,t}}{V_t}$$

以上为溶液中已知或可测量的离子的浓度。其中,pH_0 是 $NiSO_4$ 溶液的初始 pH 值;pH_t 是滴定至 t 时刻溶液的 pH 值;V_0 是本次实验所取用的 $NiSO_4$ 溶液的体积;$V_{NaOH,t}$是至 t 时刻,滴加的 NaOH 溶液的体积;V_t 是 t 时刻溶液的总体积,$V_t = V_0 + V_{NaOH,t}$。

溶液中唯一未知的是镍离子的浓度。当滴加的 NaOH 不足以产生 $Ni(OH)_2$ 沉淀时,溶液中 Ni^{2+}的浓度等于 $SO_4{}^{2-}$ 的浓度,一旦产生 $Ni(OH)_2$ 沉淀之后,溶液中的 Ni^{2+}浓度小于 $SO_4{}^{2-}$的浓度,其浓度可以由下式求算:

$$[Ni^{2+}]_t = [NiSO_4]_0 \times \frac{V_0}{V_t} - \frac{1}{2}$$

$$([NaOH]_0 \times \frac{V_{NaOH,t}}{V_t} - [OH^-]_0 \times \frac{V_0}{V_t} + [OH^-]_t)$$

上式右边的第一项为 t 时刻溶液中含有 Ni^{2+} 的总浓度,第二项为加入氢氧化钠而沉淀的镍离子的浓度。在本实验的条件下,因为 $[OH^-]_0$ 和 $[OH^-]_t$ 均很小,都可以忽略不计。故所滴加的 NaOH 可视为完全消耗于 Ni^{2+} 的沉淀,因此有

$$[Ni^{2+}]_t \approx [SO_4^{2-}]_t - 0.5 \times [Na^+]_t \tag{3-35}$$

t 时刻,溶液的离子强度为

$$I_t = \sum_i \frac{1}{2} C_i Z_i^2$$

$$= 2[Ni^{2+}]_t + 2[SO_4^{2-}]_t + 0.5[Na^+]_t + 0.5[H^+]_t + 0.5[OH^-]_t$$

即

$$I_t = 2([Ni^{2+}]_t + [SO_4^{2-}]_t) + 0.5([Na^+]_t + [H^+]_t + [OH^-]_t) \tag{3-36}$$

将各离子浓度的值代入(3-36)式即可求得任意时刻溶液的离子强度。由德拜-休克尔公式即可求出溶液中各离子的活度系数,进而可以求出溶度积 K_{sp}。溶液中氢氧根离子的活度可直接由溶液的 pH 值得到,所以需要计算的仅为镍离子的活度系数。

$$\lg\gamma_{Ni^{2+},t} = -AZ_{Ni^{2+}}^2\sqrt{I_t} \tag{3-37}$$

298K 时 A 的值为 0.509,镍离子的价态为 2,将以上数值代入(3-37)式:

$$\lg\gamma_{Ni^{2+},t} = -2.036\sqrt{I_t} \tag{3-38}$$

氢氧化镍的溶度积为

$$K_{sp} = a_{Ni^{2+}} \cdot a_{OH^-}^2$$

$$= [Ni^2]_t \cdot \gamma_{Ni^{2+},t} \cdot a_{OH^-,t}^2 \tag{3-39}$$

由溶液的 pH 值可以求出 OH^- 的活度:

$$a_{OH^-,t} = K_W / a_{H^+,t} = K_W / 10^{-pH} \tag{3-40}$$

将(3-35),(3-37),(3-40)式代入(3-39)式即得 $Ni(OH)_2$ 的溶度积 K_{sp}。

用氢氧化钠溶液滴定硫酸镍溶液时,在产生氢氧化镍沉淀以前,NaOH 只消耗于中和溶液中的 H^+,溶液的 pH 值增加很快;当氢氧化镍开始沉淀之后,滴入溶液中的 NaOH 转而消耗于与镍离子结合生成氢氧化镍沉淀,溶液的 pH 值缓慢上升;金属离子沉淀完毕后,继续滴加的碱溶液将使溶液的 pH 值很快上升。以溶液 pH 值对滴加的氢氧化钠体积作图,所得到的曲线如图 3-10 所示。

图中一段较平坦的线段,即对应着氢氧化镍的析出过程。利用此段的实验

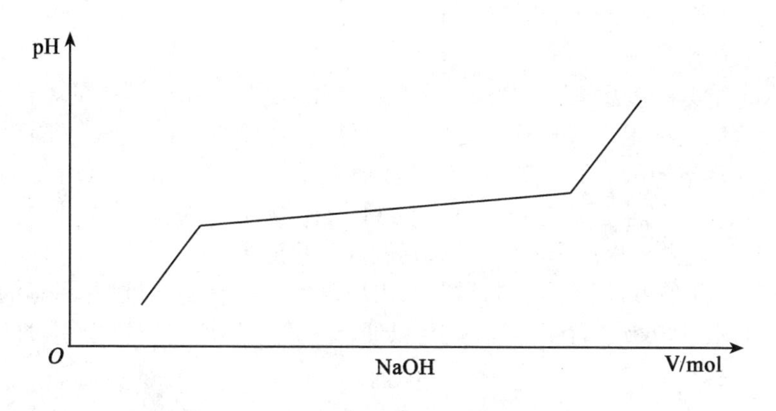

图 3-10　氢氧化钠对硫酸镍溶液的滴定曲线

数据可以求出氢氧化镍的溶度积。

三、仪器和试剂

pHS-3C 型数字式精密酸度计；

HJ-25 型控温磁力搅拌器；

231 型玻璃电极；

232 型甘汞电极；

50mL 碱式滴定管；

100mL 玻璃烧杯。

氢氧化钠(分析纯)：用去离子水配成浓度为 0. 20mol · L^{-1} 的氢氧化钠溶液；

硫酸镍(分析纯)：用去离子水配成浓度为 0. 10mol · L^{-1} 的硫酸镍溶液；

pH 值为 6. 984(298. 15K)的磷酸二氢钠-磷酸氢二钠标准缓冲溶液；

pH 值为 4. 003(298. 15K)的邻苯二甲酸氢钾标准缓冲溶液。

四、实验步骤

(1)开启酸度计，并预热 30min。用 pH 值为 6. 984 和 4. 003 的标准缓冲溶液对酸度计进行校正。对经常使用的酸度计可以用 pH 值为 6. 984 的标准缓冲溶液进行单点校正。

(2)用移液管准确量取 25.00mL 0.1mol · L^{-1} $NiSO_4$ 溶液至 100mL 烧杯中，将烧杯置于电磁搅拌器上。

(3)将玻璃电极和甘汞电极浸入硫酸镍溶液中,在不断搅拌的条件下,用碱式滴定管向烧杯中加入氢氧化钠溶液。每次大约滴加 1mL 氢氧化钠溶液,并用酸度计测定溶液的 pH 值,待 pH 值读数稳定后记录下滴加的 NaOH 毫升数和相应的 pH 值,不断重复以上操作直至溶液的 pH 值再度快速上升为止。

(4)重复做一次滴定实验,并认真做好实验记录。

(5)关闭酸度计和电磁搅拌器,取出玻璃电极和甘汞电极,并用蒸馏水冲洗干净。将玻璃电极放置于蒸馏水中,以便下一次使用。清洗所使用过的玻璃仪器,关闭电源。

五、数 据 处 理

(1)作 pH-V_{NaOH}图,由图中近乎平台的部分找到形成$Ni(OH)_2$ 的 pH 值。

(2)在曲线的平台部分选择 8 个点,用此 8 个点的实验数据计算 $Ni(OH)_2$ 的溶度积。

(3)对 8 个点求出的 K_{sp}值求算术平均值,所得结果即为一次滴定实验所测得的氢氧化镍溶度积。

(4)对各次滴定实验所求得的 K_{sp}求平均值,所得平均值即为本次实验所测得的氢氧化镍的溶度积。

六、注 意 事 项

(1)pH 计在进行数据测定前,必须充分预热,以使仪器达到稳定状态。每次读数均应在仪器的显示数值稳定后再记录。

(2)在具体实验前,应用新配制的标准缓冲溶液对 pH 计进行标定。

七、思 考 题

1. 在曲线上为什么会出现近乎水平的线段?
2. 如何计算开始形成 $Ni(OH)_2$ 沉淀时溶液中 $NiSO_4$ 的浓度?
3. 根据近乎水平段的数据求算 $Ni(OH)_2$ 的溶度积的优越性是什么?

八、参考文献

[1]罗澄源,等. 物理化学实验[M].2版. 北京:高等教育出版社,1984:118
[2]武汉大学. 分析化学[M].2版. 北京:高等教育出版社,1988:149
[3]B L 海费茨,等. 理论电化学实验[M]. 北京:高等教育出版社,1956:29

(汪存信　刘欲文)

实验 29　用停留法研究 DBC-偶氮氯膦与稀土钇(Y)的快速反应

一、目的和要求

(1)了解 UV-240 紫外可见光谱仪的操作方法。

(2)掌握停留法的动力学实验方法。

(3)学会用计算机处理动力学数据。

二、原　　理

1. DBC-偶氮氯膦与稀土钇(Y)反应速率常数和活化能的测定原理

DBC-偶氮氯膦的结构式如下:

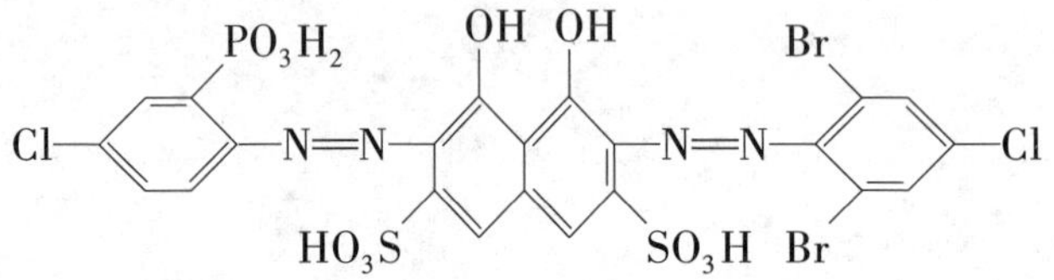

PO_3H_2　OH　OH　Br

Cl—⟨苯环⟩—N=N—⟨萘环⟩—N=N—⟨苯环⟩—Cl

HO_3S　SO_3H　Br

以 R 表示其分子式。相对分子质量 $M=924.78$,其与 Y 的反应可用下式表示:

	R	+ 3Y →	══	$R(Y)_3$
$t=0$	a	b		0
$t=t$	$a-x\approx a$	$b-x$		x
$t=\infty$	$a-b\approx a$	0		b

在反应过程中始终保持 $a\gg b$,该反应为一级反应,反应速率可用(3-41)式

表示：

$$-\frac{\mathrm{d}c_{\mathrm{Y}}}{\mathrm{d}t}=k'c_{\mathrm{R}}c_{\mathrm{Y}}=kc_{\mathrm{Y}}(c_{\mathrm{R}}\gg c_{\mathrm{Y}}) \tag{3-41}$$

$$-\int_{c_0}^{c}\frac{\mathrm{d}c_{\mathrm{Y}}}{\mathrm{d}t}=\int_0^t k\mathrm{d}t$$

$$\ln\frac{c_0}{c}=kt \tag{3-42}$$

$$\ln\frac{b}{b-x}=kt \tag{3-43}$$

以$-\ln(b-x)$对t作图为一直线，其斜率$=k$，在645nm处只有$R(Y)_3$有吸收，Y无吸收，R的吸收由参比对消。$[R(Y)_3]$的浓度由UV-240紫外可见光谱仪测定其吸光度求得。根据朗伯-比尔定律：

$$A=\varepsilon cl \qquad (l=1\mathrm{cm})$$

$$c=\frac{A}{\varepsilon}$$

对于产物：

$$t=0 \quad A_0=\varepsilon c_0, C_{\mathrm{R(Y)}_3}=0$$

$$t=t \quad A_t=\varepsilon x, x=\frac{A_t}{\varepsilon}$$

$$t=\infty \quad A_\infty=\varepsilon b, b=\frac{A_\infty}{\varepsilon}$$

将上面公式代入(3-43)式，得

$$-\ln(A_\infty-A_t)=kt-\ln A_\infty \tag{3-44}$$

以$-\ln(A_\infty-A_t)$对t作图为一直线，斜率$=k$，分别测25℃，30℃两个不同温度下的k_1，k_2，则可求得反应活化能E_{a}。

2. 电子吸收光谱的产生原理

物质原子中的电子都处于一定的运动状态，每一状态都属于一定的能级。当电子吸收光量子从低能级E_1跃迁到高能级E_2时，就产生吸收光谱。吸收光谱又可分为电子吸收光谱（紫外可见吸收光谱）、振动吸收光谱（红外光谱）和转动光谱（微波谱）。紫外可见吸收光谱由电子能级间的跃迁产生，红外光谱由振动能级间的跃迁产生，微波谱由转动能级间的跃迁产生。其能级跃迁可用图3-11表示。

A，B为电子能级，电子能级又包括很多振动能级，振动能级又包括很多转动

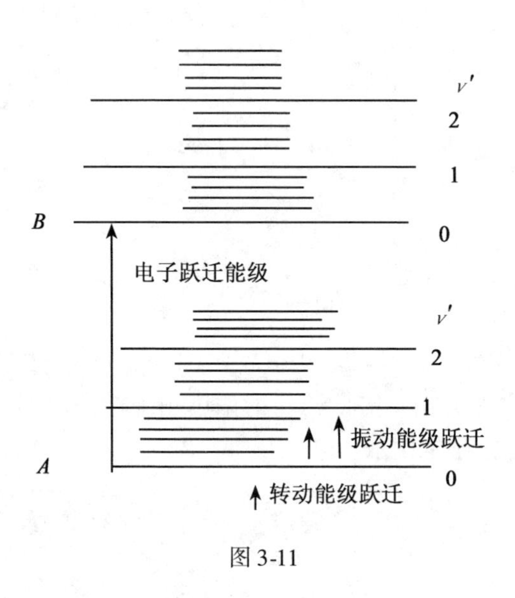

图 3-11

能级。因此紫外可见吸收光谱为带状光谱。

三、仪器和试剂

UV-240 紫外可见光谱仪;
计算机;
注射器(2mL)4 支,混合器 2 个;
超级恒温水槽;
秒表 1 只;
移液管(2mL)2 支,(5mL)4 支;
0.05% DBC-偶氮氯膦溶液;
10μg/mL 的 Y 储备液;
6mol · L^{-1}盐酸(A. R.)。

四、实验步骤

(1)打开超级恒温水槽,使温度控制在 20℃。

(2)打开稳压电源,待电压升至 220V 后打开紫外可见光谱仪的开关。然后仪器自动进入调试阶段,按仪器说明书操作并输入相关参数。

指定参数	键操作
T/A:ABS	T/A ,2, ENTER
扫描速度:快	SCAN SPEED ,1, ENTER
波长标度:40nm/cm	λ SCALE ,5, ENTER
MODE:扫描时间	MODE ,3, ENTER
REPEAT:*T*(min):0	REPEAT ,0, ENTER
NO:1	1, ENTER
T/A　RANGE:Tow:0	T/A RANGE ,0, ENTER
HIOH:1	T/A RANGE ,0, ENTER
	1, ENTER
GTOTO *λ*:646nm	GOTO λ ,645, ENTER

(3)将比色皿用洗液浸泡5min后洗净烘干,分别放入参比池和样品池。

(4)配制溶液。

① 用5mL移液管移取10μg/mL的Y溶液2mL,6mol/L HCl 9mL,于25mL容量瓶中,稀释至刻度线。

② 用5mL移液管移取0.05% DBC-偶氮氯膦5mL,于25mL容量瓶中,稀释至刻度线,即为0.01%的浓度。

③ 移取6mol/L HCl 9mL于25mL容量瓶中,稀释至刻度线。

(5)取样、恒温、注射样品。

① 用5mL带刻度的移液管分别取2mL 0.01% DBC和2mL 2.16mol/L HCl分别放入两个10mL烧杯中,再用2mL注射器分别吸入并套上塞子,放入恒温水槽。

② 用5mL带刻度的移液管分别取2mL 0.01% DBC和2mL Y溶液分别放入两个10mL烧杯中,再用2mL注射器分别吸入并套上塞子,放入恒温水槽。

③ 待上述溶液恒温10min后,取出操作①的两支注射器,取下塞子,迅速套上混合器,同时注入参比池比色皿。轻按 ABSO 100%T 键,使 $A=0$,再按 START/STOP 键,使记录纸开始记录。

④ 取出操作②的两支注射器,取出塞子,迅速套上混合器,注入参比池比色皿,同时打开秒表,记录吸光度达到不变时的时间,记下 A_∞ 的值。

⑤ 将恒温槽温度提高到25℃,再重复一次① ~ ④的手续,则得到两个不同温度下的 A-t 曲线。

五、数 据 处 理

(1)从打印机记录的两个不同温度下的 A-t 曲线,读出不同时间所对应的吸光度 A,$v_{纸}=1.5\text{s/mm}$。$t=1.5\text{s/mm}\times a\text{mm}$,$a=2,4,6,8,10,12,16,20$。

吸光度由纵坐标读出,将读数填入下表:

$T_1=$　　　　　　　　$A_\infty=$

t/s	3	6	9	12	15	18	24	30
A_t								

$T_2=$　　　　　　　　$A_\infty=$

t/s	3	6	9	12	15	18	24	30
A_t								

(2)将以上实验数据输入计算机进行计算。在打印机上打印 $-\ln(A_\infty-A_t)$-t 曲线。

(3)求出速率常数 $k_1(T_1)$,$k_2(T_2)$,E_a 的值。

六、思 考 题

1. 停留法的最大优点是什么?
2. 两点法求活化能 E_a 有什么缺点?

实验30　BZ化学振荡反应

一、目的和要求

（1）参看有关BZ化学振荡反应的文献资料，进行BZ反应的“时间振荡”实验。

（2）设计乳酸-丙酮-$KBrO_3$-$MnSO_4$-H_2SO_4化学振荡体系的实验方案，并对其诱导期及振荡特征进行研究。

二、原　　理

1. 振荡反应

含有$KBrO_3$，$CH_2(COOH)_2$或溴代丙二酸（Malonic or Bromo-malonic Acid）和溶于H_2SO_4的硫酸铈（Cerisulfatze）的反应混合物，在30℃恒温条件下搅拌时，则有持续的振荡反应发生，丙二酸在催化剂Ce^{4+}/Ce^{3+}存在下被溴酸根氧化，即

$$3H^+ + 3BrO_3^- + 5CH_2(COOH)_2 \xrightarrow{Ce^{4+}/Ce^{3+}} 3BrCH(COOH)_2 + 2HCOOH + 4CO_2 + 5H_2O$$

2. FKN机理

根据Field，Körös，Noyes对该机理所做实验的研究，经过仔细分析得知其中间过程不少于十一步，但可简化为六个反应，其中包括三个关键性物质：

（1）$HBrO_2$　　“开关”中间化合物。

（2）Br^-　　“控制”中间化合物。

（3）Ce^{4+}　　“再生”中间化合物。

具体地说,在此反应体系中,由于[BrO_3^-/Br^-]比值的不同可分为两个反应过程,过程 A 及过程 B。

过程 A:当[Br^-]足够大时,体系按这个过程进行:

(1) $BrO_3^- + Br^- + 2H^+ \xrightarrow{k_1} HBrO_2 + HBrO$ 慢

(2) $HBrO_2 + Br^- + H^+ \xrightarrow{k_2} 2HBrO$ 快

(注:HBrO 一旦出现,立即被丙二酸消耗掉)

过程 B:当只剩少量[Br^-]时, Ce^{3+} 按下式被氧化:

(3) $BrO_3^- + HBrO_2 + H^+ \xrightarrow{k_3} 2BrO_2 \cdot + H_2O$ 慢

(4) $BrO_2\cdot + Ce^{3+} + H^+ \xrightarrow{k_4} HBrO_2 + Ce^{4+}$ 快

(注: $BrO_2\cdot$ 是自由基,反应(4)是瞬间完成的)

(5) $2HBrO_2 \xrightarrow{k_5} BrO_3^- + HBrO + H^+$

(6) $4C_e^{4+} + BrCH(COOH)_2 + H_2O + HBrO \xrightarrow{k_6}$

$2Br^- + 4Ce^{3+} + 3CO_2 + 6H^+$

在 A 过程中,慢反应(1)是决定速度的步骤,反应(2)是快反应, $k_1/k_2 \approx 10^{-9}$,当 $k_2[HBrO_2]_A[Br^-]+[H^+] \approx k_1[BrO_3^-][Br^-][H^+]^2$ 时,即 $[HBrO_2]_A \approx (k_1/k_2)[BrO_3^-][H^+] \approx 10^{-9}[BrO_3^-][H^+]$ 时,反应达到准定态(quasisteady state)。

在过程 B 中,慢反应(3)是决定速率的步骤,反应(3)与反应(4)的联合效应是

$$BrO_3^- + 2Ce^{3+} + 2H^+ + HBrO_2 \xrightarrow{k_{3,4}} 2HBrO_2 + 2Ce^{4+} + H_2O$$

相当于一个产生 $HBrO_2$ 的自催化反应(autocatalytic reaction)。随着 $HBrO_2$ 的产生,反应会越来越快,在 B 过程中, $\frac{k_3}{k_5} \approx 10^4$,当 $2k_5[HBrO_2]_B^2 \approx k_3[BrO_3^-][HBrO_2]_B[H^+]$ 即 $[HBrO_2]_B \approx (k_3/2k_5)[BrO_3^-][H^+] \approx 10^{-4}[BrO_3^{-1}][H^+]$ 时,反应又达到新的准定态, $[HBrO_2]_B$ 是 $[HBrO_2]_A$ 的约 10^5 倍。从 $[HBrO_2]_A$ 的自催化反应以及 $[HBrO_2]_B$ 可看出[$HBrO_2$]起"开关"作用。从反应(2)和(3)可以看出: Br^- 和 BrO_3^- 对 $HBrO_2$ 存在着竞争作用,故当 $k_2[HBrO_2][Br^-][H^+] > k_3[BrO_3^-][HBrO_2][H^+]$ 时,即当 $k_2[Br^{-1}] > k_3[BrO_3^-]$ 时,自催化反应(3)和(4)就不可能发生,所以从过程 A 转到过程 B 的条件是: $k_2[Br^-] < k_3[BrO_3^-]$ 。因此[Br^-]的临界浓度是 $[Br^-]_{临界} = k_3/k_2[BrO_3^-] \approx 5\times10^{-6}[BrO_3^-]$,这就是 Br^- 的控制

作用。

振荡现象的发生，是由于存在反应(6)，Ce^{4+}可使Br^-再生，这就是Ce^{4+}的“再生”作用。

三、仪器和试剂

pHS-3C型数字精密酸度计1台；
Type3056型垂直式记录仪1台；
CS501型超级恒温仪1台；
78HW-1型磁力搅拌器1台；
光亮铂丝电极(自制)1支；
带恒温夹套玻璃反应器1台；
$0.1 mol \cdot L^{-1} KNO_3$琼脂溶液充注的盐桥(自制)；
5mL，10mL移液管各6支；1 000mL烧杯6只；
溶液(1)：$0.096\ mol \cdot L^{-1} CH_2(COOH)_2(0.8\ mol \cdot L^{-1} H_2SO_4)$；
$0.1890\ mol \cdot L^{-1} KBrO_3(0.8\ mol \cdot L^{-1} H_2SO_4)$；
$0.003\ mol \cdot L^{-1} Ce(NO_3)_4 \cdot 2NH_4NO_3(0.8\ mol \cdot L^{-1} H_2SO_4)$。
溶液(2)：$0.15\ mol \cdot L^{-1} CH_3CH(OH)COOH$(乳酸)$(1 mol \cdot L^{-1} H_2SO_4)$；
$0.15\ mol \cdot L^{-1} CH_3COCH_3$(丙酮)$(1 mol \cdot L^{-1} H_2SO_4)$；
$0.025\ mol \cdot L^{-1} KBrO_3(1 mol \cdot L^{-1} H_2SO_4)$；
$0.005\ mol \cdot L^{-1} MnSO_4(1 mol \cdot L^{-1} H_2SO_4)$。

四、实验步骤

1. 经典振荡体系

(1)取丙二酸的H_2SO_4溶液10mL，硝酸铈铵的硫酸溶液10mL放入带有恒温夹套的玻璃反应器中，将反应器置于电磁搅拌器上(采用0.8cm长度的小磁子)，调节搅拌速度使之均匀慢速，用恒温仪打出30℃的循环水进入反应池夹套中，恒温10～15min，同时将$KBrO_3$的硫酸溶液置于CS501型超级恒温仪中恒温。

(2)将铂丝电极插入反应器溶液中，将盐桥横跨在反应器与甘汞电极池之间，同时将铂丝电极及甘汞电极分别接在pHS-3C型数字型精密酸度计的+、-极上,然后将酸度计上的两个输出插头接在记录仪上,记录仪上量程为 25mV,走纸速度为 60cm/h。

(3)打开记录仪走纸开关,同时加入 10mL 已恒温好的 $KBrO_3$ 溶液,开始计时,通过 Pt 电极来测试体系的混合电势,经过酸度计阻抗转换后,用记录仪自动记下 E-t 曲线。

(4)从加入 $KBrO_3$ 开始到体系电势第一次迅速下降之前的这段时间记为诱导期,读出诱导期时间 t_{in}。

(5)以电势变化最尖锐的波峰为起点,连续记 5 ~ 10 个周期,读出振荡周期的平均值 t_p。

(6)从加入 $KBrO_3$ 时开始一直到振荡反应结束称为振荡寿命 t_1。

(7)将温度升到 35℃,重复上述实验。

(8)倒出反应液,洗净、烘干反应器,并用洗液荡洗铂电极,用蒸馏水冲洗后用滤纸擦干。

2. 乳酸-丙酮-$KBrO_3$-$MnSO_4$-H_2SO_4 振荡体系

实验操作同 1。

五、数据处理

走纸速度______,记录仪量程______。

根据公式

$$\ln \frac{(1/t_{in})_2}{(1/t_{in})_1} = \frac{E_{in}}{R} \frac{T_2 - T_1}{T_1 T_2}$$

$$\ln \frac{(1/t_p)_2}{(1/t_p)_1} = \frac{E_p}{R} \frac{T_2 - T_1}{T_1 T_2}$$

计算活化能 E_{in},E_p 填入下表中。

	温度/℃	溶液 1	溶液 2
t_{in}	30		
	35		
t_p	30		
	35		

续表

	温度/℃	溶液 1	溶液 2
t_1	30		
	35		
E_{in}			
E_p			

六、注意事项

(1)按顺序加入反应溶液($KBrO_3$ 最后加)。

(2)严格按实验步骤操作,作出 E-t 曲线。

七、思考题

1. 比较不同反应溶液体系在实验步骤 1,2 时的诱导期 E_{in} 及 E_p,并解释之。
2. 熟悉 FKN 机理,比较反应体系在实验步骤 1,2 时反应机理的异同点。

实验 31　跳浓弛豫法测定反应速率常数

一、目的和要求

(1)了解跳浓弛豫法的基本实验原理及其特点。

(2)掌握用分光光度计监测铬酸盐-重铬酸盐体系跳浓弛豫过程的速率的实验方法和结果。

(3)学会用作图法求得弛豫时间倒数$\frac{1}{\tau}$。

(4)学会用$\frac{1}{\tau}$对[$HCrO_4^-$]作图,从直线的斜率和截距求算 k_s 和 k_r。

二、原　　理

弛豫是指一个因受外来因素快速干扰而偏离原平衡位置的体系在新条件下趋向新平衡的过程。弛豫法(松弛法)包括快速扰动方法和快速监测扰动后的不平衡态趋向新平衡态的速度或弛豫时间的方法,由于弛豫时间与速率常数、平衡常数、物种平衡浓度有一定函数关系,因此,如果用实验方法测出弛豫时间,就可根据该关系式求出反应的速率常数。同时,化学弛豫是一种研究快速反应的重要手段,其最大优点就在于可以简化总速率方程为线性关系,而不论其反应级数是多少,从而使复杂反应体系的处理更为直接。

跳浓弛豫法是根据达到化学平衡或准平衡态的反应体系通过浓度突变(在 2~4s),使其瞬间偏离平衡态,然后监测体系自扰动后从非平衡态趋向新平衡态过程中浓度随时间的变化。如果受扰动体系偏离平衡不大,即当 Δc_v 趋于零时,则 Δc_v 可视为时间的指数函数。

$$\frac{d\Delta c_i}{dt} = -\frac{\Delta c_v}{\tau} \tag{3-45}$$

$$\int_{\Delta c_v}^{\Delta c_v} \frac{d\Delta c_i}{\Delta c_i} = -\int_0^t \frac{dt}{\tau} \tag{3-46}$$

两边积分得到

$$\ln\Delta c_i = -\frac{t}{\tau} + \ln\Delta c_i^0 \tag{3-47}$$

其中：

$$\Delta c_i = c_i - (c_i)_{平} \tag{3-48}$$

Δc_i^0 为零时间的 Δc_v，式中 c_i 和$(c_i)_{平}$是第 i 种物质在时间为 t 和时间为无穷大时(新平衡态时)的浓度，τ 是弛豫时间，它是指反应体系在趋向新平衡态过程中，体系最初浓度与新的平衡浓度之偏离值减少到条件突变瞬间造成的起始偏离值的 $1/e$ 所需的时间，即 Δc_i 从任一值降到该值的 $1/e$ 所需的时间。根据(3-47)式，选用分光光度法测定$\frac{1}{\tau}$时，只需以 $\ln\lg(T_{平}/T_i)$ 对 t 作图即可。

反应的弛豫时间是速率常数、平衡常数和物种浓度的复杂函数，函数形式与反应机理有关。

对于我们研究的体系，反应的机理是

(1) $H_3O^+ + CrO_4^{2-} \rightleftharpoons HCrO_4^- + H_2O$[L] 快

(2) $2HCrO_4^- \underset{k_\tau}{\overset{k_f}{\rightleftharpoons}} Cr_2O_7^{2-} + H_2O$ 慢

为了跟踪 H_3O^+浓度，常在溶液中加入指示剂 In^-产生第三个平衡：

(3) $H_3O^+ + In^- \overset{k_7}{\rightleftharpoons} HIn + H_2O$ 快

$K_5 = 1.3\times10^6$，$K_6 = 50$[4,5] 分别是反应(1)，(2)的平衡常数，k_7 与所选指示剂有关。

反应(1)和(3)比反应(2)更快达到平衡，则反应(2)的弛豫时间可按(3-49)式计算：

$$\frac{1}{\tau} = 4k_7[HCrO_4^-]\frac{K_5R}{1+K_5R} + k_\tau([H_2O] + [Cr_2O_7^{2-}]) \tag{3-49}$$

上式推导见参考文献[2]，若实验条件选择 $K_5R \gg 1$，$[H_2O] \gg [Cr_2O_7^{2-}]$，其中：

$$R = [H_3O^+] + [CrO_4^{2-}]\frac{1 + k_7[H_3O^+]}{1 + k_7([H_3O^+] + [In^-])}$$

由(3-49)式化简为

$$\frac{1}{\tau} = 4k_7[\mathrm{HCrO_4^-}] + k_\tau[\mathrm{H_2O}] \tag{3-50}$$

以$\frac{1}{\tau}$对$[\mathrm{HCrO_4^-}]$作图,从直线的斜率和截距可求出反应速率常数 k_7 和 k_τ。

$[\mathrm{HCrO_4^-}]$可根据物料平衡关系式和反应(1),(2)的平衡常数计算出来,其中物料平衡关系式和反应(1),(2)的平衡常数关系式如下:

$$[\mathrm{Cr^{VI}}] = [\mathrm{Cr_{总}}] = [\mathrm{CrO_4^{2-}}] + [\mathrm{HCrO_4^-}] + 2[\mathrm{Cr_2O_7}^{2-}] \tag{3-51}$$

$$K_5 = \frac{[\mathrm{HCrO_4^-}]}{[\mathrm{CrO_4^{2-}}][\mathrm{H_3O^+}]} \tag{3-52}$$

$$K_6 = \frac{[\mathrm{Cr_2O_7^{2-}}]}{[\mathrm{HCrO_4^-}]^2} \tag{3-53}$$

将(3-52)式中$[\mathrm{CrO_4^{2-}}]$和(3-53)式中$[\mathrm{Cr_2O_7^{2-}}]$分别代入(3-51)式中得

$$[\mathrm{HCrO_4^-}] = [\mathrm{Cr_{总}}] - \frac{[\mathrm{HCrO_4^-}]}{k_5[\mathrm{H_3O^+}]} - 2K_6[\mathrm{HCrO_4^-}]^2$$

$$[\mathrm{HCrO_4^-}] + \frac{[\mathrm{HCrO_4^-}]}{K_5[\mathrm{H_3O^+}]} + 2K_6[\mathrm{HCrO_4^-}]^2 = [\mathrm{Cr_{总}}]$$

$$2K_6[\mathrm{HCrO_4^-}]^2 + \left(1 + \frac{1}{K_5[\mathrm{H_3O^+}]}\right)[\mathrm{HCrO_4^-}] - [\mathrm{Cr_{总}}] = 0$$

解此一元二次方程得

$$[\mathrm{HCrO_4^-}] = \frac{1}{4K_6}\left[\sqrt{\left(\frac{K_5[\mathrm{H_3O^+}] + 1}{K_5[\mathrm{H_3O^+}]}\right)^2 + 8K_6[\mathrm{Cr_{总}}]} - \frac{1 + K_5[\mathrm{H_3O^+}]}{K_5[\mathrm{H_3O^+}]}\right] \tag{3-54}$$

本实验用国产 723 型分光光度计监测扰动后的铬酸盐-重铬酸盐反应的速率常数。

三、仪器和试剂

国产 723 型分光光度计 1 台;

1mL 注射器 4 支;

3mL 注射器 4 支;

光程 1cm,2cm 比色皿各 3 只；

1 000mL,100mL,50mL 容量瓶各 4 个。

所用试剂 KNO_3；

$K_2Cr_2O_7$；

KOH；

溴百里酚蓝(二溴百里酚磺酞)均为分析纯。

由于所用反应物和中间配合物均带有电荷,离子强度对反应速率有显著影响,因此要求反应液的离子强度维持恒定,所以 $K_2Cr_2O_7$ 溶液需用 0.1mol · L^{-1} KNO_3 溶液配制,即先用二次蒸馏水配制 0.1 mol · L^{-1} KNO_3 溶液,然后配制含有 0.1mol · L^{-1} KNO_3 的 $K_2Cr_2O_7$ 储备液(A),其中约含 0.01 ~ 0.050mol · L^{-1} $K_2Cr_2O_7$。

配制 1×10^{-3} mol · L^{-1} 溴百里酚蓝甲醇溶液(B),用 2 mol · L^{-1} KOH 溶液调节反应液 B 的 pH 值,用 pH 计准确测定,使其 pH 值达到 6.6 ~ 7.2。

B 溶液浓度较稀,其浓度约为 1×10^{-3} mol · L^{-1},其中含有溴百里酚蓝指示剂浓度约为 1×10^{-5} mol · L^{-1}。A,B 溶液浓度如表 3-3 所示。

表 3-3　**A,B 溶液浓度**

$\mu=0.1$mol · L^{-1} KNO_3　$t=20$℃

序号	浓度	
	A×10^{-2} mol · L^{-1}	B×10^{-3} mol · L^{-1}
1	5.000	0.500
2	2.500	1.000
3	1.250	5.000

四、实 验 步 骤

(1)在带有恒温装置的 723 型分光光度计中,往样品池和参比池中(光程为 1cm 或 2cm),分别注入 3mL(或 6mL)B 溶液和水,恒温 20min,然后用 1mL 注射器吸入 A 溶液 0.1(或 0.2)mL,同时再吸入 0.4mL 空气,尽快地(2 ~4s)注入 B

溶液中,并同时用3mL注射器吸、放溶液,使其充分混合,在620nm下,立即跟踪监测扰动后溶液中指示剂的透光率 T 随时间 t 的变化情况,直到透光率停止变化为止,即反应达到新的平衡,在平衡点附近左右漂移,读取 $T_{平}$,最后在pH计上准确测定反应液的pH值。

(2)按表3-4所示重复实验步骤19次。

表3-4 **A溶液扰动B溶液**

$\mu=0.1\text{mol}\cdot\text{L}^{-1}\ KNO_3 \quad t=20℃$

溶液名称		t/s	T_i	$T_{平}$	τ/s
A_1	B_1				
A_2	B_1				
A_3	B_1				
A_1	B_2				
A_2	B_2				
A_3	B_2				
A_1	B_3				
A_2	B_3				
A_3	B_3				

注:①A溶液为0.1mL,B溶液为6mL。

②t 是从微扰开始(即用0.1mL A溶液与6mL B溶液快速混合)至反应达到平衡的时间。

③τ 是以 $-\ln\lg\left(\frac{T_{平}}{T_i}\right)$ 对 t_i 作图求出的弛豫时间。

④T_i 为任何时刻 t_i 的溶液透光率,$T_{平}$ 为新平衡态时溶液的透光率。

五、数据处理

(1)以 $\ln\lg\left(\frac{T_{平}}{T_i}\right)$ 对 t_i 作图,由图的斜率求算弛豫的时间 τ,结果填入表3-5。

(2)根据(3-54)式求算[$HCrO_4^-$],结果填入表3-5。

表3-5　　**[$HCrO_4^-$],$\frac{1}{\tau}$数据**

$\mu=0.1mol\cdot L^{-1}KNO_3$　$t=20℃$

序号	$pH_{始}$	$pH_{终}$	[$HCrO_4^-$]$\times10^{-3}mol\cdot L^{-1}$	$\frac{1}{\tau}\times10^{2}s^{-1}$
1				
2				
3				
4				
5				
6				
7				
8				
9				

注:①$pH_{始}$为B溶液的pH值。

②$pH_{终}$为A溶液和B溶液快速混合后的pH值。

(3)由表3-5数据,以[$HCrO_4^-$]对$\frac{1}{\tau}$作图,求出截距。

$b=$__________　　斜率$m=$__________

相关系数$R=$__________

根据(3-50)式,计算k_f,k_τ。

六、思 考 题

1. 什么是弛豫及弛豫时间?

2. 讨论[$HCrO_4^-$]对$\frac{1}{\tau}$作图时,数据分散的原因。

3. 讨论温度对反应速率常数的影响。

七、注 意 事 项

1. A,B 两溶液必须尽可能在短时间内快速混合,并立即跟踪透光率 T_i 随 t_i 的变化。

2. pH 值测量必须准确。

八、参 考 文 献

[1]J H Swinchert. The kinetics of the chromate-Dichromate Reaction as studied by a Relaxation Method[J]. J Chem Edue,1967. 524

[2]J H Swinehart,Q W Castellan. Inorg Chem, 1964(3):278

[3]H W Sabzberg, et al. Physical Chemistry Laboratory Principles and Experients [M]. Macrrilan Publishing Co Inc,1978

实验 32　$Fe(OH)_3$ 溶胶的聚沉值、ξ 电势及粒径分布的测定

一、目的和要求

(1)制备 $Fe(OH)_3$ 溶胶并将其纯化。

(2)测量 $Fe(OH)_3$ 溶胶的聚沉值、ξ 电势及粒径的分布。

(3)分析影响聚沉值及 ξ 电势的主要因素。

二、原　　理

胶体溶液是分散相线度为 1～100 nm 的高分散多相体系。胶核大多是分子或原子的聚集体,由于其本身电离或与介质摩擦或因选择性吸附介质中的某些离子而带电。由于整个胶体体系是电中性的,介质中必然存在与胶核所带电荷相反的离子(称为反离子),反离子中有一部分因静电引力的作用,与吸附离子一起紧密地吸附于胶核表面,形成了紧密层。于是胶核、吸附离子和部分紧靠吸附离子的反离子构成胶粒。反离子的另一部分由于热运动以扩散方式分布于介质中,故称为扩散层。扩散层和胶粒构成胶团。扩散层与紧密层之交界区称为滑动面,滑动面上存在电势差,称为 ξ 电势。此电势只有在电场中才能显示出来。在电场中胶粒会向正极(胶粒带负电)或负极(胶粒带正电)移动,称为电泳。ξ 电势越大,胶体体系越稳定,因此 ξ 电势的大小是衡量溶胶稳定性的重要参数。ξ 电势的大小与胶粒的大小、胶粒浓度,介质的性质、成分、pH 值及温度等因素有关。

从能量观点来看,胶体体系是热力学不稳定体系,因高分散度体系界面能特别高,胶核有自发聚集而聚沉的倾向。但由于胶粒带同种电荷,因此在一定条件下又能相对地稳定存在。在实际中有时需要胶体稳定存在,有时又需要破坏胶

体使之发生聚沉。使胶体聚沉的最有效方法是加入适量的电解质来中和胶粒所带电荷,降低 ξ 电势。一定量某种溶胶在一定时间内发生明显聚沉所需电解质的最低浓度称为该电解质的聚沉值。

聚沉值、ξ 电势和胶粒粒径的测量常用比较纯净的溶胶,这就要求对溶胶进行纯化。本实验采用渗析法,即通过半透膜除去溶胶中多余的电解质达到纯化目的。

本实验采用的电泳管如图 3-12 所示,一支带刻度的 U 形管下端连接活塞 A,活塞 A 通过一弯管连接中部支管。电泳前装样时,胶体溶液从中部支管加入,辅助电解液从 U 形管加入。然后打开活塞使两溶液相遇,由于胶体液面较高,将辅助电解液向上推动,最终 U 形管下半部分为胶体溶液,上半部分为辅助电解液,插上电极便可进行电泳了。

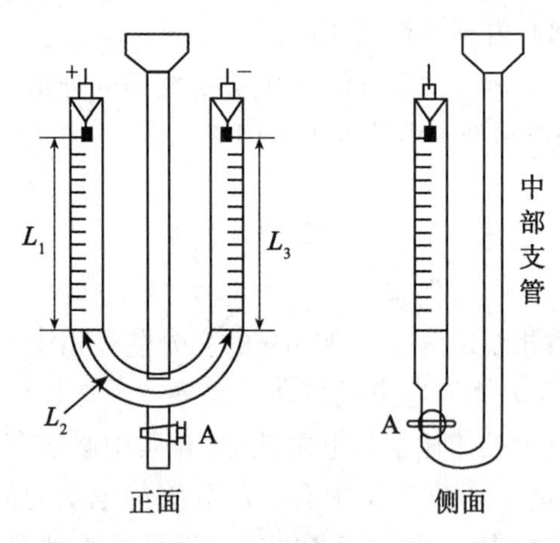

图 3-12　电泳管示意图

三、仪器和试剂

稳流稳压电泳仪 1 台,0 ~ 300V;

电泳管 1 支;

250mL,800mL 烧杯各 1 只;

10mL,100mL 量筒各 1 个;

1mL 移液管 2 支,5mL 移液管 1 支,10mL 移液管 4 支;

150mL 棕色试剂瓶 1 个；

150mL 大口锥瓶 1 个；

25mL 试管 6 支，试管架 1 个；

电导率仪 1 台；

直径为 2cm、长约 4cm 的空心玻璃管 1 根；

棉线、细铜线、直尺等；

800W 电炉 1 台；

粒径分析仪 1 台（美国 COULTER 公司 N4 Plus submicron Particle size analyzer）；

10% $FeCl_3$ 溶液；

2.000 mol/L NaCl 溶液；

0.010 mol/L Na_2SO_4 溶液；

0.005 mol/L $Na_3PO_4 \cdot 12H_2O$；

市售 6% 火棉胶溶液；

KCl 或 KNO_3 稀溶液。

四、实验步骤

1. 水解法制备 $Fe(OH)_3$ 溶胶

在 250mL 烧杯中加入 120mL 蒸馏水，加热煮沸。在沸腾条件下约 1min 滴加完 3mL10% $FeCl_3$ 溶液，并不断搅拌，加完后继续煮沸 3min。水解得到深红色的 $Fe(OH)_3$ 溶胶约 100mL。放置冷却至室温待用。

2. 制备火棉胶半透膜

取一个干燥且内壁光滑的 150mL 大口锥瓶，以一只手握住锥瓶使其大约倾斜 45°，并用手指使其缓慢转动，另一只手从瓶口缓慢加入 6～8mL 6% 的火棉胶溶液，使火棉胶在锥瓶内壁上形成均匀液膜，再倒转瓶口，使锥瓶略向下倾斜，一边转动锥瓶，一边倒出多余的火棉胶溶液于回收瓶中，当锥瓶瓶口向下而无液滴滴下时，将锥瓶倒置在铁圈上，使火棉胶液膜中的乙醚与乙醇完全蒸发，直至闻不出乙醚气味为止，此时用手轻摸胶膜不粘手时（若胶膜发白说明乙醚未干，膜不牢固）。取下锥瓶，向其中注满蒸馏水，浸泡约 10min，以溶去剩余的乙醇。用指甲或小刀在瓶口轻刮,剥开一部分膜,向膜与瓶壁间注水,依靠水的重力使膜逐渐脱离瓶壁,最后完全悬浮在水中,倒出水的同时,轻轻取出膜袋。检查半透膜是否漏水。若漏水,应重做。制好的半透膜应浸泡于蒸馏水中备用。

3. 纯化 $Fe(OH)_3$ 溶胶

取出制好的半透膜,倒掉其中清水。将半透膜口套在粗玻璃管一端,用细线拴紧袋口。用铁架台上铁夹夹住粗玻璃管,使粗玻璃管及半透膜悬挂在铁架台上。将水解法制得的 $Fe(OH)_3$ 溶胶取出,缓慢倒入半透膜中。将装有大约 500mL 蒸馏水的大烧杯在电炉上加热至 60 ~ 70℃,然后用该热水浸泡半透膜,使其中 $Fe(OH)_3$ 溶胶进行渗析。每隔 30min 换一次水,直至其电导率小于 50μs/cm。把纯化好的溶胶置于 150mL 洁净的磨口棕色瓶中保存备用。

4. 聚沉值的测定

(1)取 6 支干净试管分别以 0 ~ 5 号编号。1 号试管加入 10mL2.000mol/L 的 NaCl 溶液,0 号及 2 ~ 5 号试管各加入 9mL 蒸馏水。然后从 1 号试管中取出 1mL 溶液加入到 2 号试管中,摇匀,又从 2 号试管中取出 1mL 溶液加到 3 号试管中,以下各试管手续相同,但 5 号试管中取出的 1mL 溶液弃去,使各试管均有 9mL 溶液,且依次浓度相差 10 倍。0 号作为对照。在 0 ~ 5 号试管内分别加入 1mL 纯化了的 $Fe(OH)_3$ 溶胶,并充分摇均匀后,放置 2min 左右,确定哪些试管发生聚沉。最后以聚沉和不聚沉的两支顺号试管内的 NaCl 溶液浓度的平均值作为聚沉值的近似值。

(2)电解质分别换以 0.010mol/L Na_2SO_4、0.0050mol/L Na_3PO_4 溶液,重复(1)进行实验。并比较其聚沉值大小。

(3)按照(1)和(2)相同步骤测定各电解质对未纯化的胶体的聚沉值。

5. ξ 电势的测定

(1)如图 3-12,打开电泳管中部支管中的活塞 A,先从中部支管加入适量(3 ~ 4mL)已纯化的 $Fe(OH)_3$ 溶胶。注意:将电泳管稍倾斜使加入的胶体刚好充满活塞孔,关闭活塞(使活塞孔中充满胶体且无气泡)。如有少量胶体留在 U 形管一边,可用少量蒸馏水冲洗,然后缓慢倾斜使冲洗液流出。将电泳管竖直固定在铁架台上。继续向中部支管中加入胶体共约 8 ~ 10mL。

(2)测量胶体的电导率。取约 50ml 蒸馏水,向其中缓慢滴加 1mol/L KNO_3

(或 KCl)溶液,并不断测量该溶液电导率,直至其电导率尽量与胶体的电导率接近为止。从 U 形管中加入上述已调好电导率的 KNO_3(或 KCl)辅助电解质约 6～8ml,在 U 形管两边插上铂丝电极,然后十分小心地慢慢打开(不能全部打开)活塞,使 $Fe(OH)_3$溶胶缓缓推动辅助液上升至浸没电极约 0.5cm 时关闭活塞。分别记下 U 形管两边胶体界面的刻度及电极两端点的刻度。

(3)用细铜丝量出 U 形管弯曲处两箭头所指的距离 L_2,同时读取 L_1、L_3。

(4)将正负电极接通电源。所加电压视 L 值及温度而定。若 L 为 0.3m 左右,温度约为 20℃,调至 30～80V。同时开动秒表,每隔 3 分钟,记录胶体两边界面刻度,通电约 30min。按(1)～(4)步骤重做一次。

五、数据处理

(1)将实验现象及结果用表格形式表示。

(2)ξ 电势的计算。

ξ 电势按下式计算:

$$\xi = \eta u / \varepsilon E \tag{3-55}$$

式中,u 为电泳速度,m/s,$u=h/t$,h 为 t 时间段内负极胶体界面均匀上升的距离;E 为电场强度,V/m,$E=V/L$,V 为所加电压,L 为两电极端点的距离,$L=L_1+L_2+L_3$;η 为水的黏度,Pa·S;ε 为水的绝对介电常数,$\varepsilon=\varepsilon_0 \cdot \varepsilon_{r,}$,$\varepsilon_0$ 为真空中的介电常数,$\varepsilon_0=8.854\times10^{-12}\text{F}\cdot\text{m}^{-1}$,$\varepsilon_r$ 为相对介电常数。η,ε 均与温度有关。水的黏度与温度的关系可查附录。介电常数与温度的关系可用下面近似公式表示:

$$\varepsilon_r(t) = 80.1 - 0.4(t/-20) \tag{3-56}$$

式中,80.1 是水在 20℃时的介电常数。

六、注意事项

(1)制备胶体用的大口锥瓶及电泳管内壁一定要光滑洁净。

(2)打开电泳管中间活塞的程度以使胶体界面保持清晰为标准。

七、思考题

1. 三种电解质对已纯化和未纯化的 $Fe(OH)_3$ 溶胶的聚沉值的影响规律是

否相同?为什么?

2. 聚沉值、ξ 电势与哪些因素有关?

3. 注意观察 U 形管中两极及胶体界面上发生的变化,为什么会有这些变化。

4. 通过实验说明胶体浓度与 ξ 电势及粒径分布之间的关系。

八、参考文献

[1]北京大学化学系物理化学教研室编著. 物理化学实验[M]. 3 版. 北京:北京大学出版社,1995

[2]复旦大学,等编. 物理化学实验[M]. 2 版. 北京:高等教育出版社,1993. 6

[3]N4 plus submicron Particle size analyzer 说明书[M]

九、附录:胶粒粒径的测定(用美国 COULTER 公司 N4 plus submicron Particle size analyzer)

通过测定胶粒在溶液中的扩散系数,利用公式(3-57)计算可得胶粒粒径的大小。

$$D = k_B T / (3\pi\eta d) \tag{3-57}$$

式中,k_B 为波尔兹曼常数,$k_B = 1.38\times10^{-16}$ erg/K;D 为扩散系数,cm/s;T 为温度,K;η 为黏度,泊;d 为粒子的直径,cm。N4 plus 粒径仪测定原理框图见图 3-13。

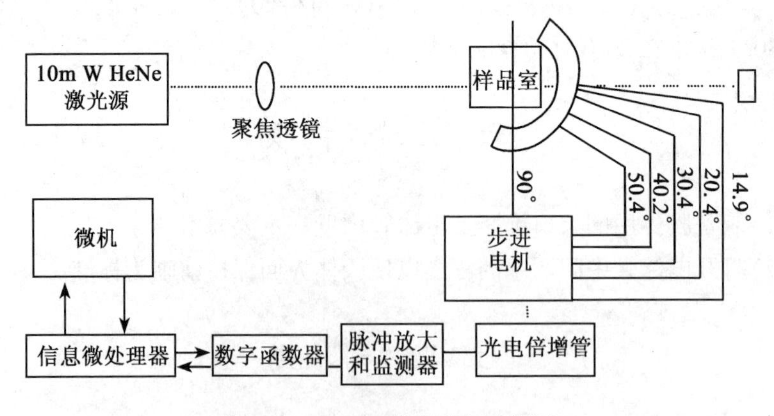

图 3-13　N4 Plus 粒径仪原理框图

具体操作步骤：

(1)开机,打开联机软件,预热30min。

(2)在样品池中加入溶剂,放入仪器中。点击123图标,输入一般信息和预计直径(如不知直径,选Unknown),Next,点击Intensity,选择90°。检查溶剂密度,应小于1×10^4Counts/Second,并稳定。

(3)制样。样品稀释至一定浓度,用超声波处理3min以上。(需要时根据样品性质添加合适的分散剂)

注意:样品的制备对测量结果影响很大。

(4)同2检查样品的密度,应在$5\times10^4\sim10^6$Counts/Second范围内。

(5)Close,Next,根据样品预计直径选择Plofile Name。如需修改参数,点击More。在Instrument Settings中可改变运行时间和温度;在Run Parameters中可改变平衡时间、测量角度和自动打印等;Analysis Parameters一般不修改(包含SDP分析通道数的选择等)。

(6)点击Start,开始测量。

(7)完成后将Unimodal Mean拖至空白处,即显示测量结果。检查P. I.和Baseline值,以确定结果的可信度(P. I.应小于1,Baseline百分数值越小越好)。对于Autocorrelation,可以选择Edit中的New Analysis进行SDP多分布计算,以作参考。

实验 33　固体比表面积的测定
——溶液吸附法

一、目的和要求

(1)测定活性炭在醋酸水溶液中对醋酸的吸附,推算活性炭的比表面积。

(2)使用表面积分析仪测定活性炭对氮气的吸附,计算活性炭的比表面积。

(3)比较两种测定方法的原理及结果,并分析原因。

二、原　　理

活性炭是用途广泛的吸附剂,可用于吸附气体,也可用于对溶液中某种物质的吸附。活性炭在水溶液中对不同吸附质有着不同的吸附能力,根据这种吸附作用的选择性,在工业上有着广泛的应用,如糖的脱色提纯等。

吸附能力的大小常用吸附量 Γ 表示,Γ 通常指单位质量的吸附剂上吸附溶质的量。在恒温下,吸附量 Γ 与吸附质在溶液中的平衡浓度 c 有关。弗朗特里希(Freundlich)从吸附量和平衡浓度之间的关系曲线得到下面经验方程:

$$\Gamma = \frac{x}{m} = kc^{n} \tag{3-58}$$

式中,x 为吸附质的量,mol;m 为吸附剂的质量,g;c 为吸附平衡时溶液的浓度,$\mathrm{mol \cdot dm^{-3}}$;$k$ 和 n 都是经验常数,由温度、溶剂、吸附质与吸附剂的性质所决定,一般 $n<1$。将(3-58)式取对数,可得

$$\lg\Gamma = n\lg c + \lg k \tag{3-59}$$

根据此方程以 $\lg\Gamma$ 对 $\lg c$ 作图,可得一直线,由斜率和截距可求得 n 和 k。(3-58)式是经验方程式,只适用于溶质浓度不太大和不太小的溶液。从公式上

看，k 为 $c=1\text{mol}\cdot\text{dm}^{-3}$ 时的吸附量，但实际上此时(3-58)式可能已不适用。

朗格缪尔(Langmuir)从吸附过程的理论考虑，认为吸附是单分子层吸附，即吸附剂一旦被吸附质占据之后，就不能再吸附。在吸附和脱附达成动态平衡时，推导出等温吸附方程式(3-60)：

$$\Gamma = \Gamma_\infty \frac{cK}{1+cK} \tag{3-60}$$

式中，Γ_∞ 为饱和吸附量，即每克吸附剂上被吸附质铺满单分子层时的吸附量，$\text{mol}\cdot\text{g}^{-1}$；$\Gamma$ 为溶液在平衡浓度为 $c(\text{mol}\cdot\text{dm}^{-3})$ 时的吸附量，$\text{mol}\cdot\text{g}^{-1}$。将(3-60)式整理可得(3-61)式：

$$\frac{1}{\Gamma} = \frac{1}{\Gamma_\infty} + \frac{1}{\Gamma_\infty K}\cdot\frac{1}{c} \tag{3-61}$$

以 $1/\Gamma$ 对 $1/c$ 作图得一直线，由此直线的斜率和截距可求得 Γ_∞ 和常数 K，K 与吸附和脱附平衡常数有关，与(3-58)式中的 k 意义不同。

根据 Γ_∞ 的数值，按照 Langmuir 单分子层吸附模型，并假定吸附质分子在吸附剂表面上是直立的，每个吸附质分子的截面积为 A_m，则吸附剂的比表面积 S_0 可按下式计算：

$$S_0 = \Gamma_\infty N_A A_m(\text{m}^2\cdot\text{g}^{-1}) \tag{3-62}$$

式中，N_A 为阿伏加德罗常数，$6.02\times10^{23}\ \text{mol}^{-1}$；$A_m$ 为吸附质分子的横截面积，m^2，每个醋酸分子截面积为 $24.3\times10^{-20}\text{m}^2$，根据水-空气界面上对于直链正脂肪酸测定的结果而得。

活性炭对氮气的吸附是多分子层物理吸附，符合 BET 吸附等温式：

$$\frac{p/p_s}{V(1-p/p_s)} = \frac{1}{V_m C} + \frac{C-1}{V_m C}\cdot\frac{p}{p_s} \tag{3-63}$$

式中，p 为吸附平衡压力；p_s 为实验温度下液态氮的饱和蒸气压；p/p_s 为相对压力；V 为在 p/p_s 时吸附量被换算成标准状态下的气体体积；V_m 为吸附质在吸附剂表面上形成单分子层时的吸附量，也换算成标准状态下气体的体积；C 为与吸附热有关的常数。

使用表面积分析仪在液氮控温为-196℃时，测定不同相对压力p/p_s下(p/p_s 为 0.05～0.35)活性炭对氮气的吸附量 V 值，换算成标准状态下的气体体积，以 $\frac{p/p_s}{V(1-p/p_s)}$ 对 $\frac{p}{p_s}$ 作图，得一直线，由其斜率和截距求得 V_m：

$$V_m = \frac{1}{斜率 + 截距} \tag{3-64}$$

活性炭的比表面积 S_0 为

$$S_0 = \frac{V_m N_A \sigma}{22\,400W}(m^2 \cdot g^{-1}) \tag{3-65}$$

式中,N_A 为阿伏伽德罗常数;W 为吸附剂质量,g;σ 为一个吸附质分子的截面积,N_2 分子为 $16.2\times10^{-20} m^2$。

三、仪器和试剂

表面积分析仪及其配套装置;
恒温振荡机;
磨口锥瓶;
移液管;
滴定管;
标准 NaOH 溶液;
标准 HAc 溶液;
活性炭。

四、实验步骤

1. 活性炭在醋酸水溶液中对醋酸的吸附

(1)取6个洗净的、带有磨口塞的锥形瓶(磨口锥瓶),编号。按表中给出的数据,配制各种不同浓度的醋酸水溶液。

(2)将120℃下烘干的活性炭约1g(准确称量至0.001g),放入磨口锥瓶中在恒温条件下振荡适当的时间(视温度而定,一般0.5~2h,以吸附达到平衡为准)。振荡速度以活性炭可翻动为宜。

(3) 使用粒状活性炭时,可用带有塞上棉花的橡皮管的移液管从磨口锥瓶中吸取上部清液,按表所列体积取样,用0.5mol·dm^{-3}的标准 NaOH 溶液滴定。

(4) 活性炭吸附醋酸是可逆吸附,因此使用过的活性炭可回收利用(用蒸馏水浸泡数次,烘干、抽气后即可)。

编号	1	2	3	4	5	6
蒸馏水/cm^{-3}	49	48	46	43	40	35
HAc 溶液/($1mol\cdot dm^{-3}$)	1	2	4	7	10	15
活性炭/g						
醋酸初始浓度 c_0/($mol\cdot dm^{-3}$)						
取样量/cm^{-3}	40	40	20	20	20	20
滴定消耗 NaOH 溶液量/cm^{-3}						
醋酸平衡浓度 c/($mol\cdot dm^{-3}$)						
吸附量 Γ/($mol\cdot g^{-1}$)						
$1/\Gamma$						
$1/c$						

2. 使用表面积分析仪测定活性炭对氮气的吸附

本实验使用 BECKMAN COULTER 公司的 SA3100 表面积分析仪，步骤如下：

(1)准确称取活性炭约 0.1g(样品比表面积不同，则取样量不同。按照仪器要求，样品比表面积大于 30 m^2/g 时，最佳样品量为 0.1～0.2g)。

(2)设置适当的实验参数，在 300℃下脱气 60min。

(3)脱气完后再次准确称量活性炭的质量。

(4)按要求小心放置盛有液氮的保温瓶，仪器自动开始吸附实验。

首先，用氦气测量死体积。然后，在液氮(－196℃)环境中吸附 N_2，测定氮气相对压力为 0～0.2 时的吸附等温线。

仪器采用多分子吸附 BET 公式，自动分析、计算，给出标准状态下吸附数据、吸附等温线、$\frac{p/p_s}{V(1-p/p_s)}$对$\frac{p}{p_s}$的直线图及活性炭的比表面积。

说明：

①液氮为－196℃液体，操作时应戴防护眼镜和手套，小心操作，避免溅到皮肤和眼睛。

②实验过程中的操作要等待仪器提示后方可进行，以免损坏仪器或影响分析结果。

③具体操作步骤以 SA3100 表面积分析仪说明书及实验过程中仪器的提示

为准。

五、数据处理

(1)由醋酸平衡浓度 c 及初始浓度 c_0 数据按下式计算吸附量:

$$\Gamma = (c_0 - c)V/m$$

式中,V 为溶液的体积,dm^3;m 为加入溶液中的吸附剂质量,g。

(2)作吸附量 Γ 对平衡浓度 c 的吸附等温线。

(3)计算 $\lg\Gamma$,$\lg c$,作 $\lg\Gamma$-$\lg c$ 图,并由直线的斜率及截距求(3-58)式中的常数 n 和 k。

(4)计算 $1/\Gamma$,$1/c$,作 $1/\Gamma$-$1/c$ 图,由直线的斜率及截距求 Γ_∞。

(5)由 Γ_∞ 根据(3-62)式计算活性炭的比表面积。

六、注意事项

(1)操作过程中,应防止 HAc 的挥发,以免引起较大的误差。

(2)本实验配制溶液用不含 CO_2 的蒸馏水。溶液配好摇匀后再放入活性炭。

(3)使用 SA3100 表面积分析仪要严格按操作规程进行操作。

七、思考题

1. 溶液吸附时,如何判断达到吸附平衡?

2. 为什么要测量死体积?

3. 用活性炭吸附溶液中的醋酸和活性炭吸附 N_2 这两种方法测得的比表面积大小有何不同?分析原因。

八、参考文献

[1]北京大学化学系物理化学教研室编著. 物理化学实验[M]. 3 版. 北京:北京大学出版社,1995

[2]傅献彩,沈文霞,姚天扬. 物理化学(下册)[M]. 4 版. 北京:高等教育出版社,1990

[3]天津大学. 物理化学(下册)[M]. 3 版. 北京:高等教育出版社,1996

实验34　纳米磁性材料的制备及性质

一、目的和要求

(1)学习和掌握纳米材料的几种基本制备方法。

(2)了解纳米材料的性质及其影响因素。

二、原　　理

当物质的尺寸在0.1～100nm的范围时,会出现许多与其在宏观尺寸下完全不同的物理化学性质,因此这样的物质被称为纳米物质。纳米物质在光电工程、磁记录、陶瓷和特殊金属工程,生物工程和微制造技术(如微电子机械系统)方面有着巨大的发展前景。

目前制备纳米粒子的方法多种多样,主要分为气相法、液相法和固相法三大类。气相法中比较典型的方法有:

1. 气体冷凝法

该法是在低压的氩、氮等惰性气体中加热金属,使其蒸发后形成超微粒(1～1 000nm)或纳米微粒。加热源有以下几种:①电阻加热法;②等离子喷射法;③高频感应法;④电子束法;⑤激光法。该方法适用于金属,CaF_2,NaCl,FeF_3等离子化合物、过渡族金属氮化物及易升华的氧化物等。

2. 化学气相反应法

利用挥发性的金属化合物的蒸气,通过化学反应生成所需要的化合物,在保护气体环境下快速冷凝,从而制备各类物质的纳米微粒。该方法也叫化学气相沉积法(chemical vapor deposition,LVD)。用气相反应法制备纳米微粒具有很多优点,如颗粒均匀、纯度高、粒度小、分散性好、化学反应活性高、工艺可控和过程连续等。

液相法有:

a. 沉淀法

包含一种或多种离子的可溶性盐溶液,当加入沉淀剂后,或于一定温度下使溶液发生水解时,形成的不溶性氢氧化物、水合氧化物或盐类会从溶液中析出,将溶剂和溶液中原有的阴离子洗去,经热分解或脱水即得到所需的氧化物纳米粒子。

b. 水热法

水热反应是高温高压下在水(水溶液)或水蒸气等流体中进行有关化学反应的总称。水热法的优点在于可直接生成氧化物,避免了一般液相合成方法需要经过煅烧转化成氧化物这一步骤,从而极大地降低乃至避免了硬团聚的形成。

c. 溶胶-凝胶法(胶体化学法)

溶胶-凝胶法是20世纪60年代发展起来的一种制备玻璃、陶瓷等无机材料的新工艺,近年来许多人用此法来制备纳米微粒。其基本原理是:将金属醇盐或无机盐经水解直接形成溶胶或经解凝形成溶胶,然后使溶质聚合凝胶化,再将凝胶干燥、焙烧去除有机成分,最后得到无机材料。

固相法:

a. 热分解法

利用一些固体物质(如有机酸盐)加热分解生成新固相的性质,直接制备纳米金属氧化物。目前使用较多的有机酸盐有草酸盐、碳酸盐等。

b. 固相反应法

由固相热分解可获得单一的金属氧化物,但氧化物以外的物质,如碳化物、硅化物、氮化物等以及含两种金属元素以上的氧化物制成的化合物,仅仅用热分解就很难制备,通常是按最终合成所需组成的原料混合,再用高温使其反应的方法。

3. 球磨法

球磨法是利用球磨机的转动或振动,使硬球对原料进行强烈的撞击、研磨和搅拌,把粉末粉碎为纳米级微粒的方法。

三、实验任务

(1)制备含铁(纯铁、Fe_2O_3、Fe_3O_4)的纳米磁性固体材料。要求:①固体颗粒必须小于100nm;②固体颗粒必须有磁性(与同等重量的摩尔氏盐比较,磁性越强越好)。

(2)查阅相关资料,确定纳米材料的合成方法,写出具体实验操作步骤及所需仪器和药品。

(3)进行纳米材料的表征及性能测试。包括使用各种方法(如X射线粉末衍射、扫描隧道显微镜或粒径分析仪等)测定纳米粒子的粒径,用测量磁化率的方法测定纳米材料的磁性。

四、参考文献

[1]张立德,牟季美. 纳米材料和纳米结构[M]. 北京:科学出版社,2001

[2]王世敏,许祖勋,傅晶. 纳米材料制备技术[M]. 北京:化学工业出版社,2002

实验35　水工混凝土抗软水侵蚀的试验研究

一、背 景 资 料

粉煤灰混凝土是水泥、石、沙及粉煤灰四种主要材料构成的复合建筑材料，多用于水工建筑物。作为火电厂的废弃物，粉煤灰不仅占用大量的耕地，而且破坏和污染生态环境。粉煤灰混凝土的出现，无疑为粉煤灰的综合利用并变废为宝提供了一条有效的途径。

水泥石是混凝土的基本组成部分，在常温下硬化的水泥石通常是由未水化的水泥熟料颗粒（约占3%）、水泥水化物（约占97%）、少量的水和空气以及水和空气占有的孔隙网所组成。因此，它是一个固-液-气三相多孔体。

水工混凝土溶出性侵蚀是指能够溶解水泥石组分的液体介质在混凝土内部发生的全部侵蚀过程。当混凝土与带有侵蚀性的液体介质接触时，介质中的某些成分就会改变氢氧化钙的溶解度，如果达到氢氧化钙从水泥石中逐渐渗析的条件，游离的氢氧化钙将开始向溶液内转移，水化硅酸盐和水化铝酸盐失去稳定性开始水解。当氢氧化钙浓度进一步下降时，硅酸盐完全被水解，混凝土遭到破坏并失去机械强度。当水在一定水压下通过混凝土渗流时这类侵蚀性破坏将更为强烈。

根据对我国某些水电站如新安江、梅山、广东蓄能等混凝土大坝的实地考察分析，发现都存在不同程度的溶出性侵蚀，造成混凝土表面剥落、老化，直接危害到大坝的安全耐久性。为此，广东省惠州抽水蓄能电站将混凝土表面侵蚀问题作为一个生产性的科研课题，向相关的科研院所和大专院校招标解决。

近年来的研究表明，由于混凝土中加入了一定细度的粉煤灰，使复合材料（系统）的分散度提高，表面积增大。当介质水流经这些表面时，系统会抓住一切机会尽可能降低自身的表面能。因此掺有适当比例粉煤灰的混凝土，特别是碾压混凝土，其抗渗、抗溶蚀性能均有所提高，且后期的抗压强度有所上升。对此，业内人士认为，水泥中含有大量的 CaO，而粉煤灰中含有过多的 SiO_2。在介质水的作用下，水泥中的一次水化产物 $Ca(OH)_2$ 与粉煤灰中的活性组分（非晶态玻璃体）发生二次水化反应，可近似用下式表示：

$$x\,Ca(OH)_2 + SiO_2 + yH_2O \longrightarrow xCaO \cdot SiO_2 \cdot yH_2O$$

产生的水合凝胶产物 $xCaO \cdot SiO_2 \cdot yH_2O$ 及某些沉淀物如 $CaCO_3$，$CaSO_4$ 等使混凝土变得愈来愈密实。

二、试验任务

（1）将粉煤灰、水泥、石、沙及水按一定配比搅拌均匀并成型，在自然状态下放置一周。

（2）通过混凝土在软水介质的作用下的模拟试验，发现混凝土发生溶出性侵蚀的主要特征。

（3）建立描述水工混凝土发生溶出性侵蚀的评价指标。

（4）增强环境保护意识。

三、参考文献

[1]傅献彩，沈文霞，姚天扬编．物理化学（下册）[M].4 版．北京：高等教育出版社，1990：934-964

[2]倪继森，何进源，等译．混凝土和钢筋混凝土的腐蚀及其防护方法[M]．北京：化学工业出版社，1988：66-107

[3]方坤河，阮燕，吴玲．混凝土的渗透溶蚀特性研究[J]．水力发电学报，2001，(1)：31

实验36　测定 HCl 分子的红外吸收光谱并计算其结构参数

一、目的和要求

了解红外光谱的基本原理,初步掌握由红外光谱图计算 HCl 分子的结构参数的方法和红外光谱仪的使用方法。

二、原　　理

当一束红外光照射样品时,其中一部分被吸收,吸收的这部分光能就转变为分子的振动能量和转动能量;另一部分光透过,若将其透过的光用单色器进行色散,就可得到一暗条的谱带。若以波长或波数为横坐标,以百分吸收率或透过率为纵坐标,把这条谱带记录下来,就得到该样品的红外吸收光谱图。

红外光谱是由分子的振动能级跃迁和转动能级跃迁而产生的光谱。通常两振动能级之间的能量差为 0.05 ~ 1eV, 相当于中红外和远红外区光子的能量。两转动能级间能量差为 10^{-4} ~ 0.05eV, 比振动能级间隔小很多。因此,当振动能级间发生跃迁的同时可能引起转动能级的跃迁,这种光谱我们称为振动转动光谱。

双原子分子振动能级为

$$E_\nu = \left(\nu + \frac{1}{2}\right) hc\omega - \left(\nu + \frac{1}{2}\right)^2 hc\omega y$$

式中,振动量子数 $\nu = 0, 1, 2, \cdots$;光谱选率 $\Delta\nu = \pm 1, \pm 2, \cdots$;$\omega$ 为振动波数;y 是非谐性常数;h 是普朗克常数;c 是光速。

双原子分子转动能级为:

$$E_J = \frac{h^2}{8\pi^2 I} J(J + 1)$$

式中，转动量子数 $J=0,1,2,\cdots$；转动惯量为 $I=\mu r^2$，μ 为折合质量；选率 $\Delta J=\pm1$。

图 3-14 给出 $\nu=0$ 和 $\nu=1$ 振动能级中的转动能级及振动-转动吸收的示意图。

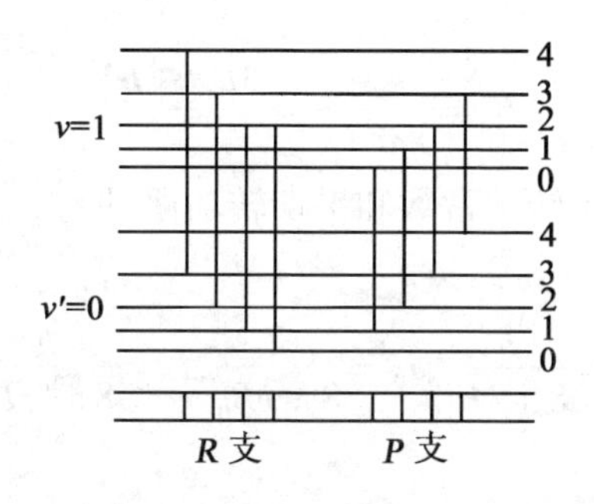

图 3-14　双原子分子振动-转动能级和光谱图

双原子分子吸收红外光子时，振-转能量为

$$
\begin{aligned}
E &= E_\nu + E_J \\
&= \left(\nu+\frac{1}{2}\right)hc\omega - \left(\nu+\frac{1}{2}\right)^2 hc\omega\gamma + \frac{h^2}{8\pi^2 I}J(J+1)
\end{aligned}
$$

当从 (ν',J') 态跃迁到 (ν,J) 态时，能量从 E' 变成 E，吸收红外光的波数为

$$
\begin{aligned}
\tilde{\nu} &= \frac{E'-E}{hc} \\
&= \frac{(E'_\nu + E'_J) - (E_\nu + E_J)}{hc} \\
&= \tilde{\nu}_0 + B'J'(J'+1) - B_0 J(J+1)
\end{aligned}
$$

式中，$\tilde{\nu}_0=\dfrac{E'_\nu-E_\nu}{hc}$ 称为中心波数；$B_0=\dfrac{h}{8\pi^2 cI}$，$B'=\dfrac{h}{8\pi^2 cI'}$，称为转动常数。

当 $\Delta J=1$ 时，得 P 支谱线，其波数为

$$
\tilde{\nu}_p = \tilde{\nu}_0 - (B'+B_0)J + (B'-B_0)J^2
$$

$$
J=1,2,3,\cdots
$$

当 $\Delta J=1$ 时，得 R 支谱线，其波数为

$$
\tilde{\nu}_R = \tilde{\nu}_0 + (B'+B_0)(J+1) + (B'-B_0)(J+1)^2
$$

$$
J=0,1,2,\cdots
$$

由此得出，各种转动常数如下：

$$B' = \frac{h}{8\pi^2 I'c} = \frac{\tilde{\nu}_R(J) - \tilde{\nu}_p(J)}{2(2J+1)}$$

$$B_0 = \frac{h}{8\pi^2 I_0 c} = \frac{\tilde{\nu}_R(J) - \tilde{\nu}_p(J+2)}{2(2J+3)}$$

$$B_e = \frac{h}{8\pi^2 I_e c} = \frac{3B_0 - B'}{2}$$

式中,B_e,I_e 分别表示平衡转动常数和平衡转动惯量。

各种转动惯量如下:

$$I' = \frac{h}{8\pi^2 cB'}, I_0 = \frac{h}{8\pi^2 cB_0}, I_e = \frac{h}{8\pi^{2\prime} cB_e}$$

核间距如下:

$$r_0 = (I_0/\mu)^{\frac{1}{2}} \qquad \text{低能态核间距}$$

$$r' = (I'/\mu)^{\frac{1}{2}} \qquad \text{高能态核间距}$$

$$r_e = (I_e/\mu)^{\frac{1}{2}} \qquad \text{平衡态核间距}$$

式中,μ 为折合质量。

中心波数为

$$\tilde{\nu}_0 = \frac{\tilde{\nu}_R(0) + \tilde{\nu}_p(0)}{2} - (B' - B_0)$$

力常数为

$$K = 4\pi^2 c^2 \mu\omega^2 = 4\pi^2 c^2 \mu \tilde{\nu}_0{}^2$$

双原子分子解离有两种准则,即 D,D_0,其中:$D=D_0+E_0$,E_0 为零点能。

$$D_0 = hc\omega\left(\frac{1}{4y} - \frac{1}{2}\right)$$

$$D = hc\omega \frac{1}{4y}$$

三、仪器和试剂

IR-408 红外光谱仪;

分液漏斗;

蒸馏瓶;

洗气瓶;

NaCl(s)(分析纯);

H_2SO_4(浓)(分析纯)。

四、实验操作

1. 氯化氢气体的制备

在蒸馏瓶中加入2gNaCl固体(分析纯),分液漏斗中加入20mL浓硫酸。盛40~50mL浓硫酸的洗气瓶的两端,用乳胶管一端连接蒸馏瓶,一端连在气体槽的一个活塞上,气体槽的另一个活塞接一根乳胶管,通入盛水的烧杯中。当分液漏斗的硫酸开始滴入蒸馏瓶时,打开气体槽的两个活塞,以便排出其内的气体,同时收集HCl气体。当H_2SO_4快滴完时,先关气体槽与水相连一端的活塞,再关靠洗气瓶一端的活塞,严格防止水进入气体槽。

2. 测试步骤

(1)将电源开关置于"ON"。

(2)放大器增益旋钮和光源强度选择钮都置于"1"的位置。

(3)先打开参考光束窗,后打开样品的光束窗。关电源的顺序相反。将仪器稳定5min,调好100%透过率。

(4)把气体槽装在样品光路中,按下记录笔开关"AUTO"。

(5)波数扫描开关在"ON"的状态,指示灯亮,记录开始。记录笔自动移至下一个4 000cm^{-1}位置之前一点的地方即停,并自动抬起。如果要接着做下一个样品实验,只需要将样品取出,更换样品,再将波数扫描开关置于"ON"状态,记录又开始。

(6)实验完成后,将记录笔的开关置于"UP"处,扫描开关置于"OFF"状态,关闭电源开关,取下记录笔,戴上笔套。

(7)将气体槽内HCl气体吹至水中,以防污染环境。

五、数据处理

(1)读出测得的气态HCl分子红外图谱的P支和R支的各峰波数值。

(2)计算转动惯量和平衡核间距。

(3)求出振动频率和弹力常数。

(4)计算平衡离解能 D_e、离解能 D_0 和零点振动能。

六、思 考 题

1. 哪些双原子分子有红外活性?

2. 为什么在红外光区可以看到转动谱线的结构,它和微波区的纯转动谱线结构是否一致?为什么?

七、实 验 设 计

现有 Pt-γ-Al_2O_3(1%)催化剂,真空泵,石英池,纯氧气和纯氢气。请设计 H_2 在 Pt-γ-Al_2O_3(1%)催化剂上的吸附实验,并对红外图谱进行分析。指出 Pt-H-Pt 和 Pt-H 吸收峰的波数。

八、参 考 文 献

[1]谢有畅,邵美成. 物质结构[M]. 北京:人民教育出版社,1980
[2]何福成,朱正和. 结构化学[M]. 北京:高等教育出版社,1984

实验 37　量子化学计算

一、目的和要求

（1）通过计算机操作，了解如何运行量子化学应用程序及编制数据输入文件。

（2）用 HMO 法计算共轭分子的电荷密度、键级及自由价，作出分子图，并预测分子的化学性质。

（3）用 HMO 法研究若干种富勒烯分子，比较不同异构体之间的稳定性。

（4）用半经验方法计算富勒烯分子性质。

二、原　　理

计算化学是化学、物理学和计算机科学等学科的交叉学科。计算化学包括各种数学计算方法，主要有两大范畴：分子力学和量子化学。分子力学应用传统的牛顿力学和统计热力学方法主要研究分子的运动规律（如平动、转动和振动等）。量子化学根据分子轨道理论，通过求解分子体系的薛定谔方程，得到分子轨道波函数和相应的能量以及分子的电子结构和体系总能量，这是量子化学计算的基本内容。并通过进一步计算得到电子的电离能、电荷密度分布、偶极矩、键级、几何构型以及分子的势能面等信息。

量子化学计算方法根据所用的近似波函数形式不同可分为两大类：一类是用 Slater 行列式表示的体系近似波函数，用自洽场方法（SCF）求解 Hartree-Fock-Roothann 方程。从头计算法（abinitio）是这类方法中最为严格的一种，在非相对论近似、Born-oppenheimer 近似和轨道近似基础上，对所有的积分既不忽略，又不用经验参数，严格求解方程，但计算工作量很大，只适用于较小的分子。半经验计算方法包括推广 Huckel，MNDO，MNDO-d，MINDO/3，AM1，PM3 等多种方法。

最早是Pople在20世纪60年代提出的,将从头计算法中所有包含不同原子轨道的积分(称微分重叠)都予以忽略,某些积分用经验参量代替,基态原子轨道简化为只包含价轨道,内层轨道看做原子实,可应用于较大分子性质的计算。

另一类体系的近似波函数用单电子函数(分子轨道)的简单乘积表示,HMO法就是这一类简单分子轨道法,适用于计算共轭分子,虽然近似程度大,结果不太精确,但对定性讨论有机共轭分子同系物性质规律很有用,多年来一直是理论有机化学经常使用的半经验计算方法。根据计算结果可分析有机共轭分子的稳定性、化学反应能力、电子光谱及研究有机化合物结构与性能的关系。在生物化学、药物化学中也得到广泛的应用。

HMO法是1931年由E. Huckel提出的经验性近似方法,将共轭分子中σ键和π键分开处理,假定π电子是在核和σ键形成的分子骨架中运动,π电子的状态决定分子的性质。第i个π电子的运动状态可用ψ_i描述,单电子薛定谔方程为

$$\hat{H}_\pi \psi_i = E_i \psi_i \tag{3-66}$$

分子轨道ψ_i由所有n个垂直分子平面的各原子p轨道ϕ_j线性组合而成:

$$\psi_i = \sum_{j=1}^{n} C_{ij}\phi_j \tag{3-67}$$

应用线性变分法得到线性方程组和久期行列式为

$$\sum_{j=1}^{n}(H_{ij} - ES_{ij})C_{ij} = 0 \qquad i = 1,2,3,\cdots,n \tag{3-68}$$

$$|H_{ij} - ES_{ij}| = 0 \qquad i,j = 1,2,3,\cdots,n \tag{3-69}$$

式中,$H_{ij}=\int \phi_i \hat{H}_\pi \phi_j \mathrm{d}\tau$,$S_{ij}=\int \phi_i\phi_j \mathrm{d}\tau$。行列式方程是$E$的一元$n$次代数方程。

为了简化方程的求解过程,Huckel对方程中矩阵元引入三个基本假设:

(1)所有库仑积分$H_{ii}=\alpha$;

(2)对于交换积分$H_{ij}(i\neq j)$,相邻原子间的为β,不相邻原子间的为0,即

$$H_{ij} = \begin{cases} \beta, 当\ i=j\pm 1 \\ 0, 当\ i\neq j\pm 1 \end{cases} \tag{3-70}$$

(3)对重叠积分S_{ij},不同原子间的均为0。

$$S_{ij} = \begin{cases} 1, 当\ i=j \\ 0, 当\ i\neq j \end{cases} \tag{3-71}$$

式中,α和β都是实验参数,设$x=\dfrac{\alpha-E}{\beta}$,代入(3-69)式,得到久期方程,例如丁二烯的久期方程为

$$\begin{vmatrix} x & 1 & 0 & 0 \\ 1 & x & 1 & 0 \\ 0 & 1 & x & 1 \\ 0 & 0 & 1 & x \end{vmatrix} = 0 \tag{3-72}$$

当选取 α 为能量零点,以 $-\beta$ 为能量单位时,各 π 分子轨道能级能量 $E_i = x_i$。

按线性代数计算方法、应用 Householder 反射变换可先将(3-72)式左边相对应的实对称矩阵化为三对角矩阵,再采用 QL 法解出这三对角矩阵的特征值及特征向量,一系列特征值即为分子轨道能量 E_i,特征向量就是(3-67)式中相应的分子轨道 ψ_i 中各原子轨道系数 C_{ij},这样,π 电子体系的总能量是

$$E_{\pi} = \sum_{i} n_i E_i \tag{3-73}$$

式中,n_i 是第 i 个轨道中的电子数($i=0,1$ 或 2)。π 体系总的波函数是

$$\psi_{\pi} = \psi_1(1)\ \psi_2(2)\cdots\psi_n(n) \tag{3-74}$$

由分子轨道系数 C_{ij} 可求得一系列量子化学指数:

a. 电荷密度

$$\rho_i = \sum_{k} n_k C_{ki}^2 \tag{3-75}$$

式中,n_k 表示在 ψ_k 中的电子数;C_{ki} 为分子轨道 ψ_k 中各原子轨道前的系数;ρ_i 为 π 电子在各原子附近出现的几率。

b. π 键键级

$$P_{ij} = \sum_{k} n_k C_{ki} C_{kj} \tag{3-76}$$

式中,P_{ij} 反映原子 i 和 j 间键的强度。

c. 自由价

$$F_i = F_{\max} - \sum_{i} P_{ij} \tag{3-77}$$

式中,F_i 表示第 i 个原子剩余成键能力的相对大小;$F_{\max} = \sqrt{3}$;$\sum\limits_{i} P_{ij}$ 为原子 i 与其邻接的原子间键级之和。

将 ρ_i, P_{ij}, F_i 标在共轭分子结构图上,即为分子图,可预测分子的某些性质。

富勒烯是 1985 年由 H. W. Kroto 和 R. E. Smalley 等人发现的碳元素的第三种存在形式。他们发现 60 个碳原子相互连接形成一个类似足球形状的分子,每个碳原子都与三个相邻碳原子成键,其碳原子的杂化方式介于 sp^2 与 sp^3 之间,形成三维芳香性分子。因此可以用 HMO 方法来处理富勒烯分子。

富勒烯一般是由若干个五边形和六边形所构成的球状凸多边形分子。它必须满足凸多边形的欧拉规则,即:

$$D + M = L + 2 \tag{3-78}$$

式中,D,M,L 分别代表凸多边形的顶点数、面数和边长数。以 C_{60} 为例,其顶点数为 60;由于每个顶点连出三条边,其边长数为 $60\times3/2=90$;其面数则为 $90+2-60=32$。富勒烯是由若干个五边形和六边形所构成,设 C_{60} 包含 x 个五边形和 y 个六边形。再利用面数和边长数之间的关系可得以下方程组:

$$\begin{cases} x + y = 32 \\ \dfrac{5x + 6y}{2} = 90 \end{cases} \tag{3-79}$$

解此方程组,得 $x=12$,$y=20$。由 12 个五边形和 20 个六边形所构成的 C_{60} 分子可以有上千种不同的结构,它们的差别只是五边形和六边形的排列方式不同,目前分离且确定结构的只有 I_h 点群的一种,如图 3-15 所示。

用上面同样的方法我们可以算出 C_{20} 是由 12 个五边形组成,如图 3-16 所示。

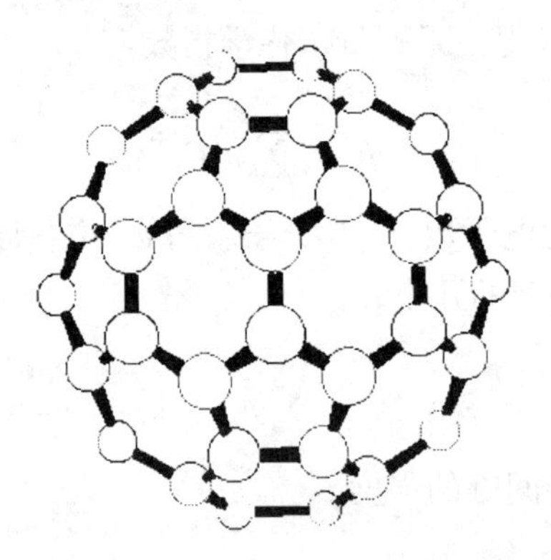

图 3-15　$C_{60}(I_h)$ 分子结构示意图

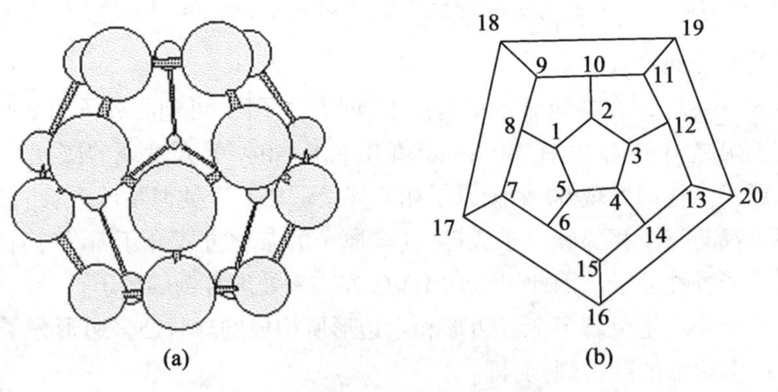

图 3-16　$C_{20}(I_h)$ 分子结构示意图

三、计算软件与仪器

本实验中使用 HMO 以及 Chemical office 软件中的 Chem 3D 画图程序和 Gaussian 98 化学计算软件。

本实验使用奔腾Ⅳ以上计算机，Windows 98 以上操作系统。

四、实 验 操 作

1. HMO 法计算平面共轭分子

(1)计算前预先将共轭原子用数字编号。如苯分子，可按图 3-17(a)对所有骨架碳原子进行编号(氢原子不必编号)

(2)打开计算机进入 WINDOWS 操作系统，在微机上找到 HMO 目录(例如，E:\HMO)，用鼠标选择"开始-所有程序-附件-命令提示符"，进入 DOS 操作系统界面，在该界面中先输入"CD\"，退到 C 盘根目录下，然后输入"E:"进入 E 盘，再输入"CD\HMO"，进入 HMO 目录。输入"QBASIC"，进入用 QBASIC 语言编辑界面(注：以上每次输入完需按回车 Enter 键作为结束)。按键盘左上角的"Esc"键，退出提示界面。用鼠标选择"File-Open"，打开"Open"对话框，选择"HMO.BAS"文件，再选择"<OK>"，进入 HMO 程序界面。

(3)修改共轭分子中的原子连接信息。HMO 程序由 BASIC 语言编写，其中：

在语句 10 中输入共轭原子连接信息，即输入原子编号不按顺序连接的两个原子的编号。如图 3-17(a)苯分子中的 1,6 两原子。

在语句 15 中输入不相连的信息，即原子编号连续，而在分子中不相连的两个原子的编号。如图 37-3(b)中的 4,5 两原子。

上述数据语句中均以两个 0 表示输入结束。

如苯分子，按以下形式修改即可：

```
10  DATA  1,6,0,0
15  DATA  0,0
```

在计算丁二烯分子时，若将四个共轭原子从左至右用 1,2,3,4 顺序编号，那么语句 10 和 15 中均改为 0,0 即可。

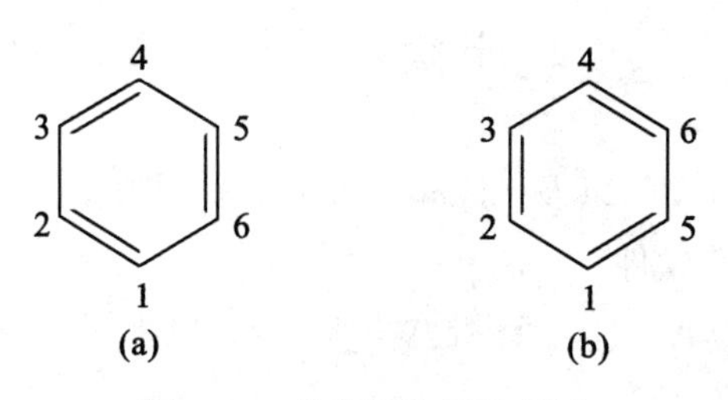

图 3-17　苯分子编号示意图

(4)数据核对无误后,可按 F5 功能键运行程序。由屏幕显示的信息,通过人机对话相继输入参数。如计算苯分子时,“INPUT THIS CALCULATION INFORMATION?”用大写字母输入分子式“C6H6”;“HOW MANY ATOMS?”输入共轭原子数“6”即可;“WOULD CHANGE INTEG. <Y/N>?”,询问是否修改积分参数,输入大写字母“N”。然后计算机读取数据语句中数据,并输出相应的 Huckel 矩阵(Huckel Matrix)

$$\begin{vmatrix} 0 & 1 & 0 & 0 & 0 & 1 \\ 1 & 0 & 1 & 0 & 0 & 0 \\ 0 & 1 & 0 & 1 & 0 & 0 \\ 0 & 0 & 1 & 0 & 1 & 0 \\ 0 & 0 & 0 & 1 & 0 & 1 \\ 1 & 0 & 0 & 0 & 1 & 0 \end{vmatrix}$$

若发现矩阵有错误,可输入行号、列号及相应的矩阵元进行修改。“HAS THIS MATRIX ANY ERROR<Y/N>?”,输入大写字母“N”。开始进行计算,在“BOND ORDER AND ELECTRON DENSITY”中列出了各个碳原子上的键级和电荷密度。该计算结果每三个数字为一组,如“1 1 1. 000000”,“2 1 0. 666667”前两个数字为原子编号,后一个数字为计算结果。如果前两个数字相同,则该计算结果为电荷密度。如“1 1 1. 000000”表示第一个原子的电荷密度为 1. 000000。如果前两个数字不同,则该计算结果为键级。如“2 1 0. 666667”表示 1,2 两原子之间的键级为 0. 666667。

“WOULD YOU PRINT WAVEFUNCTIONS < YES/NO >?”,输入大写字母“N”。在“TABLE1”表格中显示了分子轨道能量参数 x 和自由价。在“MO-ENERGY”栏列出分子轨道能量参数,如第 1 至第 6 个分子轨道的能量参数 x 分别为“2,1,1,-1,-1,-2”。可画出 π 分子轨道能级图如下图所示。“FREE VALENCE”栏表示各个碳原子的自由价。

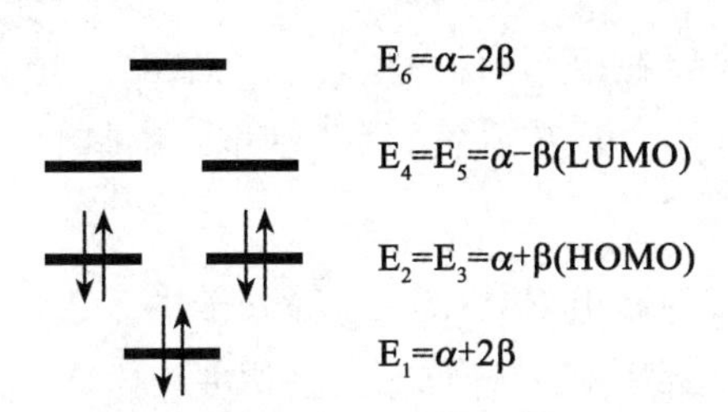

“PLEASE WRITE FREE VALENCE, THEN INPUT YES”,输入“Y”,显示最后的计算结果,在“TABLE3”中,HOMO 和 LUMO 的能量分别为 $\alpha+\beta$ 和 $\alpha-\beta$,π 电子总能量为 $6\alpha+8\beta$。

通过计算,记录屏幕上显示的电荷密度、键级、自由价、分子轨道能量参数及相应的分子轨道能量、总的 π 电子能量等计算结果。可将电荷密度、键级和自由价表示在如下分子图中:

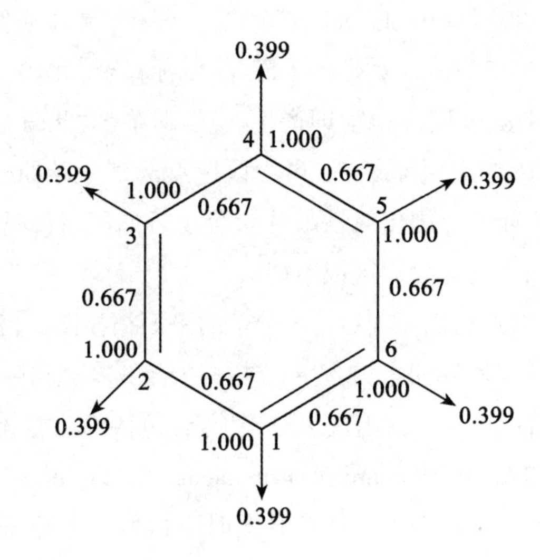

(5)按上述步骤计算丁二烯(C_4H_6)、环丁二烯(C_4H_4)、萘($C_{10}H_8$)和奥($C_{10}H_8$)分子,记下电荷密度、键级、自由价、分子轨道能量数及总的 π 电子能量等计算结果。

2. 用 HMO 法计算富勒烯分子

(1)首先对 C_{20} 分子如图 3-16(b)所示进行编号。注意编号时让编号连续的原子保持相连,这样只要在语句 10 中写入 1,5,1,8,2,10,3,12,4,14,6,15,7,17,9,18,11,19,13,20,16,20 及 2 个 0 作为结束。按照上述同样方法计算 C_{20} 分子性质。

(2)根据欧拉公式计算出 C_{24},C_{28},C_{32} 等分子中多边形数目,画出它们的分子结构图,并进行原子编号,编写计算输入语句进行计算。这些分子都有若干种不同结构的异构体,注意比较不同异构体之间性质的差异。以上富勒烯分子的计算结果只需记录 HOMO 和 LUMO 能量及总的 π 电子能量等计算结果。

3. 用 Gaussian 98 软件计算富勒烯分子的性质

(1)在 CS Chem3D 软件中画出 C_{20},C_{24},C_{28},C_{32} 等分子结构,并用 MM2 软件进行分子结构的初步优化。

用鼠标选择“所有程序-Chemoffice-Chem3D”,打开 Chem3D 软件界面。界面上方包括“File Edit View Tools Object MM2”等各栏,左边为选键工具条。用鼠标选择选键工具条中单斜线表示选择单键,将鼠标移至界面中间空白处,此时鼠标箭头为“十”字,将鼠标横向拖动即产生一碳-碳单键,此时显示的是乙烷(程序自动给每个碳原子加上氢原子)。再用鼠标点选某一碳原子,然后向外拉动一次,即变成丙烷。如此可画出线性或环状分子。如用鼠标选择选键工具条中的双或三斜线,再画出的即为双键或单键。

按上述方法画出 C_{20},C_{24},C_{28},C_{32} 等分子的平面拓扑图。(注意:开始画分子图前,先用鼠标选择软件界面上方“View”栏中“Settings”,在弹出框中用鼠标点击“Model Display”右边小三角,出现下拉选项条,包括各功能选项。点选其中的“Building”,然后将“Apply Standard Measurements”和“Fit Model To Window”两选项前的钩去掉,关闭弹出框即可。如此画图时不再显示氢原子且连键时不会乱跳。)画好富勒烯分子的平面图后,用鼠标选择选键工具条中的中间有箭头的圆圈,此时将鼠标移至分子上可将分子向不同方向旋转,可观察到画出的分子基本在一平面中,与富勒烯分子的球形立体结构相去甚远。用鼠标选择选键工具条中箭头加十字箭头,然后用鼠标点选分子中任一原子,当该原子出现外加粗圆圈时,移动鼠标该原子即可发生移动,如此可将分子中任一原子自由移动。按此方法将平面型富勒烯分子尽可能接近圆球形,然后用鼠标选择软件界面上方“MM2”栏中“Minimize Energy”,在弹出框中点击右下角的“RUN”,如弹出警告窗,点选“Ignore”。此时分子的立体构型会自动优化,变得接近球形。

点击软件界面上方“File”栏中“Save As”保存图形文件。文件保存类型选择“Protein DB(* PDB)”,文件名可自定(不得选择中文名,可选择英文或数字)。

(2)使用 Gaussian 98 软件计算富勒烯分子。用鼠标选择“所有程序-Gauss-View-GaussView”,打开 GaussView 画图软件。然后在此软件中打开前面保存的“xxx. pdb”文件,可看到此富勒烯分子结构图中有许多氢原子。用鼠标选择左侧工具栏中的“Delete Atom”,然后将鼠标点击分子中某一氢原子,该原子即被删去,如此删除富勒烯分子图中所有氢原子。然后点击上方工具条中“File-Save”保存文件,文件名为“xxx. gjf”(. gjf 文件为 Gaussian 98 软件输入文件,xxx 为文件名可自定,但必须使用英文或数字)。

点击“所有程序-Gaussian98W-Gaussian98W”,打开 Gaussian98 软件,点击“File-Open”,打开前面保存的“xxx. gjf”输入文件。将其中“Route Section”栏中“rhf”改为“uaml”。并在这一栏最后先空一格,然后加上“opt”。将“Charge, Multipl”栏中“0　1”改为“0　3”。然后点击右上“run”,保存计算结果文件为“xxx. out”。待计算结束,点击右上角放大镜图标,即可看到计算结果。其中在最后部分名人格言前一段中的“HF = 1. 2384751”即为分子总能量。还可用 GaussView 画图软件打开 xxx. out 文件观察计算后的分子是否为球形。按此方法计算 C_{20},C_{24},C_{28},C_{32}等分子的总能量。

五、实验注意事项

(1)在用 HMO 法计算分子图时,分子中共轭原子编号虽然可以任意排列,但为了简化数据语句和便于核查结果,苯、萘、奥按图 3-18 编号。

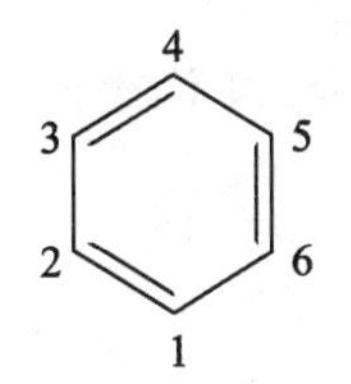

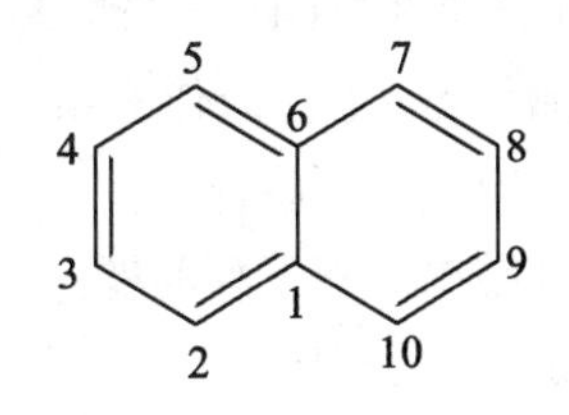

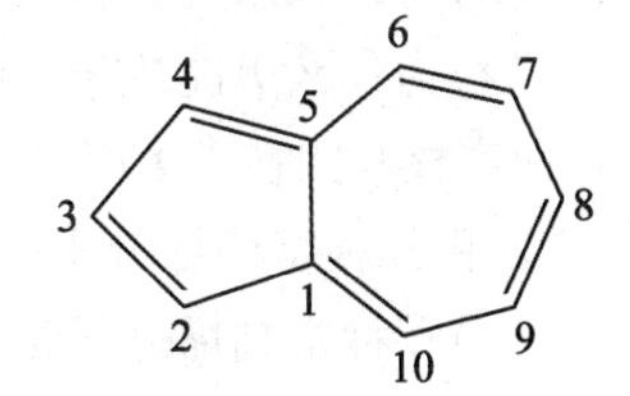

图 3-18　苯、奈、奥

(2) C_{24}, C_{28}, C_{32}分别有 1 种、2 种、6 种异构体,其中对称性最高的一种如图 3-19 所示。

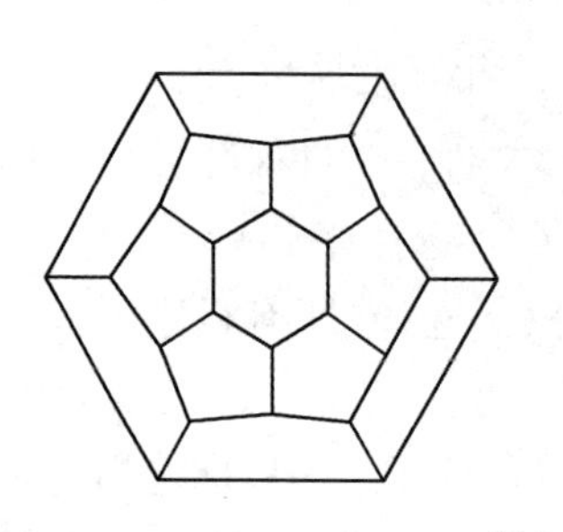
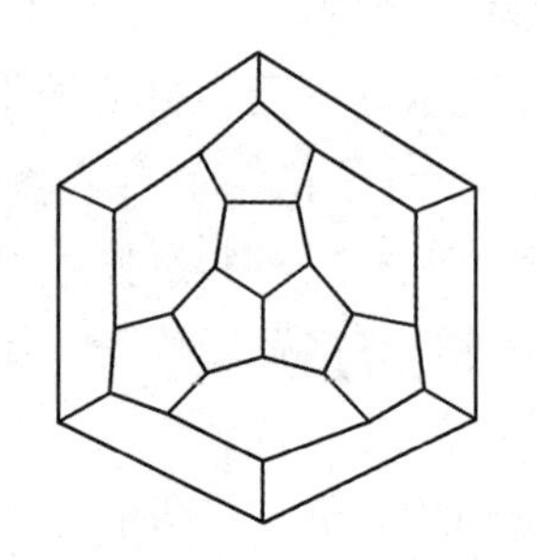
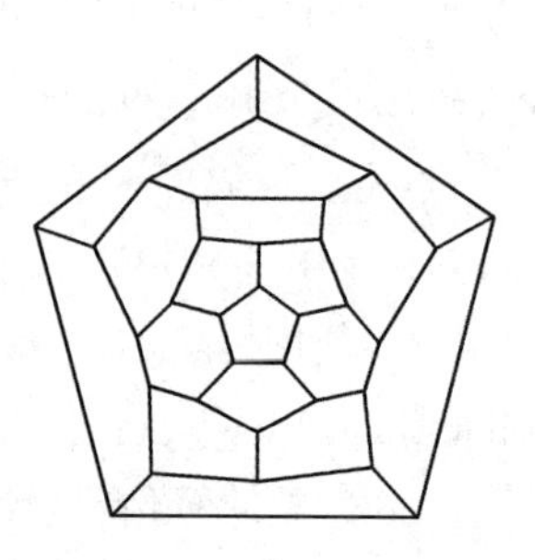

图 3-19 $C_{24}(D_{6d})$、$C_{28}(T_d)$、$C_{32}(D_{3h})$

六、数 据 处 理

(1) 根据丁二烯、环丁二烯、萘、奥的电荷密度、键级和自由价作出它们相应的分子图。

(2) 由丁二烯、环丁二烯、萘、奥的分子轨道能量参数画出其分子轨道能级示意图。

(3) 列出 C_{20}, C_{24}, C_{28}, C_{32}等富勒烯分子 HOMO 和 LUMO 能量及总的 π 电子能量。

七、思　考　题

1. 由丁二烯、苯、萘、奥的分子图解释下列现象:

(1) 丁二烯有顺、反异构体的原因及 1,4 加成的化学反应性能。

(2) 苯为什么比烯烃稳定,较难以进行加成反应?

(3) 为什么萘的 α 位(5、7 位)比 β 位(4、8 位)容易发生反应?

(4) 为什么奥能溶于盐酸及浓硫酸中? 为什么亲电基团在其 2,4 位置起反应,而亲核基团在 6,10 位置起反应?

2. 由几种富勒烯分子的计算结果回答下列问题:

(1) 哪种富勒烯分子相对而言较为稳定?

(2) 什么是动力学稳定性与热力学稳定性?

八、参考文献

[1]谢雷鸣,吴吉安.小型计算机的 Hückel 分子轨道(HMO)计算方法会话程序[J].化学通报.1981(4):14.

[2]田安民.BASIC 语言在化学中的应用[M].成都:四川教育出版社,1988.

[3]金丽莉,陈树康.物理化学微型机计算程序[M].武汉:华中工学院出版社,1987.

[4]波普尔.分子轨道近似方法理论[M].北京:科学出版社,1978.

[5]王志中.李向东.半经验分子轨道理论与实践[M].北京:科学出版社,1981.

[6]周公度.结构化学基础[M].北京:北京大学出版社,1989

实验 38　用核磁共振波谱法测量过渡金属离子的磁矩

一、目的和要求

(1)了解核磁共振波谱仪的基本结构和操作方法,加深理解核磁共振波谱的原理。

(2)掌握用核磁共振波谱法测量过渡金属离子磁矩的原理,加深理解磁矩的概念。

二、原　　理

在核磁共振波谱中,质子共振谱线的化学位移取决于所研究介质的体积磁化率。若在某溶液中存在着顺磁性离子和不与此类离子发生作用的惰性物质,则该惰性物质的质子共振谱线由于顺磁离子的存在而导致的化学位移的改变在理论上可用下述方程来表示:

$$\frac{\Delta\nu}{\nu}=\frac{2}{3}(\chi_{\nu}-\chi_{\nu}^{1}) \tag{3-80}$$

式中,$\Delta\nu$(以 Hz 为单位)为溶液中含有和不含顺磁性物质时惰性参考物质^{1}H 核磁共振谱线位移的差别;ν 是所用的核磁共振频率(在本实验的情况下 ν = 60MHz);χ_{ν} 为含有顺磁性物质溶液的体积磁化率;χ_{ν}^{1} 是参考溶液的体积磁化率。

例如,在含有顺磁性物质的水溶液中加入一些惰性参考物质叔丁醇(保持其浓度为 3%),将上述溶液装在一个底部封结的小玻璃管中,见图 3-20。在 NMR 管 2 中,另配一份不含顺磁性物质的 3% 的叔丁醇水溶液,然后将 1 置于 2 中。在记录谱时我们会发现,正如(3-80)式所表达的那样,由于上述两种溶液的体积磁化率不同,因而我们在谱图上所得到的叔丁醇甲基质子的 NMR 谱线不是一条,而是分立的两条。

我们知道,溶质的质量磁化率χ 可用下式表示:

$$\chi = \frac{3\Delta\gamma}{2\pi\gamma_0 m} + \chi_0 + \chi_0 \frac{\alpha_0 - \alpha_s}{m} \qquad (3\text{-}81)$$

式中,Δ_γ 为两条谱线间的频差;γ_0 是质子的共振频率;m 是 1ml 溶液中所含顺磁性物质的质量;χ_0 是溶剂的质量磁化率,对于稀的叔丁醇水溶液来说,$\chi_0 = -0.72\times 10^{-6}(cm^3)$;$\alpha_0$ 是溶剂的密度;α_s 是溶液的密度。对于高顺磁性物质来说,最后一项常可忽略不计。而质量磁化率χ 乘上顺磁性物质的分子量即可换算成摩尔磁化率 χ_m,可近似地认为由"自旋"组分所组成,其抗磁性贡献可以忽略不计,由摩尔磁化率 χ_m 与磁矩的关系可得

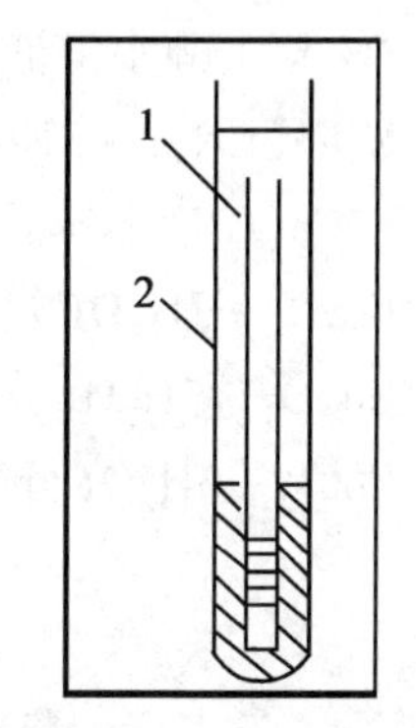

图 3-20　装有待测样品的核磁样品管示意图
1. 小玻璃管,内装含有顺磁性物质的叔丁醇水溶液; 2. NMR 管,内装不含顺磁性物质的叔丁醇水溶液。

$$\chi_m = \frac{N_A\mu_B^2}{3KT}\mu^2 \qquad (3\text{-}82)$$

式中,N_A 是阿伏伽德罗(Avogadro)常数;μ_B 是玻尔磁子,其值为 9.273×10^{-21} erg/G;μ 是磁矩(以玻尔磁子为单位);K 是 Boltzman 常数;T 是测量温度(本实验在 34.5℃ 下测量,T = 307.5K)。为了计算磁矩,可将(3-82)式改写为

$$\mu = \sqrt{\frac{3KT}{N_A\mu_B^2}\cdot\chi_m}$$

$$= \sqrt{\frac{3\times1.38\times10^{-16}\times307.7}{6.02\times10^{23}\times(9.273\times10^{-21})^2}\cdot\chi_m}$$

$$= \sqrt{2.46\times10^3\times\chi_m}\,(\mu_B) \qquad (3\text{-}83)$$

磁矩与自旋量子数 S 以及未成对电子数 n 有如下的关系:

$$\mu = \sqrt{n(n+2)}\,(\mu_B) \qquad (3\text{-}84)$$

由(3-83)式和(3-84)式即可求出过渡元素离子的未成对电子数 n。

三、仪器和试剂

JNM-PMX60SI 型核磁共振波谱仪 1 台;

ϕ5mm 核磁样品管 6 支;
底部封闭的毛细玻璃管 5 支;
3% 叔丁醇水溶液;
$K_4Fe(CN)_6 \cdot 3H_2O$(分析纯);
$K_3Fe(CN)_6$(分析纯);
$FeSO_4 \cdot 7H_2O$(分析纯);
$CuSO_4 \cdot 5H_2O$(分析纯);
$CoCl_2 \cdot 6H_2O$(分析纯)。

四、实 验 步 骤

(1)在 6 支核磁样品管中加入 3% 的叔丁醇水溶液各少许(约 0.5mL)。分别称取 $K_4Fe(CN)_6 \cdot 3H_2O$, $K_3Fe(CN)_6$, $FeSO_4 \cdot 7H_2O$, $CuSO_4 \cdot 5H_2O$, $CoCl_2 \cdot 6H_2O$ 等药品各 100mg 溶于 100mL 水中,再加入叔丁醇各 3mL,混合摇匀。用微型注射器将上述 5 种溶液小心注入毛细管中各少许,然后将 5 支毛细管分别放入装有叔丁醇水溶液的核磁样品管中。

(2)在教师指导下,根据仪器说明书,熟悉仪器各控制键的功能,选择初始工作条件(射频功率、扫描时间、扫描宽度等)。

(3)将磁控台顶部"空气泵开关"打开,将样品管放入"预热槽"预热 5min。

(4)将转子套在预热过的样品管上,用纱布擦净管外壁。将套好样品管的转子插入"计量规"内,用食指轻轻将样品管压至触底。

(5)将样品管及转子放入"样品管插入口"内。样品管及转子受气流顶托,悬浮在插入口。将"样品管闸把"按从左至右的次序依次扭动,最后打向"SPINNING",直至样品管均匀快速旋转。

(6)在记录仪上装好记录纸。按下"CHART HOLD"键。扫描时间按下"250"键,调整好扫描宽度。

(7)按下"PEN"键,按住向左的"QUICK"键,使滑臂移至适当位置,然后松手。

(8)按下向右的"REC"键,同时用左手轻按滑臂,使笔头轻触记录纸,此时扫描开始。

(9)将每一样品预热 5min,再分别记录 NMR 谱。

五、注意事项

(1)记录仪上的各控制旋钮不要随便乱动,特别是分辨率旋钮,以免影响信号强度。

(2)样品管及转子在放入“样品管插入口”之前,一定要将样品管外壁擦拭干净,以免有污物被带入“样品管插入口”中,影响样品管的旋转。

六、数据处理

(1)从谱图上测量出各样品的 $\Delta\nu$(Hz)值。

(2)利用方程式(3-81)计算出 χ 和 χ_m。

(3)利用方程式(3-83)计算出 μ。

(4)利用方程式(3-84)计算出 n。

(5)把各样品的测量和计算结果列成表格。

实验 39　牛奶中酪蛋白和乳糖的分离与鉴定

一、目的和要求

(1)掌握调节 pH 值分离牛奶中酪蛋白和乳糖的方法。

(2)熟悉酪蛋白和乳糖的鉴定方法。

(3)通过酪蛋白电泳实验分离不同形态的酪蛋白。

二、原　　理

牛奶是一种均匀稳定的悬浮状和乳浊状的胶体性液体,牛奶主要由水、脂肪、蛋白质、乳糖和盐组成。酪蛋白是牛奶中的主要蛋白质,是含磷蛋白质的复杂混合物。蛋白质是两性化合物,当调节牛奶的 pH 值达到酪蛋白的等电点(pH =4.8)时,蛋白质所带正、负电荷相等,呈电中性,此时酪蛋白的溶解度最小,会从牛奶中沉淀出来,以此分离酪蛋白。因酪蛋白不溶于乙醇和乙醚,可用此两种溶剂除去酪蛋白中的脂肪。牛奶中酪蛋白的含量约为3.4%。

乳糖是一种二糖,它由 *D*-半乳糖分子 C′上的半缩醛羟基和 *D*-葡萄糖分子 C_4 上的醇羟基脱水通过 β-1,4 苷键连接而成。乳糖是还原性糖,绝大部分以 α-乳糖和 β-乳糖两种同分异构体型态存在,α-乳糖的比旋光$[\alpha]_D^{20}=+86°$,β-乳糖的比旋光$[\alpha]_D^{20}=+35°$,水溶液中两种乳糖可互相转变,因此水溶液有变旋光现象。乳糖也不溶于乙醇,当乙醇混入乳糖水溶液中,乳糖会结晶出来,从而达到分离的目的。牛奶中乳糖的含量为 4% ~6%。乳糖的溶解度 20℃时为16.1%。

三、仪器和试剂

数字旋光仪；
恒温水浴；
抽气吸滤瓶；
布氏漏斗；
蒸发皿；
600mL,400 mL,100 mL 烧杯；
容量瓶 25mL;
表面皿；
温度计；
冰醋酸；
乙醇；
乙醚；
牛奶；
精密 pH 试纸(pH=3 ~5)；
碳酸钙；
滤纸；
硫酸铜；
酒石酸钾钠；
氢氧化钠；
碘化钾。

四、实验内容

1. 牛奶中酪蛋白的分离

取 100 mL 新鲜牛奶,在恒温水浴中加热至 40℃,边搅拌边慢慢加入 10% 醋酸溶液,使牛奶 pH=4.8,放置冷却、澄清后,过滤酪蛋白(在滤液中加入少量粉状碳酸钙,留作乳糖的分离),依次用乙醇、乙醇和乙醚的等体积混合液、乙醚洗涤酪蛋白,去除脂肪,待酪蛋白充分干燥后称量其重量,并计算牛奶中酪蛋白的含量。

2. 牛奶中乳糖的分离

将实验1中加入碳酸钙的滤液置于蒸发皿中,用蒸汽浴浓缩至约15mL,稍冷后,在热溶液中加入约90 mL 95%乙醇,再加热,使其混合均匀,趁热过滤,滤液应澄清。滤液移至锥形瓶中,加塞,放置1~2d,让乳糖充分结晶,过滤分离出乳糖晶体。用冷的95%乙醇洗涤结晶,干燥后称重,计算牛奶中乳糖的含量。

3. 酪蛋白的鉴定

将少量酪蛋白溶解于水中,用缩二脲反应、蛋白黄色反应、米伦反应分别定性地鉴定分离出来的酪蛋白。

4. 乳糖的变旋光测定

精确称取1.25g乳糖,快速配成25mL水溶液,装入旋光管中,迅速测定其旋光度,每隔1min测定一次。10min后,每隔2min测定一次,至20min为止,记录旋光度的数据。

在乳糖水溶液中加入2滴氨水,摇匀,静置20min后测定其旋光度,计算乳糖的比旋光度。

5. 酪蛋白电泳实验

用纸上电泳分离α,β和κ三种形态的酪蛋白,并用显色剂显色。

五、思　考　题

1. 根据酪蛋白的什么性质可从牛奶中分离酪蛋白?
2. 如何用化学方法鉴别乳糖和半乳糖?

第四部分 附 录

附录一 真 空 技 术

真空是指低于标准压力的气态空间，真空状态下气体的稀薄程度，常以压强值表示，习惯上称为真空度。现行的国际单位制（SI）中，真空度的单位和压强的单位均统一为帕，符号为 Pa。

在物理化学实验中通常按真空的获得和测量方法的不同，将真空划分为以下几个区域：

粗真空　　$10^5 \sim 10^3$ Pa；

低真空　　$10^3 \sim 10^{-1}$ Pa；

高真空　　$10^{-1} \sim 10^{-6}$ Pa；

超高真空　$10^{-6} \sim 10^{-10}$ Pa；

极高真空　$<10^{-10}$ Pa；

在近代的物理化学实验中，凡是涉及气体的物理化学性质、气相反应动力学、气固吸附以及表面化学的研究，为了排除空气和其他气体的干扰，通常都需要在一个密闭的容器内进行，必须首先将干扰气体抽去，创造一个具有某种真空度的实验环境，然后将被研究的气体通入，才能进行有关研究。因此真空的获得和测量是物理化学实验技术的一个重要方面，学会真空体系的设计、安装和操作是一项重要的基本技能。

1. 真空的获得

为了获得真空，就必须设法将气体分子从容器中抽出，凡是能从容器中抽出气体，使气体压力降低的装置，都可称为真空泵。一般实验室用得最多的真空泵是水泵、机械泵和扩散泵。

a. 水泵

水泵也叫水流泵、水冲泵，构造见附图 1。水经过收缩的喷口以高速喷出，使喷口处形成低压，产生抽吸作用，由体系进入的空气分子不断被高速喷出的水流带走。水泵能达到的真空度受水本身的蒸气压的限制，20℃时极限真空约为 10^3 Pa。

b. 机械泵

常用的机械泵为旋片式油泵。附图 2 是这类泵的构造图，气体从真空体系吸入泵的入口，偏心轮旋转的旋片使气体压缩，而从出口排出，转子的不断旋转使这一过程不断重复，因而达到抽气的目的。这种泵的效率主要取决于旋片与定子之间的严密程度。整个单元都浸在油中，以油作封闭液和润滑剂。实际使用的油泵是由上述两个单元串联而成，这样效率更高，使泵能达到较大的真空度(约 10^{-1} Pa)。

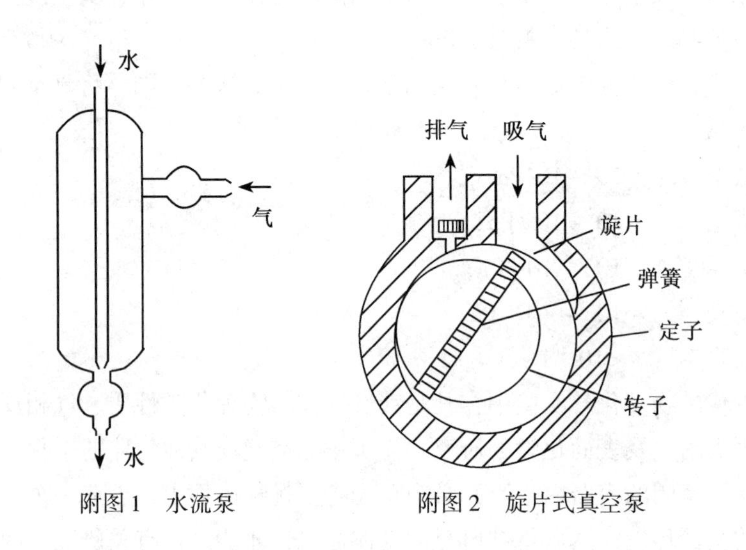

附图 1　水流泵　　附图 2　旋片式真空泵

使用机械泵时必须注意：油泵不能用来直接抽出可凝性的蒸气，如水蒸气、挥发性液体或腐蚀性气体，应在体系和泵的进气管之间串接吸收塔或冷阱。例如用氯化钙或五氧化二磷吸收水汽，用石蜡油或吸收油吸收烃蒸气，用活性炭或硅胶吸收其他蒸气，泵的进气管前要接一个三通活塞，在机械泵停止运行前，应先通过三通活塞使泵的进气口与大气相通，以防止泵油倒吸而污染实验体系。

c. 扩散泵

扩散泵的原理是利用一种工作物质高速从喷口处喷出，在喷口处形成低压，对周围气体产生抽吸作用而将气体带走。这种工作物质在常温时应是液体,并具有极低的蒸气压,用小功率的电炉加热就能使液体沸腾汽化,沸点不能过高,通过水冷却便能使汽化的蒸气冷凝下来,过去用汞,现在通常采用硅油。扩散泵的工作原理可见附图3,硅油被电炉加热沸腾汽化后,通过中心导管从顶部的二级喷口处喷出,在喷口处形成低压,将周围气体带走,而硅油蒸气随即被冷凝成液体流回底部,循环使用。被夹带在硅油蒸气中的气体在底部聚集,立即被机械泵抽走。在上述过程中,硅油蒸气起着一种抽运作用,其抽运气体的能力决定于以下三个因素:硅油本身的摩尔质量要大,喷射速度要高,喷口级数要多。现在用摩尔质量大于3 000以上的硅油作工作物质的四级扩散泵,其极限真空度可达到10^{-7}Pa,三级扩散泵的极限真空度可达10^{-4}Pa。

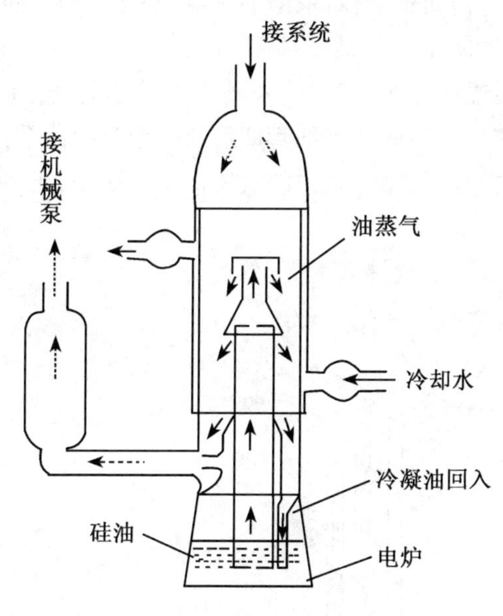

附图3　扩散泵工作原理图

油扩散泵必须用机械泵为前级泵,将其抽出的气体抽走,不能单独使用。扩散泵的硅油易被空气氧化,所以使用时应用机械泵先将整个体系抽至低真空后,才能加热硅油。硅油不能承受高温,否则会裂解。硅油蒸气压虽然极低,但仍然会蒸发一定数量的油分子进入真空体系,沾污被研究对象。因此一般在扩散泵和真空体系连接处安装冷阱,以捕捉可能进入体系的油蒸气。

2. 真空的测量

真空测量实际上就是测量低压下气体的压力,所有的量具通称为真空规。由于真空度的范围可达十几个数量级,因此总是用若干个不同的真空规来测量不同范围的真空度。常用的真空规有U形水银压力计、麦氏真空规、热偶真空规和电离真空规等。

a. 麦氏真空规

麦氏真空规其构造如附图4所示,它是利用波义耳定律,将被测真空体系中的一部分气体(装在玻璃泡和毛细管中的气体)加以压缩,比较压缩前后体积、压力的变化,算出其真空度。具体测量的操作步骤如下:缓缓开启活塞,使真空规与被测真空体系接通,这时真空规中的气体压力逐渐接近被测体系的真空度,同时将三通活塞开向辅助真空,对汞槽抽真空,不让汞槽中的汞上升。待玻璃泡和闭口毛细管中的气体压力与被测体系的压力达到稳定平衡后,可开始测量。将三通活塞小心、缓慢地开向大气,使汞槽中汞缓慢上升,进入真空规上方。当汞面上升到切口处时,玻璃泡和毛细管即形成一个封闭体系,其体积是事先标定过的。令汞面继续上升,封闭体系中的气体被不断压缩,压力不断增大,最后压

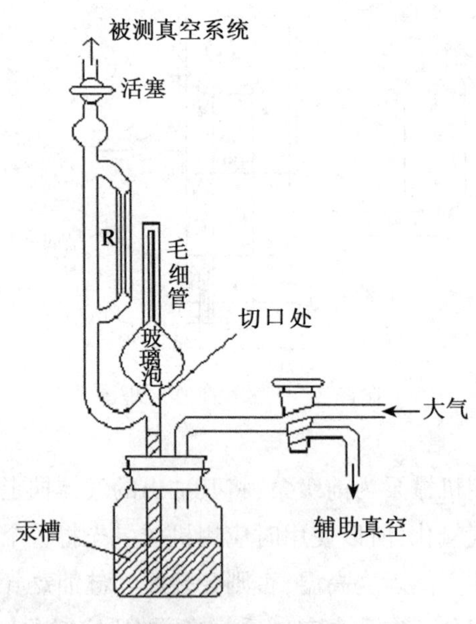

附图4　麦氏真空规

缩到闭口毛细管内。毛细管 R 是开口通向被测真空体系的，其压力不随汞面上升而变化。因而随着汞面上升，R 和闭口毛细管产生压差，其差值可从两个汞面在标尺上的位置直接读出，如果毛细管和玻璃泡的容积为已知，压缩到闭口毛细管中的气体体积也能从标尺上读出，就可算出被测体系的真空度。通常，麦氏真空规已将真空度直接刻在标尺上，不再需要计算。使用时只要闭口毛细管中的汞面刚达零线，立即关闭活塞，停止汞面上升，这时开管 R 中的汞面所在位置的刻度线，即所求真空度。麦氏真空规的量程范围为 $10 \sim 10^{-4}$Pa。

b. 热偶真空规和电离真空规

热偶真空规是利用低压时气体的导热能力与压力成正比的关系制成的真空测量仪，其量程范围为 $10 \sim 10^{-1}$Pa。电离真空规是一支特殊的三极电离真空管，在特定的条件下根据正离子流与压力的关系，达到测量真空度的目的，其量程范围为 $10^{-1} \sim 10^{-6}$Pa。通常是将这两种真空规复合配套组成复合真空计，现已成为商品仪器。

3. 真空体系的设计和操作

真空体系通常有真空产生、真空测量和真空使用三部分，这三部分之间通过一根或多根导管、活塞等连接起来。根据所需要的真空度和抽气时间来综合考虑选配泵，确定管路和选择真空材料。

a. 真空体系各部件的选择

(1)材料。

真空体系的材料，可以用玻璃或金属，玻璃真空体系吹制比较方便，使用时可观察内部情况，便于在低真空条件下用高频火花检漏器检漏，但其真空度较低，一般可达 $10^{-1} \sim 10^{-3}$Pa。不锈钢材料制成的金属体系的真空体系的真空度可达到 10^{-10}Pa。

(2)真空泵。

要求极限真空度仅达 10^{-1}Pa 时，可直接使用性能较好的机械泵，不必用扩散泵。要求真空度优于 10^{-1}Pa 时，则用扩散泵和机械泵配套。选用真空泵主要考虑泵的极限真空度的抽气速率。对极限真空度要求高时，可选用多级扩散泵；要求抽气速率大时，可采用大型扩散泵和多喷口扩散泵。扩散泵应配用机械泵作为它的前级泵，选用机械泵要注意它的真空度和抽气速率应与扩散泵匹配。如用小型玻璃三级油扩散泵，其抽气速率在 10^{-2}Pa 时约为 $60mL \cdot s^{-1}$，配套一台抽气速率为 $30L \cdot min^{-1}$(1Pa 时)的旋片式机械泵就正好合适。真空度要求优于 10^{-6}Pa 时，一般选用钛泵和吸附泵配套。

(3)真空规。

根据所需量程及具体使用要求来选定。如真空度在 10 ~ 10^{-2} Pa 范围,可选用转式麦氏规或热偶真空规;真空度在 10^{-1} ~ 10^{-4} Pa 范围,可选用座式麦氏规或电离真空规;真空度在 10 ~ 10^{-6} Pa 较宽范围,通常选用热偶真空规和电离真空规配套的复合真空规。

(4)冷阱。

冷阱是在气体通道中设置的一种冷却式陷阱,使气体经过时被捕集。通常在扩散泵和机械泵间要加冷阱,以免有机物、水汽等进入机械泵。在扩散泵和待抽真空部分之间,一般也要装冷阱,以防止油蒸气沾污测量对象,同时捕集气体。常用冷阱结构如附图 5。具体尺寸视所连接的管道尺寸而定,一般要求冷阱的管道不能太细,以免冷凝物堵塞管道或影响抽气速率,也不能太短,以免降低捕集效率。冷阱外套杜瓦瓶,常用制冷剂为液氮、干冰等。

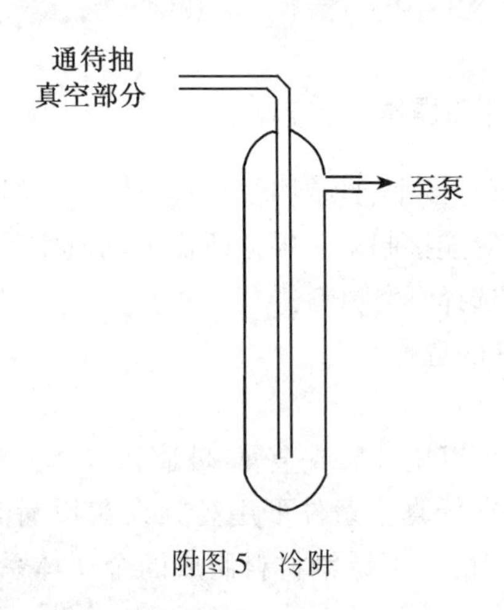

附图 5　冷阱

(5)管道和真空活塞。

管道和真空活塞都是玻璃真空体系上连接各部件用的。管道的尺寸对抽气速率影响很大,所以管道应尽可能粗而短,尤其在靠近扩散泵时更应如此。选择真空活塞应注意它的孔芯大小要和管道尺寸相配合。对高真空来说,用空心旋塞较好,它重量轻,温度变化引起漏气的可能性较小。

(6)真空涂敷材料。

真空涂敷材料包括真空酯、真空泥和真空蜡等。真空酯用在磨口接头和真空活塞上,国产真空酯按使用温度不同,分为 1 号、2 号、3 号真空酯。真空泥用来修补小沙孔或小缝隙。真空蜡用来胶合难以融合的接头。

b. 真空体系的检漏和操作

(1)真空泵的使用。

启动扩散泵前要先用机械泵将体系抽至低真空,然后接通冷却水,接通电炉,使硅油逐步加热,缓缓升温,直至硅油沸腾并正常回流为止。扩散泵停止工作时,先关加热电源至不再回流,后关闭冷却水进口,再关扩散泵进出口旋塞。最后停止机械泵工作。油扩散泵中应防止空气进入(特别是在温度较高时),以免油被氧化。

(2)真空体系的检漏。

低真空体系的检漏,最方便的方法是使用高频火花真空检漏仪。它是利用低压力($10^3 \sim 10^{-1}$ Pa)下气体在高频电场中发生感应放电时所产生的不同颜色,来估计气体的真空度。使用时,按住手揿开关,放电簧端应看到紫色火花,并听到蝉鸣响声。将放电簧移近任何金属物时,应产生不少于三条火花线,长度不短于20mm,调节仪器外壳上面的旋钮,可改变火花线的条数和长度。火花正常后,可将放电簧对准真空体系的玻璃壁,此时如压力小于 10^{-1} Pa 或大于 10^3 Pa,则紫色火花不能穿越玻璃壁进入真空部分,若压力大于 10^{-1} Pa 而小于 10^3 Pa,则紫色火花能穿越玻璃壁进入真空部分内部,并产生辉光。当玻璃真空体系上有微小的沙孔漏洞时,由于漏洞处的导电率比玻璃导电率高得多,因此当高频火花真空检漏仪的放电簧移近漏洞时,会产生明亮的光点,这个明亮的光点就是漏洞所在处。

实际的检漏过程如下:启动机械泵后数分钟,可将体系抽至真空度为 $10 \sim 1$ Pa,这时用火花检漏器检查可以看到红色辉光放电。然后关闭机械泵与体系连接的旋塞,5min 后再用火花检漏器检查,其放电现象应与前相同,如不同表明体系漏气。为了迅速找出漏气处,常采用分段检查的方式进行,即关闭某些旋塞,把体系分成几个部分,分别检查。用高频火花仪对体系逐段仔细检查,如果某处有明亮的光点存在,则该处就有沙孔。检漏器的放电簧不能在某一地点停留过久,以免损伤玻璃。玻璃体系的铁夹附近及金属真空体系不能用火花检漏器检漏。查出的个别小沙孔可用真空泥涂封,较大漏洞须重新熔接。

体系能维持初级真空后,便可启动扩散泵,待泵内硅油回流正常后,可用火花检漏器重新检查体系,当看到玻璃管壁呈淡蓝色荧光,而体系没有辉光放电时,表明真空度已优于 10^{-1} Pa。否则,体系还有极微小漏气处,此时同样再利用高频火花检漏仪分段检查漏气,再以真空泥涂封。

若管道段找不到漏孔,则通常为活塞或磨口接头处漏气,需重涂真空酯或换接新的真空活塞或磨口接头。真空酯要涂得薄而均匀,两个磨口接触面上不应留有任何空气泡或“拉丝”。

(3)真空体系的操作。

在开启或关闭活塞时,应双手进行操作,一手握活塞套,一手缓缓旋转内塞,使在开、关活塞时不产生力矩,以免玻璃体系因受力而扭裂。

对真空体系抽气或充气时,应通过活塞的调节,使抽气或充气缓缓进行,切忌体系压力过剧的变化,因为体系压力突变会导致U形水银压力计内的水银冲出或吸入体系。

附录二 物理化学实验中常用数据表

附表1 **国际原子量表**

原子序数	名称	符号	原子量
1	氢	H	1.007 9
2	氦	He	4.002 60
3	锂	Li	6.941
4	铍	Be	9.012 18
5	硼	B	10.81
6	碳	C	12.011
7	氮	N	14.006 7
8	氧	O	15.999 4
9	氟	F	18.998 40
10	氖	Ne	20.179
11	钠	Na	22.989 77
12	镁	Mg	24.305
13	铝	Al	26.981 54
14	硅	Si	28.085 5
15	磷	P	30.973 76
16	硫	S	32.06
17	氯	Cl	35.453
18	氩	Ar	39.948
19	钾	K	39.098
20	钙	Ca	40.08
21	钪	Sc	44.955 9
22	钛	Ti	47.867
23	钒	V	50.941 5
24	铬	Cr	51.996

续表

原子序数	名称	符号	原子量
25	锰	Mn	54.938 0
26	铁	Fe	55.845
27	钴	Co	58.933 2
28	镍	Ni	58.70
29	铜	Cu	63.546
30	锌	Zn	65.39
31	镓	Ga	69.72
32	锗	Ge	72.61
33	砷	As	74.921 6
34	硒	Se	78.96
35	溴	Br	79.904
36	氪	Kr	83.80
37	铷	Rb	85.467 8
38	锶	Sr	87.62
39	钇	Y	88.905 9
40	锆	Zr	91.22
41	铌	Nb	92.906 4
42	钼	Mo	95.94
43	锝	Tc	[97][99]
44	钌	Ru	101.07
45	铑	Rh	102.905 5
46	钯	Pd	106.42
47	银	Ag	107.868
48	镉	Cd	112.41
49	铟	In	114.818
50	锡	Sn	118.69
51	锑	Sb	121.760

续表

原子序数	名称	符号	原子量
52	碲	Te	127. 60
53	碘	I	126. 904 5
54	氙	Xe	131. 29
55	铯	Cs	132. 905 4
56	钡	Ba	137. 327
57	镧	La	138. 905 5
58	铈	Ce	140. 116
59	镨	Pr	140. 907 7
60	钕	Nd	144. 24
61	钷	Pm	[145]
62	钐	Sm	150. 36
63	铕	Eu	151. 964
64	钆	Gd	157. 25
65	铽	Tb	158. 925 4
66	镝	Dy	162. 50
67	钬	Ho	164. 930 4
68	铒	Er	167. 26
69	铥	Tm	168. 934 2
70	镱	Yb	173. 04
71	镥	Lu	174. 967
72	铪	Hf	178. 49
73	钽	Ta	180. 947 9
74	钨	W	183. 84
75	铼	Re	186. 207
76	锇	Os	190. 23
77	铱	Ir	192. 217
78	铂	Pt	195. 078

续表

原子序数	名称	符号	原子量
79	金	Au	196.966 5
80	汞	Hg	200.59
81	铊	Tl	204.383 3
82	铅	Pb	207.2
83	铋	Bi	208.980 38
84	钋	Po	[210][209]
85	砹	At	[210]
86	氡	Rn	[222]
87	钫	Fr	[223]
88	镭	Ra	226.025 4
89	锕	Ac	227.027 8
90	钍	Th	232.038 1
91	镤	Pa	231.035 88
92	铀	U	238.0289
93	镎	Np	237.048 2
94	钚	Pu	[239][244]
95	镅	Am	[243]
96	锔	Cm	[247]
97	锫	Bk	[247]
98	锎	Cf	[251]
99	锿	Es	[254]
100	镄	Fm	[257]
101	钔	Md	[258]
102	锘	No	[259]
103	铹	Lr	[260]
104	铲	Unq	[261]
105	钳	Unp	[262]
106	镇	Unh	[263]
107	铍		[261]

附表 2 **国际单位制的基本单位**

量	单位名称	单位符号
长度	米	m
质量	千克(公斤)	kg
时间	秒	s
电流	安[培]	A
热力学温度	开[尔文]	K
物质的量	摩[尔]	mol
光强度	坎[德拉]	ed

附表 3 **力单位换算**

牛顿,N	千克力,kgf	达因,dyn
1	0.102	10^5
9.806 65	1	$9.806\ 65\times10^5$
10^{-5}	1.02×10^{-6}	1

附表 4 **压力单位换算**

帕斯卡 Pa	工程大气压 kgf/cm^2	毫米水柱 mmH_2O	标准大气压 atm	毫米汞柱 mmHg
1	1.02×10^{-5}	0.102	0.99×10^{-5}	0.007 5
98 067	1	10^4	0.967 8	735.6
9.807	0.000 1	1	$0.967\ 8\times10^{-4}$	0.073 6
101 325	1.033	103 32	1	760
133.32	0.000 36	13.6	0.001 32	1

$1Pa=1N\cdot m^{-2}$,1 工程大气压 $=1kgf/cm^2$

1mmHg=1Torr,标准大气压即物理大气压

$1bar=10^5\ N\cdot m^{-2}$

附表 5 **能量单位换算**

尔格 erg	焦耳 J	千克力·米 kgf·m	千瓦·小时 kW·h	千卡 kcal(国际蒸汽表卡)	升·大气压 L·atm
1	10^{-7}	0.102×10^{-7}	27.78×10^{-15}	23.9×10^{-12}	9.869×10^{-10}
10^{7}	1	0.102	277.8×10^{-9}	239×10^{-6}	9.869×10^{-3}
9.807×10^{7}	9.807	1	2.724×10^{-6}	2.342×10^{-3}	9.679×10^{-2}
36×10^{12}	3.6×10^{6}	367.1×10^{3}	1	859.845	3.553×10^{4}
41.87×10^{9}	4 18 6.8	426.935	1.163×10^{-3}	1	41.29
1.013×10^{9}	101.3	10.33	2.814×10^{-5}	0.024 218	1

1erg=1dyn·cm,1J=1N·m=1W·s,1eV=1.602×10^{-19}J

1 国际蒸汽表卡=1.000 67 热化学卡

附表 6 **国际单位制中具有专用名称导出单位**

量的名称	单位名称	单位符号	其他表示
频率	赫[兹]	Hz	s^{-1}
力	牛[顿]	N	$kg\cdot m/s^2$
压力,压强,应力	帕[斯卡]	Pa	N/m^2
能,功,热量	焦[耳]	J	N·m
电量、电荷	库[仑]	C	A·s
功率	瓦[特]	W	J/s
电位,电压,电动势	伏[特]	V	W/A
电容	法[拉]	F	C/V
电阻	欧[姆]	Ω	V/A
电导	西[门子]	S	A/V
磁通量	韦[伯]	Wb	V·s
磁感应强度	特[斯拉]	T	Wb/m^2
电感	亨[利]	H	Wb/A
摄氏温度	摄氏度	℃	

附表 7 **用于构成十进制倍数和分数单位的词头**

倍数	词头名称	词头符号	分数	词头名称	词头符号
10^{18}	艾[可萨](exa)	E	10^{-1}	分(deci)	d
10^{15}	拍[它](peta)	P	10^{-2}	厘(centi)	c
10^{12}	太[拉](tera)	T	10^{-3}	毫(milli)	m
10^{9}	吉[咖](giga)	G	10^{-6}	微(micro)	μ
10^{6}	兆(mega)	M	10^{-9}	纳[诺](nano)	n
10^{3}	千(kilo)	k	10^{-12}	皮[可](pico)	p
10^{2}	百(hecto)	h	10^{-15}	飞[母托](femto)	f
10^{1}	十(deca)	da	10^{-18}	阿[托](atto)	a

附表8　不同温度下水的饱和蒸汽压

t/℃	0.0		0.2		0.4		0.6		0.8	
	mmHg	kPa	mmHg	kPa	mmHg	kPa	mmHg	kPa	mmHg	kPa
0	4.579	0.610 5	4.647	0.619 5	4.715	0.628 6	4.785	0.637 9	4.855	0.647 3
1	4.926	0.656 7	4.998	0.666 3	5.070	0.675 9	5.144	0.685 8	5.219	0.695 8
2	5.294	0.705 8	5.370	0.715 9	5.447	0.726 2	5.525	0.736 6	5.605	0.747 3
3	5.685	0.757 9	5.766	0.768 7	5.848	0.779 7	5.931	0.790 7	6.015	0.801 9
4	6.101	0.813 4	6.187	0.824 9	6.274	0.836 5	6.363	0.848 3	6.453	0.860 3
5	6.543	0.872 3	6.635	0.884 6	6.728	0.897 0	6.822	0.909 5	6.917	0.922 2
6	7.013	0.935 0	7.111	0.948 1	7.209	0.961 1	7.309	0.974 5	7.411	0.988 0
7	7.513	1.001 7	7.617	1.015 5	7.722	1.029 5	7.828	1.043 6	7.936	1.058 0
8	8.045	1.072 6	8.155	1.087 2	8.267	1.102 2	8.380	1.117 2	8.494	1.132 4
9	8.609	1.147 8	8.727	1.163 5	8.845	1.179 2	8.965	1.195 2	9.086	1.211 4
10	9.209	1.227 8	9.333	1.244 3	9.458	1.261 0	9.585	1.277 9	9.714	1.295 1
11	9.844	1.312 4	9.976	1.330 0	10.109	1.347 8	10.244	1.365 8	10.380	1.383 9
12	10.518	1.402 3	10.658	1.421 0	10.799	1.439 7	10.941	1.452 7	11.085	1.477 9
13	11.231	1.497 3	11.379	1.517 1	11.528	1.537 0	11.680	1.557 2	11.833	1.577 6

续表

t/℃	0. 0		0. 2		0. 4		0. 6		0. 8	
	mmHg	kPa	mmHg	kPa	mmHg	kPa	mmHg	kPa	mmHg	kPa
14	11. 987	1. 598 1	12. 144	1. 619 1	12. 302	1. 640 1	12. 462	1. 661 5	12. 624	1. 683 1
15	12. 788	1. 704 9	12. 953	1. 726 9	13. 121	1. 749 3	13. 290	1. 771 8	13. 461	1. 794 6
16	13. 634	1. 817 7	13. 809	1. 841 0	13. 987	1. 864 8	14. 166	1. 888 6	14. 347	1. 912 8
17	14. 530	1. 937 2	14. 715	1. 961 8	14. 903	1. 986 9	15. 092	2. 012 1	15. 284	2. 037 7
18	15. 477	2. 063 4	15. 673	2. 089 6	15. 871	2. 116 0	16. 071	2. 142 6	16. 272	2. 169 4
19	16. 477	2. 196 7	16. 685	2. 224 5	16. 894	2. 252 3	17. 105	2. 280 5	17. 319	2. 309 0
20	17. 535	2. 337 8	17. 753	2. 366 9	17. 974	2. 396 3	18. 197	2. 426 1	18. 422	2. 456 1
21	18. 650	2. 486 5	18. 880	2. 517 1	19. 113	2. 548 2	19. 349	2. 579 6	19. 587	2. 611 4
22	19. 827	2. 643 4	20. 070	2. 675 8	20. 316	2. 706 8	20. 565	2. 741 8	20. 815	2. 775 1
23	21. 068	2. 808 8	21. 342	2. 843 0	21. 583	2. 877 5	21. 845	2. 912 4	22. 110	2. 947 8
24	22. 377	2. 983 3	22. 648	3. 019 5	22. 922	3. 056 0	23. 198	3. 092 8	23. 476	3. 129 9
25	23. 756	3. 167 2	24. 039	3. 204 9	24. 326	3. 243 2	24. 617	3. 282 0	24. 912	3. 321 3
26	25. 209	3. 360 9	25. 509	3. 400 9	25. 812	3. 441 3	26. 117	3. 482 0	26. 426	3. 523 2
27	26. 739	3. 564 9	27. 055	3. 607 0	27. 374	3. 649 6	27. 696	3. 692 5	28. 021	3. 735 8

续表

t/℃	0.0		0.2		0.4		0.6		0.8	
	mmHg	kPa	mmHg	kPa	mmHg	kPa	mmHg	kPa	mmHg	kPa
28	28.349	3.779 5	28.680	3.823 7	29.015	3.868 3	29.354	3.913 5	29.697	3.959 3
29	30.043	4.005 4	30.392	4.051 9	30.745	4.099 0	31.102	4.146 6	31.461	4.194 4
30	31.824	4.242 8	32.191	4.291 8	32.561	4.341 1	32.934	4.390 8	33.312	4.441 2
31	33.695	4.492 3	34.082	4.543 9	34.471	4.595 7	34.864	4.648 1	35.261	4.701 1
32	35.663	4.754 7	36.068	4.808 7	36.477	4.863 2	36.891	4.918 4	37.308	4.974 0
33	37.729	5.030 1	38.155	5.086 9	38.584	5.144 1	39.018	5.202 0	39.457	5.260 5
34	39.898	5.319 3	40.344	5.378 7	40.796	5.439 0	41.251	5.499 7	41.710	5.560 9
35	42.175	5.622 9	42.644	5.685 4	43.117	5.748 4	43.595	5.812 2	44.078	5.876 6
36	44.563	5.941 2	45.054	6.008 7	45.549	6.072 7	46.050	6.139 5	46.556	6.206 9
37	47.067	6.275 1	47.582	6.343 7	48.102	6.413 0	48.627	6.483 0	49.157	6.553 7
38	49.692	6.625 0	50.231	6.696 9	50.774	6.769 3	51.323	6.842 5	51.879	6.916 6
39	52.442	6.991 7	53.009	7.067 3	53.580	7.143 4	54.156	7.220 2	54.737	7.297 6
40	55.324	7.375 9	55.910	7.451 0	56.510	7.534 0	57.110	7.614 0	57.720	7.695 0

附表 9　　不同温度下水的表面张力 σ

t/℃	$\sigma/(10^{-3}N \cdot m^{-1})$	t/℃	$\sigma/(10^{-3}N \cdot m^{-1})$
0	75.64	21	72.59
5	74.92	22	72.44
10	74.22	23	72.28
11	74.07	24	72.13
12	73.93	25	71.97
13	73.78	26	71.82
14	73.64	27	71.66
15	73.49	28	71.50
16	73.34	29	71.35
17	73.19	30	71.18
18	73.05	35	70.38
19	72.90	40	69.56
20	72.75	45	68.74

附表 10　　**甘汞电极的电极电势与温度的关系**

甘汞电极*	φ/V
SCE	$0.2412-6.61\times10^{-4}(t-25)-1.75\times10^{-6}(t-25)^2-9\times10^{-10}(t-25)^3$
NCE	$0.2801-2.75\times10^{-4}(t-25)-2.50\times10^{-6}(t-25)^2-4\times10^{-9}(t-25)^3$
0. 1NCE	$0.3337-8.75\times10^{-5}(t-25)-3\times10^{-6}(t-25)^2$

* SCE 为饱和甘汞电极;NCE 为标准甘汞电极;0. 1NCE 为 0. 1mol · L^{-1}甘汞电极。

附表 11 **常用参比电极地势及温度系数**

名称	体系	E/V^*	$(dE/dT)/(mV \cdot K^{-1})$
氢电极	$Pt, H_2 \mid H^+ (\alpha_{H^+} = 1)$	0. 0000	
饱和甘汞电极	$Hg, Hg_2Cl_2 \mid$饱和 KCl	0. 241 5	−0. 761
标准甘汞电极	$Hg, Hg_2Cl_2 \mid 1mol \cdot L^{-1} KCl$	0. 280 0	−0. 275
甘汞电极	$Hg, Hg_2Cl_2 \mid 0.1mol \cdot L^{-1} KCl$	0. 333 7	−0. 875
银-氯化银电极	$Ag, AgCl \mid 0.1mol \cdot L^{-1} KCl$	0. 290	−0. 3
氧化汞电极	$Hg, HgO \mid 0.1mol \cdot L^{-1} KOH$	0. 165	
硫酸亚汞电极	$Hg, Hg_2SO_4 \mid 1mol \cdot L^{-1} H_2SO_4$	0. 6758	
硫酸铜电极	$Cu \mid$饱和 $CuSO_4$	0. 316	−0. 7

* 25℃，相对于标准氢电极(NCE)。

附表 12 水的粘度(厘泊*)

t/℃	0	1	2	3	4	5	6	7	8	9
0	1.787 0	1.728 0	1.671 0	1.618 0	1.567 0	1.519 0	1.472 0	1.428 0	1.386 0	1.346 0
10	1.307 0	1.271 0	1.235 0	1.202 0	1.169 0	1.139 0	1.109 0	1.081 0	1.053 0	1.027 0
20	1.002 0	0.977 9	0.954 8	0.932 5	0.911 1	0.890 4	0.870 5	0.851 3	0.832 7	0.814 8
30	0.797 5	0.780 8	0.764 7	0.749 1	0.734 0	0.719 4	0.705 2	0.691 5	0.678 3	0.665 4
40	0.652 9	0.640 8	0.629 1	0.617 8	0.606 7	0.596 0	0.585 6	0.575 5	0.565 6	0.556 1

* 1 厘泊 = 10^{-3} N · s/m^2

附表 13 **KCl 溶液的电导率***

t/℃	c/(mol·L^{-1})			
	1.000**	0.100 0	0.020 0	0.010 0
0	0.065 41	0.007 15	0.001 521	0.000 776
5	0.074 14	0.008 22	0.001 752	0.000 896
10	0.083 19	0.009 33	0.001 994	0.001 020
15	0.092 52	0.010 48	0.002 243	0.001 147
16	0.094 41	0.010 72	0.002 294	0.001 173
17	0.096 31	0.010 95	0.002 345	0.001 199
18	0.098 22	0.011 19	0.002 397	0.001 225
19	0.100 14	0.011 43	0.002 449	0.001 251
20	0.102 07	0.011 67	0.002 501	0.001 278
21	0.104 00	0.011 91	0.002 553	0.001 305
22	0.105 94	0.012 15	0.002 606	0.001 332
23	0.107 89	0.012 39	0.002 659	0.001 359

续表

t/℃	c/(mol · L⁻¹)			
	1.000**	0.100 0	0.020 0	0.010 0
24	0.109 84	0.012 64	0.002 712	0.001 386
25	0.111 80	0.012 88	0.002 765	0.001 413
26	0.113 77	0.013 13	0.002 819	0.001 441
27	0.115 74	0.013 37	0.002 873	0.001 468
28		0.013 62	0.002 927	0.001 496
29		0.013 87	0.002 981	0.001 524
30		0.014 12	0.003 036	0.001 552
35		0.015 39	0.003 312	
36		0.015 64	0.003 368	

* 电导率单位:S · cm^{-1}。

** 在空气中称取 74.56g KCl,溶于 18℃水中,稀释到 1L,其浓度为 1.000mol · L^{-1}(密度为 1.0449g · cm^{-3}),再稀释得其他浓度溶液。

附表 14 **不同温度下水和乙醇的折射率** *

t/℃	纯水	99.8%乙醇	t/℃	纯水	99.8%乙醇
14	1.333 48		34	1.331 36	1.354 74
15	1.333 41		36	1.331 07	1.353 90
16	1.333 33	1.362 10	38	1.330 79	1.353 06
18	1.333 17	1.361 29	40	1.330 51	1.352 22
20	1.332 99	1.360 48	42	1.330 23	1.351 38
22	1.332 81	1.359 67	44	1.329 92	1.350 54
24	1.332 62	1.358 85	46	1.329 59	1.349 69
26	1.332 41	1.358 03	48	1.329 27	1.348 85
28	1.332 19	1.357 21	50	1.328 94	1.348 00
30	1.331 92	1.356 39	52	1.328 60	1.347 15
32	1.331 64	1.355 57	54	1.328 27	1.346 29

* 相对于空气，钠光波长为 589.3nm。

附表 15　　一些液体的蒸气压

化合物	25℃时蒸气压	温度范围/℃	A	B	C
丙酮 C_3H_6O	230.05		7.024 47	1 161.0	224
苯 C_6H_6	95.18		6.905 65	1 211.033	220.790
溴 Br_2	226.32		6.832 98	1 133.0	228.0
甲醇 CH_4O	126.40	-20~140	7.878 63	1 473.11	230.0
甲苯 C_7H_8	28.45		6.954 64	1 344.80	219.482
醋酸 $C_2H_4O_2$	15.59	0~36	7.803 07	1 651.2	225
		36~170	7.188 07	1 416.7	211
氯仿 $CHCl_3$	227.72	-30~150	6.903 28	1 163.03	227.4
四氯化碳 CCl_4	115.25		6.933 90	1 242.43	230.0
乙酸乙酯 $C_4H_8O_2$	94.29	-20~150	7.098 08	1 238.71	217.0
乙醇 C_2H_6O	56.31		8.044 94	1 554.3	222.65
乙醚 $C_4H_{10}O$	534.31		6.785 74	994.195	220.0
乙酸甲酯 $C_3H_6O_2$	213.43		7.202 11	1 232.83	228.0
环己烷 C_6H_{12}		-20~142	6.844 98	1 203.526	222.86

表中所列各化合物的蒸气压可用下列方程式计算：

$$\lg p = A - B/(C+t)$$

式中，A，B，C 为三常数；p 为化合物的蒸气压(mmHg)；t 为摄氏温度。

附表 16　**铂铑-铂热电偶(分度号 LB-3)热电势与温度换算表***

t/℃	0	10	20	30	40	50	60	70	80	90
	热电势/mV									
0	0.000	0.050	0.113	0.173	0.235	0.299	0.364	0.431	0.500	0.571
100	0.643	0.717	0.792	0.869	0.946	1.025	1.106	1.187	1.269	1.352
200	1.436	1.521	1.607	1.693	1.780	1.867	1.955	2.044	2.134	2.224
300	2.315	2.407	2.498	2.591	2.684	2.777	2.871	2.965	3.060	3.155
400	3.250	3.346	3.441	3.538	3.634	3.731	3.828	3.925	4.023	4.121
500	4.220	4.318	4.418	4.517	4.617	4.717	4.817	4.918	5.019	5.121
600	5.222	5.324	5.427	5.530	5.633	5.735	5.839	5.943	6.046	6.151
700	6.256	6.361	6.466	6.572	6.677	6.784	6.891	6.999	7.105	7.213
800	7.322	7.430	7.539	7.648	7.757	7.867	7.978	8.088	8.199	8.310
900	8.421	8.534	8.646	8.758	8.871	8.985	9.098	9.212	9.326	9.441
1 000	9.556	9.671	9.787	9.902	10.019	10.136	10.252	10.370	10.488	10.605
1 100	10.723	10.842	10.961	11.080	11.198	11.317	11.437	11.556	11.676	11.795
1 200	11.915	12.035	12.155	12.275	12.395	12.515	12.636	12.756	12.875	12.996
1 300	13.116	13.236	13.356	13.475	13.595	13.715	13.835	13.955	14.074	14.193
1 400	14.313	14.433	14.552	14.671	14.790	14.910	15.029	15.148	15.266	15.885
1 500	15.504	15.623	15.742	15.860	15.979	16.097	16.216	16.334	16.451	16.569
1 600	16.688									

* 参考端为 0℃。

附表 17　**铂铑-铂热电偶分度表(分度号:LB-3)**

工作端温度/℃	0	1	2	3	4	5	6	7	8	9
	毫伏(绝对伏)									
0	0.000	0.005	0.011	0.016	0.022	0.028	0.033	0.039	0.044	0.050
10	0.056	0.061	0.067	0.073	0.078	0.084	0.090	0.096	0.102	0.107
20	0.113	0.119	0.125	0.131	0.137	0.143	0.149	0.155	0.161	0.167
30	0.173	0.179	0.185	0.191	0.198	0.204	0.210	0.216	0.222	0.229
40	0.235	0.241	0.247	0.254	0.260	0.266	0.273	0.279	0.286	0.292
50	0.299	0.305	0.312	0.318	0.325	0.331	0.338	0.344	0.351	0.357
60	0.364	0.371	0.377	0.384	0.391	0.397	0.404	0.411	0.418	0.425
70	0.431	0.438	0.445	0.452	0.459	0.466	0.473	0.479	0.486	0.493
80	0.500	0.507	0.514	0.521	0.528	0.535	0.543	0.550	0.557	0.564
90	0.571	0.578	0.585	0.593	0.600	0.607	0.614	0.621	0.629	0.636

续表

工作端温度/℃	0	1	2	3	4	5	6	7	8	9
	毫伏(绝对伏)									
100	0. 643	0. 651	0. 658	0. 665	0. 673	0. 680	0. 687	0. 694	0. 702	0. 709
110	0. 717	0. 724	0. 732	0. 739	0. 747	0. 754	0. 762	0. 769	0. 777	0. 784
120	0. 792	0. 800	0. 807	0. 815	0. 823	0. 830	0. 838	0. 845	0. 853	0. 861
130	0. 869	0. 876	0. 884	0. 892	0. 900	0. 907	0. 915	0. 923	0. 931	0. 939
140	0. 946	0. 954	0. 962	0. 970	0. 978	0. 986	0. 994	1. 002	1. 009	1. 017
150	1. 025	1. 033	1. 041	1. 049	1. 057	1. 065	1. 073	1. 081	1. 089	1. 097
160	1. 106	1. 114	1. 122	1. 130	1. 138	1. 146	1. 154	1. 162	1. 170	1. 179
170	1. 187	1. 195	1. 203	1. 211	1. 220	1. 228	1. 236	1. 244	1. 253	1. 261
180	1. 269	1. 277	1. 286	1. 294	1. 302	1. 311	1. 319	1. 327	1. 336	1. 344
190	1. 352	1. 361	1. 369	1. 377	1. 386	1. 394	1. 403	1. 411	1. 419	1. 428
200	1. 436	1. 445	1. 453	1. 462	1. 470	1. 479	1. 487	1. 496	1. 504	1. 513
210	1. 521	1. 530	1. 538	1. 547	1. 555	1. 564	1. 573	1. 581	1. 590	1. 598
220	1. 607	1. 615	1. 624	1. 633	1. 641	1. 650	1. 659	1. 667	1. 676	1. 685
230	1. 693	1. 702	1. 710	1. 719	1. 728	1. 736	1. 745	1. 754	1. 763	1. 771
240	1. 780	1. 788	1. 797	1. 805	1. 814	1. 823	1. 832	1. 840	1. 849	1. 858
250	1. 867	1. 876	1. 884	1. 893	1. 902	1. 911	1. 920	1. 929	1. 937	1. 946
260	1. 955	1. 964	1. 973	1. 982	1. 991	2. 000	2. 008	2. 017	2. 026	2. 035
270	2. 044	2. 053	2. 062	2. 071	2. 080	2. 089	2. 098	2. 107	2. 116	2. 125
280	2. 134	2. 143	2. 152	2. 161	2. 170	2. 179	2. 188	2. 197	2. 206	2. 215
290	2. 224	2. 233	2. 242	2. 251	2. 260	2. 270	2. 279	2. 288	2. 297	2. 306

续表

工作端温度/℃	0	1	2	3	4	5	6	7	8	9
	毫伏(绝对伏)									
300	2.315	2.324	2.333	2.342	2.352	2.361	2.370	2.379	2.388	2.397
310	2.407	2.416	2.425	2.434	2.443	2.452	2.462	2.471	2.480	2.489
320	2.498	2.508	2.517	2.526	2.535	2.545	2.554	2.563	2.572	2.582
330	2.591	2.600	2.609	2.619	2.628	2.637	2.647	2.656	2.665	2.675
340	2.684	2.693	2.703	2.712	2.721	2.730	2.740	2.749	2.759	2.768
350	2.777	2.787	2.796	2.805	2.815	2.824	2.833	2.843	2.852	2.862
360	2.871	2.880	2.890	2.899	2.909	2.918	2.928	2.937	2.946	2.956
370	2.965	2.975	2.984	2.994	3.003	3.013	3.022	3.031	3.041	3.050
380	3.060	3.069	3.079	3.088	3.098	3.107	3.117	3.126	3.136	3.145
390	3.155	3.164	3.174	3.183	3.193	3.202	3.212	3.221	3.231	3.240

附表 18 **镍铬-镍硅热电偶(分度号 EU-2)热电势与温度换算表***

t/℃	0	10	20	30	40	50	60	70	80	90
	热电势 / mV									
	0	-0. 39	-0. 77	-1. 14	-1. 50	-1. 86				
0	0	0. 40	0. 80	1. 20	1. 61	2. 02	2. 43	2. 85	3. 26	3. 68
100	4. 10	4. 51	4. 92	5. 33	5. 73	6. 13	6. 53	6. 93	7. 33	7. 73
200	8. 13	8. 53	8. 93	9. 34	9. 74	10. 15	10. 56	10. 97	11. 38	11. 80
300	12. 21	12. 62	13. 04	13. 45	13. 87	14. 30	14. 72	15. 14	15. 56	15. 99
400	16. 40	16. 83	17. 25	17. 69	18. 09	18. 51	18. 94	19. 37	19. 79	20. 22
500	20. 65	21. 08	21. 50	21. 93	22. 35	22. 78	23. 21	23. 63	24. 05	24. 48
600	24. 90	25. 32	25. 75	26. 18	26. 60	27. 03	27. 45	27. 87	28. 29	28. 71
700	29. 13	29. 55	29. 97	30. 39	30. 81	31. 22	31. 64	32. 06	32. 46	32. 87
800	33. 29	33. 69	34. 10	34. 51	34. 91	35. 32	35. 72	36. 13	36. 53	36. 93
900	37. 33	37. 73	38. 13	38. 53	38. 93	39. 32	39. 72	40. 10	40. 49	40. 88
1000	41. 27	41. 66	42. 04	42. 43	42. 83	43. 21	43. 59	43. 97	44. 34	44. 72
1100	45. 10	45. 48	45. 85	46. 23	46. 60	46. 97	47. 34	47. 71	48. 08	48. 44
1200	48. 81	49. 17	49. 53	49. 89	50. 25	50. 61	50. 96	51. 32	51. 67	52. 02
1300	52. 37									

* 参考端为 0℃。

附表 19　**镍铬-考铜热电偶(分度号 EA-2)热电势与温度换算表***

t/℃	0	10	20	30	40	50	60	70	80	90
	热电势 / mV									
		−0.64	−1.27	−1.89	−2.50	−3.11				
0	0	0.65	1.31	1.98	2.66	3.35	4.05	4.76	5.48	6.21
100	6.95	7.69	8.43	9.18	9.93	10.69	11.46	12.24	13.03	13.84
200	14.66	15.48	16.30	17.12	17.95	18.76	19.59	20.42	21.24	22.07
300	22.90	23.74	24.59	25.44	26.30	27.15	28.01	28.88	29.75	30.61
400	31.48	32.34	33.21	34.07	34.94	35.81	36.67	37.54	38.41	39.28
500	40.15	41.02	41.90	42.78	43.67	44.55	45.44	46.33	47.22	48.11
600	49.01	49.89	50.76	51.64	52.51	53.39	54.26	55.12	56.00	56.87
700	57.74	58.57	59.47	60.33	61.20	62.06	62.92	63.78	64.64	65.50
800	66.06									

* 参考端为0℃。